全彩电工应用与操作技能

王兰君　黄海平　邢　军　编著

電子工業出版社
Publishing House of Electronics Industry
北京·BEIJING

内容简介

本书采用全彩的方式讲述电工常用工具及操作技能、电工焊接技术、电工操作基本技能、低压电器的应用、电动机的应用、电工常用电力配电设备的安装、照明及电器设施的安装、变频器与软启动器、数控机床与可编程控制器等内容。

本书实用性强、操作性强、通俗易懂，适合初、中级电工人员，职业技术学院相关专业的师生，就业前培训及下岗职工再就业人员，建筑装修装饰电工人员、生活电工人员、小区物业电工人员及爱好者阅读。

图书在版编目（CIP）数据

全彩电工应用与操作技能/王兰君，黄海平，邢军编著.—北京：电子工业出版社，2017.3
ISBN 978-7-121-30989-2

Ⅰ.①全…　Ⅱ.①王…②黄…③邢…　Ⅲ.①电工技术-图集　Ⅳ.①TM-64

中国版本图书馆CIP数据核字（2017）第038106号

责任编辑：富　军　　特约编辑：刘汉斌
印　　刷：北京市大天乐投资管理有限公司
装　　订：北京市大天乐投资管理有限公司
出版发行：电子工业出版社
　　　　　北京市海淀区万寿路173信箱　邮编 100036
开　　本：787×1 092　1/16　印张：15.75　字数：405千字
版　　次：2017年3月第1版
印　　次：2017年3月第1次印刷
印　　数：3 000册　　定价：59.80元

凡所购买电子工业出版社图书有缺损问题，请向购买书店调换。若书店售缺，请与本社发行部联系，联系及邮购电话：（010）88254888，88258888。

质量投诉请发邮件至 zlts@phei.com.cn，盗版侵权举报请发邮件至 dbqq@phei.com.cn。

本书咨询联系方式：（010）88254456。

前言

随着电气化程度的日益提高，电工人员的需求量也在不断增加。为了满足广大电工人员希望用较短的时间学习实用操作技能的需求，我们根据30多年一线电工实践工作经验，采用全彩的方式，编写《全彩电工应用与操作技能》一书，目的是给初、中级电工人员在工作应用中提供更贴切的技术和技能上的帮助，以便更好地应用在工作中，并在工作、生产、生活中取得好的效果，达到用最少的时间，学到最实用的电工操作技能。

本书通俗易懂、图文并茂、形象直观、由浅入深，通过操作演示，再配合生产现场实物照片，使读者能够更加轻松地理解和掌握电工操作技能，近似在现场耳闻目睹听讲解、学操作，让学习变得更轻松，也更加有趣。

本书突出实用，注重操作技能的培养。读者可以举一反三，更好地指导实践工作。

参与本书编写的人员还有王文婷、黄鑫、李渝陵、宋俊峰、凌万泉、高惠瑾、凌玉泉、周成虎、李燕、朱雷雷、凌珍泉、张从知、贾贵超、张杨、娄梅娟等，在此一并表示感谢。

由于编者水平所限，书中难免出现错误和疏漏，敬请广大读者批评指正。

编著者

目录

第1章　电工常用工具及操作技能 ······ 1
1.1　攻螺纹工具 ······ 2
1.1.1　丝锥 ······ 2
1.1.2　铰杠 ······ 2
1.1.3　攻螺纹的操作方法 ······ 3
1.2　手工套螺纹 ······ 4
1.2.1　套螺纹的工具 ······ 4
1.2.2　套螺纹的操作方法 ······ 5
1.3　手锤及安装木榫、胀管和膨胀螺栓 ······ 5
1.3.1　手锤 ······ 5
1.3.2　木榫的安装 ······ 6
1.3.3　胀管的安装 ······ 8
1.3.4　膨胀螺栓的安装 ······ 8
1.4　其他工具 ······ 10
1.4.1　内六角扳手 ······ 10
1.4.2　管子钳 ······ 10
1.4.3　快速管子扳手 ······ 11
1.4.4　台式砂轮机 ······ 11
1.4.5　轻型台式砂轮机 ······ 12
1.4.6　落地砂轮机 ······ 13
1.4.7　除尘式砂轮机 ······ 13
1.5　电工常用低压验电笔 ······ 14
1.6　高压验电笔 ······ 16
1.7　螺丝刀 ······ 18
1.8　钢丝钳 ······ 19
1.9　尖嘴钳 ······ 21
1.10　电工刀 ······ 21
1.11　电工工具套 ······ 23
1.12　喷灯 ······ 23
1.13　手用钢锯 ······ 25

1.14 活络扳手 …… 26
1.15 压线钳 …… 27
1.16 剥线钳 …… 28
1.17 断线钳 …… 29
1.18 手摇绕线机 …… 29
1.19 拉具 …… 30
1.20 测速表 …… 32
1.21 手电钻、电锤等电动工具 …… 34
1.21.1 手电钻 …… 34
1.21.2 冲击电钻 …… 35
1.21.3 电锤 …… 35
第2章 电工焊接技术 …… 37
2.1 电焊工艺技术 …… 38
2.1.1 焊接的定义及分类 …… 38
2.1.2 焊接安全 …… 38
2.1.3 焊接设备与工具 …… 39
2.1.4 焊料的选择 …… 40
2.1.5 焊接原理 …… 40
2.1.6 焊接方法与接头 …… 41
2.1.7 使用机器人焊接 …… 43
2.2 电子元器件的安装技术 …… 44
2.2.1 电子电路安装布局的原则 …… 44
2.2.2 元器件安装要求 …… 44
2.2.3 电路板结构布局 …… 46
2.3 电子元器件的焊接技术 …… 47
2.3.1 印制电路板焊接工艺 …… 48
2.3.2 焊接工艺 …… 49
2.3.3 手工五步焊接操作法 …… 53
2.3.4 虚焊产生的原因及鉴别 …… 54
第3章 电工操作基本技能 …… 55
3.1 塑料护套线护层和绝缘层的剥离 …… 56
3.2 较细导线接线头的剥离 …… 56
3.3 粗绝缘导线的剥离与连接 …… 57
3.4 双股导线的对接 …… 58
3.5 较细多股导线的剥离与对接 …… 59
3.6 导线与导线的直接连接 …… 60
3.7 不等线径导线的连接 …… 61

3.8　软导线与单股硬导线的连接……62
3.9　单股铜导线的T字连接……62
3.10　多股铜导线的T字连接……63
3.11　单股导线与多股导线的T字分支连接……64
3.12　较细导线与接线螺丝的连接……65
3.13　导线连接后绝缘层的恢复……65
3.14　铜、铝接线端子及压接……66
3.15　直导线在蝶式绝缘子上的绑扎……67
3.16　终端导线在蝶式绝缘子上的绑扎……68
第4章　低压电器的应用……71
4.1　胶盖刀开关……72
4.1.1　胶盖刀开关的型号……72
4.1.2　胶盖刀开关的主要技术参数……72
4.1.3　胶盖刀开关的选用……73
4.1.4　胶盖刀开关的安装和使用注意事项……73
4.1.5　胶盖刀开关的常见故障及检修方法……73
4.2　铁壳开关……74
4.2.1　铁壳开关的型号……75
4.2.2　铁壳开关的主要技术参数……75
4.2.3　铁壳开关的选用……75
4.2.4　铁壳开关的安装及使用注意事项……75
4.2.5　铁壳开关的常见故障及检修方法……76
4.3　熔断器式刀开关……76
4.3.1　熔断器式刀开关的型号……76
4.3.2　熔断器式刀开关的主要技术参数……77
4.3.3　熔断器式刀开关的安装及使用注意事项……77
4.4　组合开关……78
4.4.1　组合开关的型号……79
4.4.2　组合开关的主要技术参数……79
4.4.3　组合开关的选用……79
4.4.4　组合开关的安装及使用注意事项……79
4.4.5　组合开关的常见故障及检修方法……79
4.5　低压熔断器……80
4.5.1　几种常用的熔断器……80
4.5.2　熔断器的选用……85
4.5.3　熔断器的安装及使用注意事项……85
4.5.4　熔断器的常见故障及检修方法……86

4.6 低压断路器…… 87
4.6.1 低压断路器的型号 …… 87
4.6.2 低压断路器的主要技术参数 …… 88
4.6.3 低压断路器的选用 …… 90
4.6.4 低压断路器的安装、使用和维护 …… 90
4.6.5 低压断路器的常见故障及检修方法 …… 91
4.7 交流接触器…… 92
4.7.1 交流接触器的型号 …… 93
4.7.2 交流接触器的主要技术参数 …… 94
4.7.3 交流接触器的选用 …… 95
4.7.4 交流接触器的安装、使用和维护 …… 96
4.7.5 接触器的常见故障及检修方法 …… 97
4.8 热继电器…… 98
4.8.1 热继电器的型号 …… 99
4.8.2 热继电器的主要技术参数 …… 99
4.8.3 热继电器的选用 …… 100
4.8.4 热继电器的安装、使用和维护 …… 100
4.8.5 热继电器的常见故障及检修方法 …… 101
4.9 时间继电器 …… 102
4.9.1 时间继电器的型号 …… 102
4.9.2 时间继电器的主要技术参数 …… 103
4.9.3 时间继电器的选用 …… 104
4.9.4 时间继电器的安装、使用和维护 …… 104
4.9.5 时间继电器的常见故障及检修方法 …… 104
4.10 中间继电器…… 105
4.10.1 中间继电器的型号 …… 105
4.10.2 中间继电器的主要技术参数 …… 106
4.10.3 中间继电器的选用 …… 106
4.11 过电流继电器…… 106
4.11.1 过电流继电器的型号 …… 107
4.11.2 过电流继电器的主要技术参数 …… 107
4.11.3 过电流继电器的选用 …… 107
4.11.4 过电流继电器的安装、使用和维护 …… 107
4.12 速度继电器…… 107
4.12.1 速度继电器的型号 …… 108
4.12.2 速度继电器的主要技术参数 …… 108
4.12.3 速度继电器的选用及使用 …… 109

4.13　预置数数显计数继电器 …… 109
4.13.1　计数方式 …… 109
4.13.2　其他参数 …… 109
4.13.3　使用注意事项 …… 110
4.14　控制按钮 …… 110
4.14.1　控制按钮的型号 …… 111
4.14.2　控制按钮的主要技术参数 …… 111
4.14.3　控制按钮的选用 …… 112
4.14.4　控制按钮的安装和使用 …… 112
4.14.5　控制按钮的常见故障及检修方法 …… 112
4.15　行程开关 …… 113
4.15.1　行程开关的型号 …… 113
4.15.2　行程开关的主要技术参数 …… 114
4.15.3　行程开关的选用 …… 114
4.15.4　行程开关的安装和使用 …… 114
4.15.5　行程开关的常见故障及检修方法 …… 114
4.16　凸轮控制器 …… 115
4.16.1　凸轮控制器的型号 …… 116
4.16.2　凸轮控制器的主要技术参数 …… 116
4.16.3　凸轮控制器的选用 …… 116
4.16.4　凸轮控制器的安装和使用 …… 116
4.17　电压换相开关和电流换相开关 …… 117
4.17.1　旋转式电压换相开关 …… 117
4.17.2　旋转式电流换相开关 …… 117
4.18　星—三角启动器 …… 119
4.18.1　星—三角启动器的型号 …… 119
4.18.2　星—三角启动器的主要技术参数 …… 119
4.18.3　星—三角启动器的安装和使用 …… 120
4.19　自耦减压启动器 …… 120
4.19.1　自耦减压启动器的型号 …… 121
4.19.2　自耦减压启动器的主要技术参数 …… 121
4.19.3　自耦减压启动器的选用 …… 122
4.19.4　自耦减压启动器的操作 …… 122
4.19.5　自耦减压启动器的安装和使用注意事项 …… 123
4.20　磁力启动器 …… 124
4.20.1　磁力启动器的型号 …… 124
4.20.2　磁力启动器的主要技术参数 …… 124

4.20.3 磁力启动器的选用 …… 125
4.20.4 磁力启动器的安装和使用 …… 125
4.21 电磁调速控制器 …… 125
4.21.1 电磁调速控制器的工作原理 …… 126
4.21.2 JD1 系列电磁调速控制器型号 …… 127
4.21.3 电磁调速控制器的主要技术参数 …… 127
4.21.4 JD1A、JD1B 型电磁调速控制器的接线 …… 128
4.21.5 JD1A、JD1B 型电磁调速控制器的试运行 …… 128
4.21.6 JD1A、JD1B 型电磁调速控制器的调整 …… 129
4.21.7 JD1A、JD1B 型电磁调速控制器的安装、使用和维护 …… 129
4.21.8 电磁调速控制器的常见故障及检修方法 …… 130
4.22 断火限位器和频敏变阻器 …… 131
4.22.1 断火限位器 …… 131
4.22.2 频敏变阻器 …… 132
第 5 章 电动机的应用 …… 135
5.1 电动机的分类及结构形式 …… 136
5.2 电动机的铭牌 …… 136
5.3 电动机的星形实际操作接法 …… 139
5.4 电动机的三角形实际操作接法 …… 140
5.5 JO_2 系列三相异步电动机的使用 …… 142
5.6 Y 系列三相异步电动机的使用 …… 143
5.7 电动机的安装与校正 …… 143
5.8 电动机的定期检查与保养 …… 144
5.9 电动机运行中的监视 …… 144
5.10 启动电动机时应注意的问题 …… 145
5.11 电动机的保护接地及接零方法 …… 146
5.12 电动机故障的检查 …… 147
5.13 电动机工作不正常的原因 …… 151
第 6 章 电工常用电力配电设备的安装 …… 153
6.1 单相闸刀手动正转控制电动机线路 …… 154
6.2 三相胶盖瓷底闸刀手动正转控制 …… 154
6.3 用按钮点动控制电动机启停 …… 155
6.4 农用潜水泵控制线路 …… 155
6.5 具有过载保护的正转控制 …… 156
6.6 具有过载保护的正转控制设备安装步骤 …… 156
6.7 可逆点动控制 …… 160
6.8 用倒顺开关的正反转控制 …… 161

6.9　用倒顺开关的正反转控制设备安装步骤 …… 161
6.10　用按钮联锁正反转控制 …… 163
6.11　接触器联锁的正反转控制 …… 164
6.12　限位控制 …… 164
6.13　既能点动又能长期工作的控制 …… 165
6.14　自动往返控制 …… 165
6.15　多台电动机同时启动控制 …… 168
6.16　用转换开关改变运行方式控制 …… 168
6.17　能发出开车信号的启停控制 …… 169
6.18　三相异步电动机改为单相运行 …… 169
第7章　照明及电器设施的安装 …… 173
7.1　照明开关、插座的安装 …… 174
7.2　照明闸刀、拉线开关、吊线盒及螺口灯头的安装实例 …… 180
7.3　白炽灯的安装 …… 192
7.4　日光灯的安装 …… 199
7.5　高压水银荧光灯的安装 …… 202
7.6　碘钨灯的安装 …… 204
7.7　其他灯具的安装 …… 205
7.8　家庭吊扇的安装 …… 210
7.9　家庭照明进户 …… 212
第8章　变频器与软启动器 …… 215
8.1　变频器的安装和使用 …… 216
8.1.1　变频器的安装 …… 216
8.1.2　变频器的使用 …… 217
8.2　变频器的电气控制线路 …… 217
8.2.1　主回路端子的接线 …… 219
8.2.2　控制电路端子的排列 …… 219
8.3　变频器的实际应用线路 …… 221
8.3.1　有正反转功能的变频器控制电动机正反转调速线路 …… 221
8.3.2　无正反转功能的变频器控制电动机正反转调速线路 …… 222
8.3.3　电动机变频器的步进运行及点动运行线路 …… 223
8.3.4　用单相电源变频控制三相电动机线路 …… 223
8.4　软启动器的特点 …… 224
8.5　软启动器的电气控制线路 …… 225
8.5.1　软启动器的主电路连接图 …… 225
8.5.2　软启动器的总电路连接图 …… 226
8.6　软启动器的实际应用线路 …… 226

8.6.1　西普 STR 软启动器一台控制两台电动机线路 ······ 226
8.6.2　西普 STR 软启动器一台启动两台电动机线路 ······ 227
第 9 章　数控机床与可编程控制器 ······ 229
9.1　数控机床基础知识 ······ 230
9.1.1　数控机床的控制原理 ······ 230
9.1.2　数控机床的特点 ······ 230
9.1.3　数控机床的组成 ······ 230
9.2　数控机床电气故障检修 ······ 232
9.3　可编程控制器的特点 ······ 234
9.4　可编程序控制器的组成 ······ 234
9.5　可编程控制器的控制系统组成及其等效电路 ······ 235
9.6　可编程控制器的常见故障 ······ 237

第1章 电工常用工具及操作技能

1.1 攻螺纹工具

1.1.1 丝锥

丝锥是加工内螺纹的工具，用高碳钢或合金钢制成，并经淬火处理。常用的丝锥有普通螺纹丝锥和圆柱管螺纹丝锥两种，如图 1-1 所示。丝锥的螺纹牙形代号分别用 M 和 G 表示，见表 1-1。M6 ~ M14 的普通螺纹丝锥两只一套，小于 M6、大于 M14 的普通螺纹丝锥三只一套，圆柱管螺纹丝锥两只一套。

表 1-1　丝锥螺纹牙形代号的含义

螺纹牙形代号	含　义
M10	粗牙普通螺纹，公称外径为 10mm
M14 × 1	细牙普通螺纹，公称外径为 14mrn，牙距为 1mm
G3/4″	圆柱管螺纹，配用的管子内径为 3/4 英寸

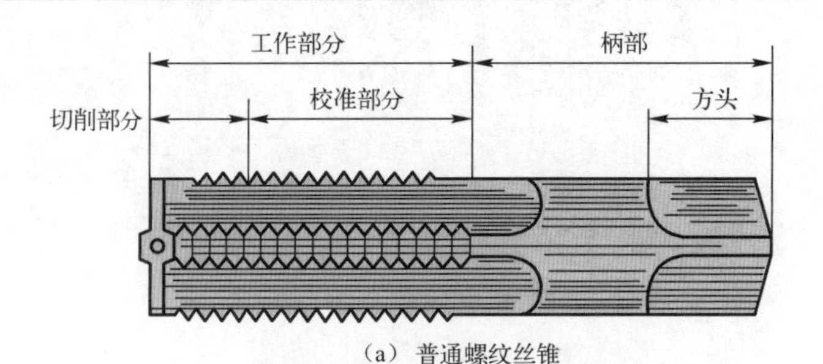

（a） 普通螺纹丝锥

（b） 圆柱管螺纹丝锥

图 1-1　丝锥

丝锥在选用时应注意以下事项：

（1） 选用的内容通常包括外径、牙形、精度和旋转方向等，应根据所配用的螺栓大小选用丝锥的公称规格。

（2） 选用圆柱管螺纹丝锥时应注意：镀锌钢管的标称直径是指管的内径；电线管的标称直径是指管的外径。

（3） 丝锥精度分为 3 和 3b 两级，一般选用 3 级丝锥。3b 级丝锥适用于攻螺纹后还需镀锌或镀铜的工件。

（4） 旋向分为左旋和右旋，即俗称倒牙和顺牙，通常只用右旋丝锥。

1.1.2 铰杠

铰杠是传递扭矩和夹持丝锥的工具。常用的铰杠如图 1-2 所示。为了能够较好地控制

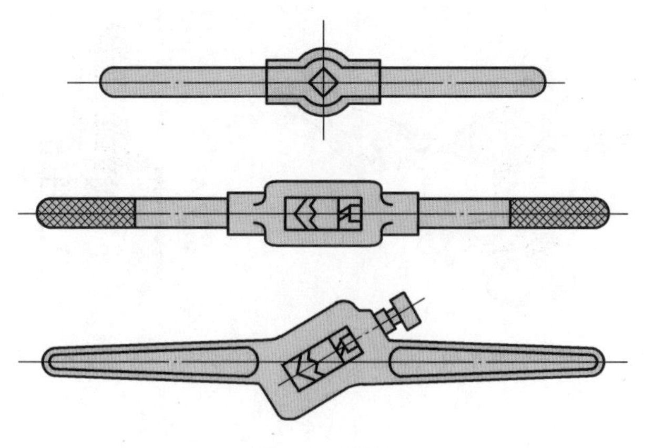

图1-2　铰杠

攻螺纹的扭矩，应根据丝锥尺寸选择铰杠的长度。小于和等于M6的丝锥，可选用长度为150～200mm的铰杠；M8～M10的丝锥，可选用长度为200～250mm的铰杠；M12～M14的丝锥，可选用长度为250～300mm的铰杠；大于和等于M16的丝锥，可选用长度为400～450mm的铰杠。

1.1.3　攻螺纹的操作方法

（1）画线，钻底孔。攻螺纹前，先在工件上画线确定攻螺纹的位置并钻出适宜的底孔，底孔直径应比螺纹大径略小，可根据工件材料用下列公式计算确定底孔直径，选用钻头，即

钢和塑性较大的材料　　　　$D=d-t$

铸铁等脆性材料　　　　$D=d-1.05t$

式中，D——底孔直径，mm；

d——螺纹大径，mm；

t——螺纹距，mm。

底孔的两面孔口用90°锪钻倒角，使倒角的最大直径和螺纹的公称直径相等，使丝锥既容易起削，又可防止孔口螺纹崩裂。

（2）攻螺纹前，工件的夹持位置要正确，应尽可能把底孔中心线置于水平或垂直位置，以便于攻螺纹时掌握丝锥是否垂直于工件平面。

（3）先用头锥起攻，丝锥一定要与工件垂直，一手掌按住铰杠中部用力加压，另一手配合做顺向旋转，如图1-3（a）所示。也可用两手握住铰杠均匀施加压力，并将丝锥顺向旋转。当丝锥攻入1～2圈后，从间隔90°的两个方向用角尺检查校正丝锥位置至要求，如图1-3（b）所示。

（4）当丝锥的起削刃切进后，两手不必再施加压力，丝锥可随铰杠的旋转做自然旋进切削。此时，两手旋转用力要均匀，要经常倒转1/4～1/2圈，使切屑碎断后容易被排除，避免因切屑阻塞使丝锥卡住，如图1-4所示。

（5）攻螺纹时，必须按头锥、二锥、三锥的顺序攻削至标准尺寸。换用丝锥时，先用手将丝锥旋入已攻出的螺孔中，待手转不动时，再装上铰杠继续攻螺纹。

（6）攻不通孔时，应在丝锥上做深度标记。攻螺纹时，要经常退出丝锥，排除切屑。

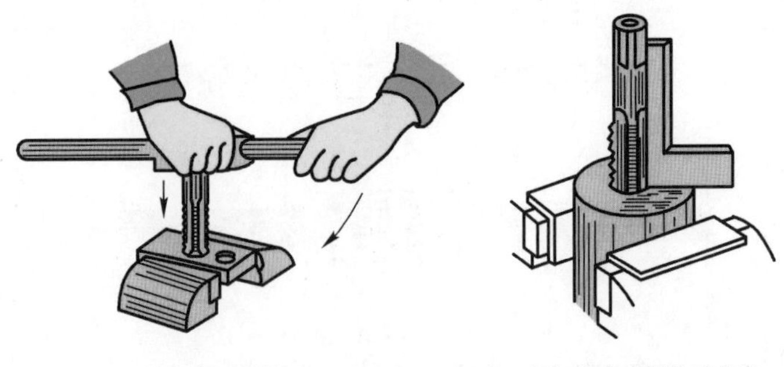

（a）起攻方法　　（b）检查攻螺纹垂直度

图 1-3　攻螺纹

图 1-4　丝锥做自然旋进切削

（7）攻螺纹时，要根据材料性质的不同选用并加注冷却润滑液。通常，攻钢制工件时加机油，攻铸铁件时加煤油。

1.2 手工套螺纹

1.2.1　套螺纹的工具

1. 板牙

板牙是加工外螺纹的工具，常用的有圆板牙和圆柱管板牙两种。圆板牙如同一个螺母，在上面有几个均匀分布的排屑孔，并以此形成刀刃，如图 1-5 所示。

用圆板牙套螺纹时，工件的外径应略小于螺纹大径。工件外径可按下列经验公式计算，即

$$D = d - 0.13t$$

式中，D——工件外径，mm；

d——螺纹大径，mm；

t——螺距，mm。

2. 板牙铰杠

板牙铰杠用于安装板牙，与板牙配合使用，如图 1-6 所示。板牙铰杠外圆上有 5 只螺钉，均匀分布的 4 只螺钉起紧固板牙的作用。其中，上方的 2 只螺钉兼调节小板牙螺纹

尺寸的作用；顶端那只螺钉起调节大板牙螺纹尺寸的作用，并且必须插入板牙的 V 形槽内。

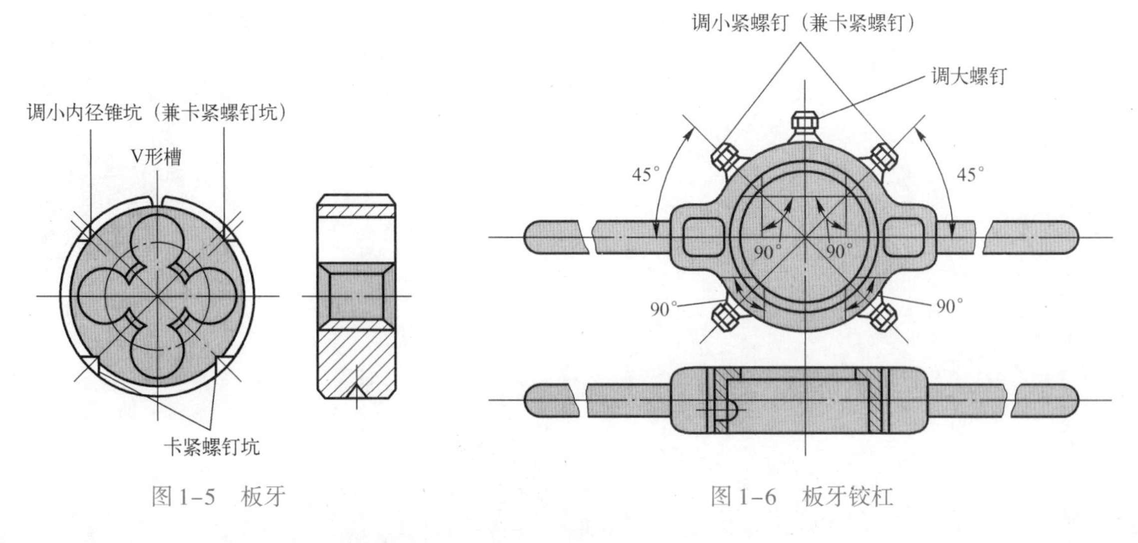

图 1-5　板牙

图 1-6　板牙铰杠

1.2.2　套螺纹的操作方法

（1）将工件的端部倒角。为了使板牙起套螺纹时容易切入工件，工件圆杆端部要倒成 15°～20°的锥体，锥体的小端直径要略小于螺纹小径，以防套螺纹后螺纹端部产生锋口或卷边。

（2）将工件用台虎钳夹持牢靠，套螺纹部分尽可能接近钳口。由于工件多为圆杆，因此一般要用 V 形夹块或厚铜衬做衬垫，以保证夹持可靠。

（3）起套时，一手掌握住铰杠中部，沿圆杆轴向旋加压力，另一手配合做顺向切进。推进时转动要慢，压力要大，必须保证板牙端面与圆杆轴线垂直，不能歪斜。在板牙切入圆杆 2～3 牙时，应及时检查垂直度并做准确校正。

（4）当板牙旋入 3～4 圈后，不用再施加压力，让板牙自然旋进，以免损坏螺纹和板牙。操作中要经常倒转板牙排屑。

（5）在钢件上套螺纹时要加切削液，以提高加工螺纹表面的粗糙度，延长板牙使用寿命。切削液一般为机油或较浓的乳化液。

1.3　手锤及安装木榫、胀管和膨胀螺栓

1.3.1　手锤

手锤又称榔头，是维修电工在安装电气设备时常用到的工具之一，常用规格有 0.25kg、0.5kg、0.75kg 等。锤柄长为 300～350mm。为防止锤头脱头，顶端应打楔。手锤的外形如图 1-7 所示。图 1-8、图 1-9 为手锤的操作方法。

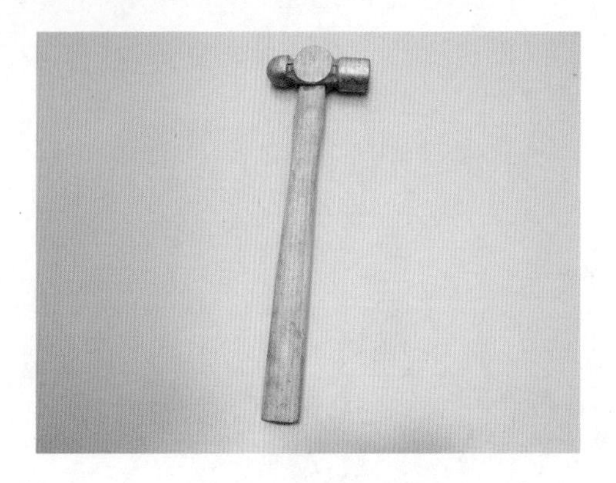

图 1-7 手锤的外形

图 1-8 操作时，右手应握在木柄的尾部

图 1-9 锤击时，用力要均匀，落锤点要准确

1.3.2 木榫的安装

1. 木榫孔的錾打

凡在砖墙、水泥墙和水泥楼板上安装线路和电气装置，均需用木榫支持。木榫必须牢固地嵌进木榫孔内，以保证安装质量。

在砖墙上可用小扁凿按如图 1-10（a）所示方法錾打木榫孔。在水泥墙上可用麻线凿按如图 1-10（b）所示方法錾打木榫孔。在錾打木榫孔时应注意以下事项：

（a）砖墙木榫孔的錾打

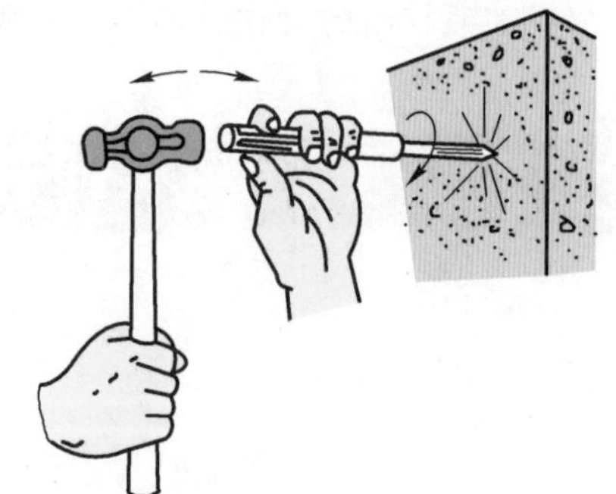

（b）水泥墙木榫孔的錾打

图 1-10 木榫孔的錾打方法

（1）砖墙上的木榫孔应錾打在砖与砖之间的夹缝中，且錾打成矩形，水泥墙或楼板上的木榫孔应錾打成圆形。

（2）木榫孔径应略小于木榫直径 1 ~ 2mm，孔深应大于木榫长度约 5mm。

（3）木榫孔应严格錾打在标画的位置上，以保证支持点的挡距均匀和高低一致。

（4）木榫孔应錾打得与墙面保持垂直，不可出现口大底小的喇叭状。

2. 木榫的削制

木榫通常采用干燥的细皮松木制成。木榫的形状应按照使用场所的要求来削制。砖墙上的木榫用电工刀削成长为 30mm、宽为 12mm，如图 1-11（a）所示。水泥墙上的木榫用电工刀削成长为 30mm、宽为 8mm，如图 1-11（b）所示。在削制木榫时应注意以下事项：

（1）削制木榫时，应顺着木材的纹路。

（2）用电工刀削制木榫时应注意安全，不要伤手。

（3）木榫的长度应比榫孔稍短些。木榫的长短还要与木螺钉配合，一般木螺钉旋进木榫的长度不宜超过木榫长度的二分之一。木榫的长度以 25 ~ 38mm 为宜。

（4）木榫应削得粗细一致，不可削成锥形体。为便于把木榫塞入木榫孔，其头部应倒角。

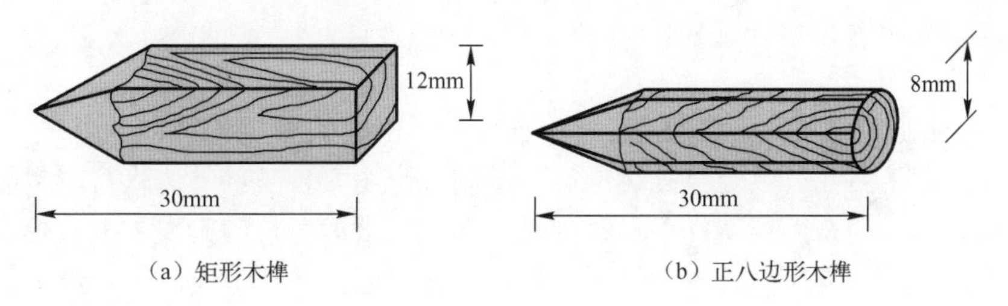

（a）矩形木榫　　（b）正八边形木榫

图 1-11　木榫的形状

3. 木榫的安装

安装木榫时，先把木榫头部塞入木榫孔，用锤子轻击几下，待木榫进入孔内三分之一后，检查是否与墙面垂直。如不垂直，应校正垂直后再进行敲打，一直打到与墙面齐平为止。木榫在墙孔内的松紧度应合适：过紧，容易打烂榫尾；过松，达不到紧固目的，如图 1-12 所示。

（a）在砖墙上装矩形木榫

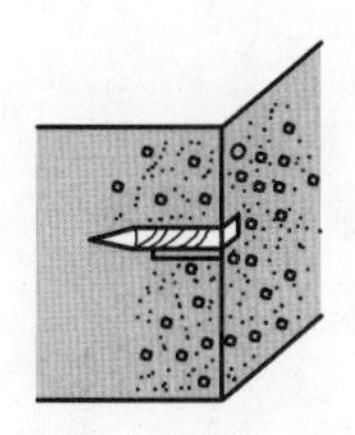

（b）在水泥墙上装正八边形木榫

图 1-12　安装木榫

1.3.3 胀管的安装

1. 胀管的选配

胀管由塑料制成，因此又称塑料榫。胀管通常用于承力较大而又难以安装木榫的建筑面上，如空心楼板和现浇混凝土板、壁、梁及柱等处。胀管的结构示意图如图 1–13 所示。

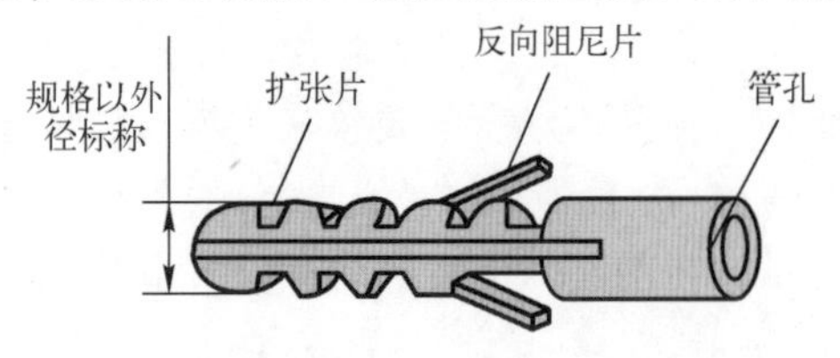

图 1–13 胀管的结构示意图

当胀管孔内拧入木螺钉后，两扩张片向孔壁张开，就紧紧地胀在孔内，以此来支撑装在螺钉上的电气装置或设备。如果胀管规格与榫孔大小不匹配（孔大管小），或木螺钉规格与胀管孔直径不匹配（孔大木螺钉小），则胀管在孔内就难以胀牢。胀管的规格有 ϕ6mm、ϕ8mm、ϕ10mm 和 ϕ12mm 等多种。孔径应略大于胀管规格，凡小于 ϕ10mm 胀管的孔径应比胀管大 0.5mm，如 ϕ8mm 胀管的孔径为 ϕ8.5mm；凡等于或大于 ϕ10mm 的胀管，孔径比胀管大 1mm，如 ϕ12mm 胀管的孔径为 ϕ13mm。ϕ6mm 的胀管可选用 ϕ3.5mm 或 ϕ4mm 的木螺钉，ϕ8mm 的胀管可选用 ϕ4mm 或 ϕ4.5mm 的木螺钉，ϕ10mm 的胀管可选用 ϕ5mm 或 ϕ5.5mm 的木螺钉，ϕ12mm 的胀管可选用 ϕ5.5mm 或 ϕ6mm 的木螺钉。

2. 胀管的安装

安装时，根据施工要求，先定位画线，然后用冲击电钻根据榫体的直径在现场就地打孔。打孔不宜用凿子凿孔，以免榫孔过大或不规则，影响安装质量。清除孔内灰渣后，将胀管塞入，要求管尾与建筑面保持齐平，必须经过塞入、试敲纠直和敲入 3 个步骤。安装质量要求是，管体应与建筑面保持垂直，管尾不应凹入建筑面，如图 1–14（a）所示，不应凸出建筑面，如图 1–14（b）所示，不应出现孔大管小，如图 1–14（c）所示，不应出现孔小管大，如图 1–14（d）所示。最后把要安装设备上的固定孔与胀管孔对准，放好垫圈，旋入木螺钉。

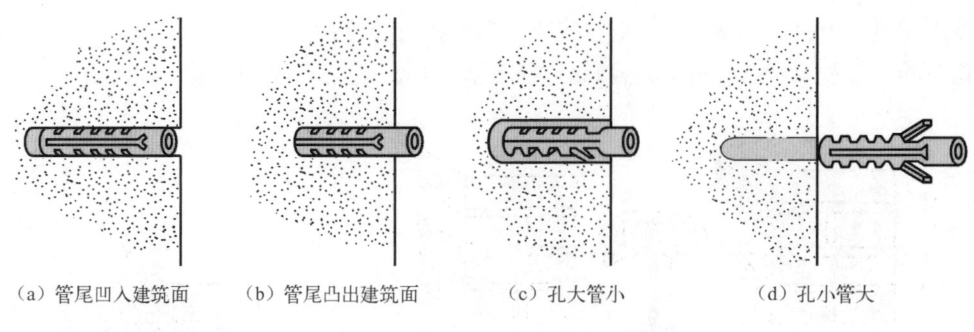

（a）管尾凹入建筑面　（b）管尾凸出建筑面　（c）孔大管小　（d）孔小管大

图 1–14 胀管的安装不合格示例

1.3.4 膨胀螺栓的安装

1. 膨胀螺栓孔的凿打

采用膨胀螺栓施工时，先用冲击电钻在现场就地打孔，孔径的大小和深度应与膨胀螺栓的规格相匹配。常用膨胀螺栓与钻孔尺寸的配合见表 1–2。

表 1-2　常用膨胀螺栓与钻孔尺寸的配合　　（mm）

螺 栓 规 格	M6	M8	M10	M12	M16
钻孔直径	10.5	12.5	14.5	19	23
钻孔深度	40	50	60	70	100

2. 膨胀螺栓的安装

在砖墙或水泥墙上安装线路或电气装置时，通常用膨胀螺栓来固定。常用的膨胀螺栓有胀开外壳式和纤维填料式两种。其外形如图 1-15 所示。采用膨胀螺栓，施工简单、方便，可免去土建施工中预埋件的工序。膨胀螺栓靠螺栓旋入胀管，使胀管胀开，产生膨胀力，压紧建筑物孔壁，将其和安装设备固定在墙上。

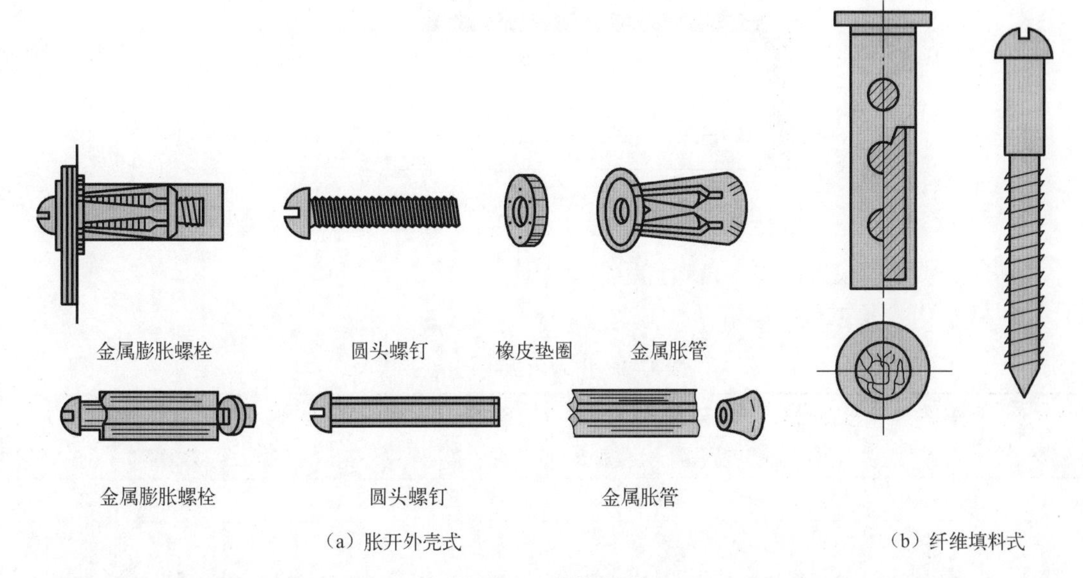

图 1-15　膨胀螺栓

安装胀开外壳式膨胀螺栓时，先将压紧螺母放入外壳内，然后将外壳嵌进墙孔内，用锤子轻轻敲打，使其外缘与墙面平齐，最后只要把电气设备通过螺栓或螺钉拧入压紧的螺母中，螺栓和螺母就会一面拧紧，一面胀开外壳的接触片，使其挤压在孔壁上，螺栓和电气设备就可一起被固定，如图 1-16 所示。

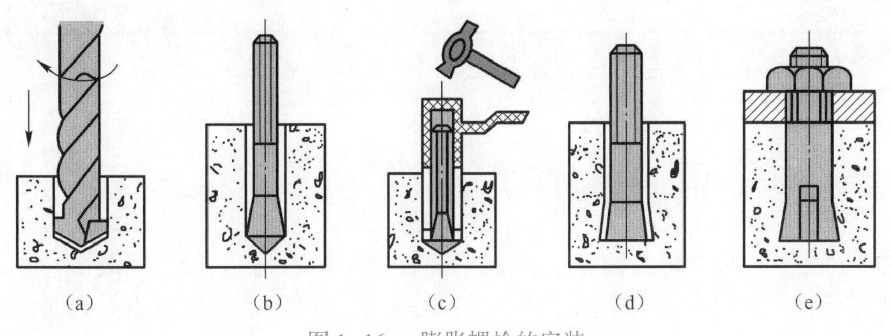

图 1-16　膨胀螺栓的安装

安装纤维填料式膨胀螺栓时，只要将其套筒嵌进钻好或打好的墙孔中，再把电气设备通过螺钉拧到纤维填料中，就可把膨胀螺栓的套筒胀紧，使电气设备得以固定。

1.4 其他工具

1.4.1 内六角扳手

内六角扳手的外形如图 1-17 所示。

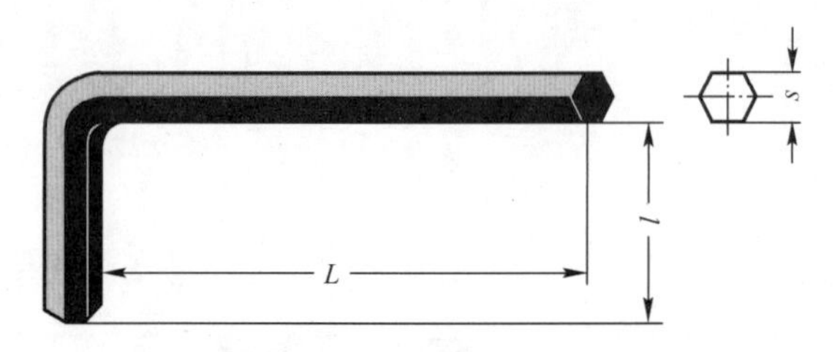

图 1-17 内六角扳手的外形

【用途】供紧固或拆卸内六角螺钉用。

【规格】内六角扳手的规格见表 1-3。

表 1-3 内六角扳手的规格

公称尺寸 s	长脚长度 L	短脚长度 l	试验扭矩 普通级	试验扭矩 增强级	公称尺寸 s	长脚长度 L	短脚长度 l	试验扭矩 普通级	试验扭矩 增强级
(mm)			(N·m)		(mm)			(N·m)	
2	50	16	1.5	1.9	12	125	45	305	370
2.5	56	18	3.0	3.8	14	140	56	480	590
3	63	20	5.2	6.6	17	160	63	830	980
4	70	25	12.0	16.0	19	180	70	1140	1360
5	80	28	24.0	30.0	22	200	80	1750	2110
6	90	32	41.0	52.0	24	224	90	2200	2750
7	95	34	65.0	78.0	27	250	100	3000	3910
8	100	36	95.0	120	32	315	125	4850	6510
10	112	40	180	220	36	355	140	6700	9260

注：公称尺寸相当于内六角螺钉的内六角孔对边尺寸。

1.4.2 管子钳

管子钳外形如图 1-18、图 1-19 所示。

【其他名称】管子扳手。

【用途】用于紧固或拆卸各种管子、管路附件或圆形零件，是管路安装和修理的常用工具。其钳体除用可锻铸铁（或碳钢）制造外，另有铝合金制造。其特点是重量轻、使用轻便、不易生锈。

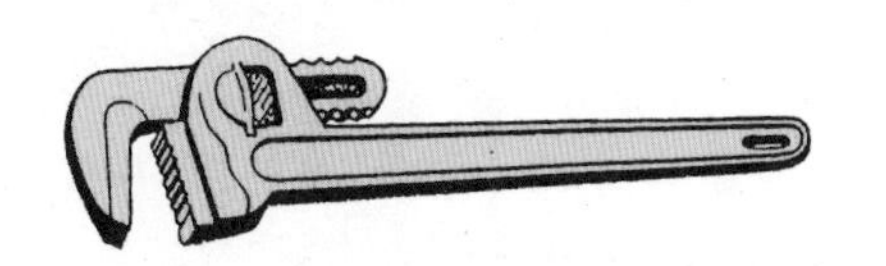

图 1-18　可锻铸铁（碳钢）管子钳
（QB/T 2508—2001）

图 1-19　铝合金管子钳

【规格】规格指夹持管子最大外径时管子钳全长，见表 1-4。

表 1-4　管子钳规格

规格（mm）			150	200	250	300	350	450	600	900	1200
夹持管子外径（mm）≤			20	25	30	40	50	60	75	85	110
试验扭矩（N·m）	可锻铸铁	普通级	105	203	340	540	650	920	1300	2260	3200
		重　级	165	330	550	830	990	1440	1980	3300	4400
	铝合金		150	300	500	750	1000	1300	2000	3000	4000

1.4.3　快速管子扳手

快速管子扳手外形如图 1-20 所示。

【其他名称】多用扳手。

【用途】用于紧固或拆卸小型金属和其他圆柱形零件，也可做扳手使用，是管路安装和修理的常用工具。

【规格】快速管子扳手的规格见表 1-5。

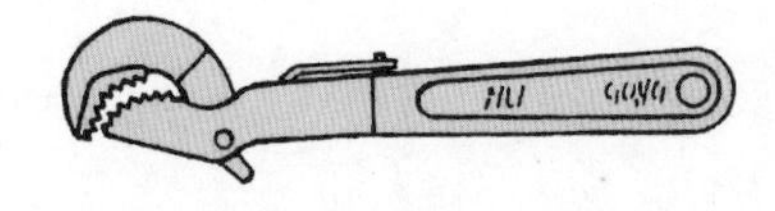

图 1-20　快速管子扳手

表 1-5　快速管子扳手的规格

规格（长度，mm）	200	250	300
夹持管子外径（mm）	12 ~ 25	14 ~ 30	16 ~ 40
适用螺栓规格（mm）	M6 ~ M14	M8 ~ M18	M10 ~ M24
试验扭矩（N·m）	196	323	490

1.4.4　台式砂轮机

台式砂轮机如图 1-21 所示。

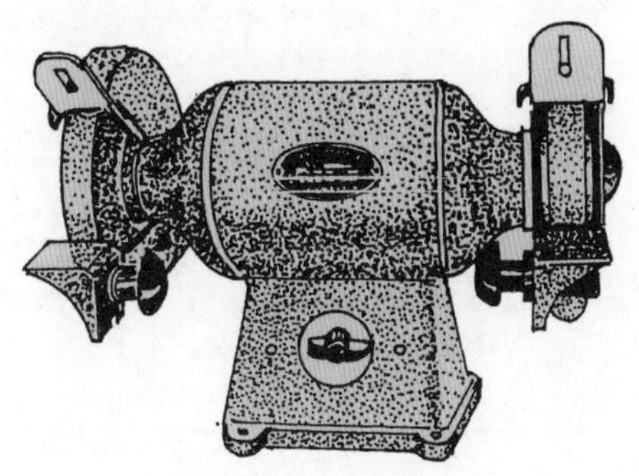

图 1-21　台式砂轮机

【用途】固定在工作台上，用于修磨刀具、刃具，也可用于对小零件进行磨削、去除毛刺及清理。

【规格】台式砂轮机的规格见表1–6。

表1–6 台式砂轮机的规格

新型号	旧型号	砂轮外径（mm）	输入功率（W）	电压（V）	转速（r/min）	工作定额（%）	重量（kg）
MD3215	SIST—150	150	250	220	2800	60	18
MD3220	SIST—200	200	500	220	2800		35
M3215	S3ST—150	150	250	380	2800		18
M3220	S3ST—200	200	500	380	2850		35
M3225	S3ST—250	250	750	380	2850		40

注：台式砂轮机的砂轮尺寸和安全线速度见表1–7。

表1–7 台式砂轮机的砂轮尺寸和安全线速度

砂轮尺寸（mm）				
	外径	150	200	250
	厚度	20	25	25
	孔径	32	32	32
砂轮安全线速度（m/s）		35	35	40

1.4.5 轻型台式砂轮机

轻型台式砂轮机如图1–22所示。

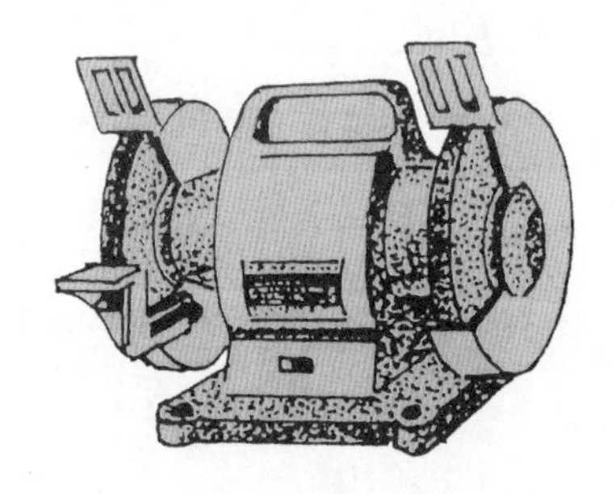

图1–22 轻型台式砂轮机

【用途】与台式砂轮机相同，在小作坊和家庭使用较多。

【规格】轻型台式砂轮机的规格见表1–8。

表1–8 轻型台式砂轮机的规格

型号	砂轮外径×厚度×孔径（mm）	输入功率（W）	电压（V）	转速（r/min）	砂轮安全线速度（m/s）	重量（kg）
MDQ3212S	125×16×13	150	220	2850	35	10. 5
MDQ3215S	150×16×13	150	220	2850	35	11

1.4.6　落地砂轮机

落地砂轮机如图 1-23 所示。

图 1-23　落地砂轮机

【用途】固定在地面上，用途与台式砂轮机相同。
【规格】落地砂轮机的规格见表 1-9。

表 1-9　落地砂轮机的规格

新型号	旧型号	砂轮外径（mm）	输入功率（W）	电压（V）	转速（r/min）	工作定额（%）	重量（kg）
M3020	S3SL—200	200	500	380	2850		75
M3025	S3SL—250	250	750	380	2850		80
M3030	S3SL—300	300	1500	380	1420	60	125
M3030A	—	300 *	1500	380	2900		125
M3035	S3SL—350	350	1750	380	1440		135
M3040	S3SL—400A	400	2200	380	1430		140

注：（1）落地砂轮机的砂轮尺寸和安全线速度见表 1-10。

表 1-10　落地砂轮机的砂轮尺寸和安全线速度

砂轮尺寸（mm）	外径	200	250	300	300 *	350	400
	厚度	25	25	40	40	40	40
	孔径	32	32	75	75	75	127
安全线速度（m/s）		35	40	35	50 *	35	35

（2）＊M3030A 型配用安全线速度为 50m/s 的砂轮。

1.4.7　除尘式砂轮机

除尘式砂轮机如图 1-24 所示。
【用途】带有专门用于吸尘的风机和布袋除尘，用途与台式砂轮机相同。
【规格】除尘式砂轮机的规格见表 1-11。

图 1-24　除尘式砂轮机

表 1-11　除尘式砂轮机的规格

新型号	旧型号	砂轮外径（mm）	功率（W）	电压（V）	转速（r/min）	工作定额（%）	重量（kg）
M3320	MC3020	200	500	380	2850	S2（60）	80
M3325	MC3025	250	750		2850		85
M3330	MC3030	300	1500		1420		230
M3335	MC3035	350	1750		1440		240
M3340	MC3040	400	2200		1430		255

注：（1）除尘式砂轮机的粉尘浓度均为 $<10mg/m^3$，符合国家劳动人事和环境保护部门的安全规定。

（2）除尘式砂轮机的砂轮尺寸和安全线速度与落地砂轮机的规定相同。

（3）风机的功率均为 750W，转速均为 2850r/min。

1.5 电工常用低压验电笔

电工常用低压验电笔又称试电笔，简称电笔，是用来检查测量低压导体和电气设备的金属外壳是否带电的一种常用工具。验电笔具有体积小、质量小、携带方便和检验简单等优点，是维修电工必备的工具之一。

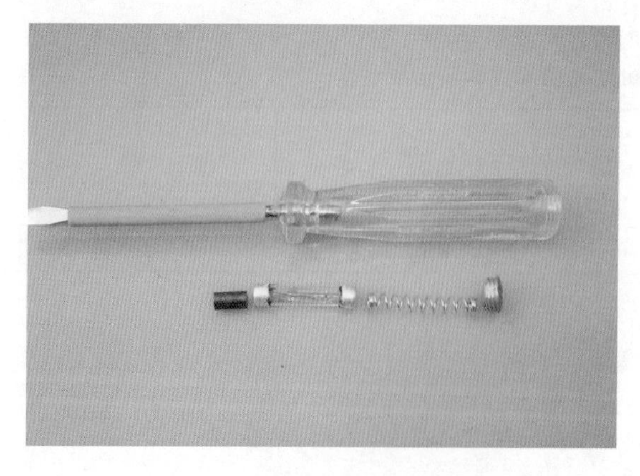

图 1-25　低压验电笔的结构及外形

低压验电笔常做成钢笔式结构，有的也做成小型螺丝刀结构。低压验电笔前端是金属探头，后部塑料外壳内装配有氖泡、电阻和弹簧，上部有金属端盖或钢笔形挂鼻，使用时作为手触及的金属部分。低压验电笔的结构与外形如图 1-25 所示。图 1-26 ~ 图 1-29 为低压验电笔正确与错误的验电方法。

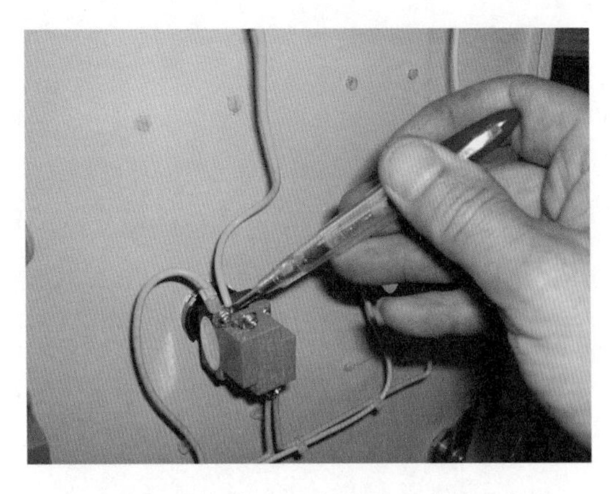

图 1-26　用钢笔式验电笔的正确验电方法

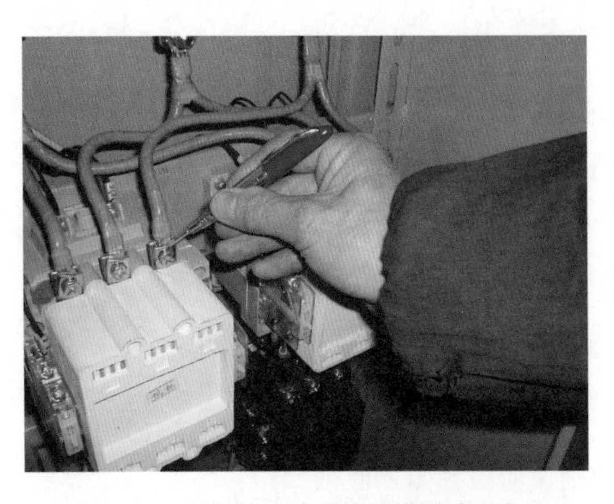

图 1-27　用钢笔式验电笔的错误验电方法

图 1-28　用螺丝刀式验电笔的正确验电方法

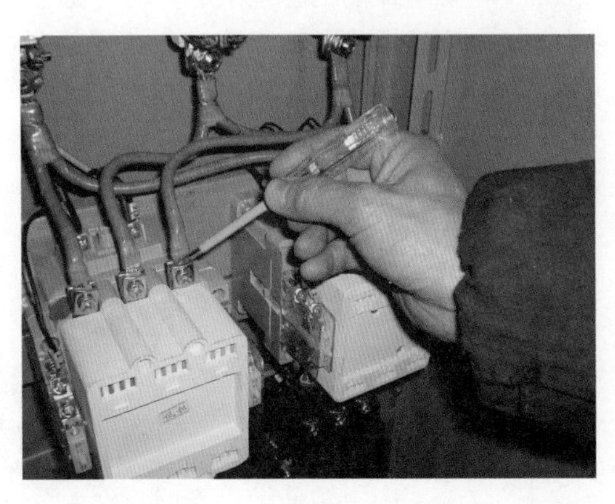

图 1-29　用螺丝刀式验电笔的错误验电方法

普通低压验电笔的电压测量范围在 60～500V 之间。低于 60V 时，低压验电笔的氖泡可能不会发光显示，高于 500V 的电压严禁用普通低压验电笔来测量，以免造成触电事故。在此必须提醒电工初学者，切勿用普通的低压验电笔测试超过 500V 的电压。

当用低压验电笔测试带电体时，带电体上的电压经笔尖（金属体）、电阻、氖泡、弹簧、笔尾端的金属体，再经过人体接入大地，形成回路。带电体与大地之间的电压超过 60V 后，氖泡便会发光，指示被测带电体有电。

电工初学者在使用低压验电笔时要注意以下事项：

(1) 使用低压验电笔之前，首先要检查低压验电笔内有无安全电阻，然后检查低压验电笔是否损坏，有无受潮或进水，检查合格后方可使用。

(2) 在使用低压验电笔正式测量电气设备是否带电之前，先要将低压验电笔在有电源的部位检查一下氖泡是否能正常发光，如果低压验电笔氖泡能正常发光，则可以使用。

(3) 在明亮的光线下或阳光下测试带电体时，应当注意避光，以防光线太强不易观察到氖泡是否发亮，造成误判。

(4) 大多数低压验电笔前面的金属探头都制成小螺丝刀形状，在用它拧螺钉时，用力要轻，扭矩不可过大，以防损坏。

(5) 在使用完毕后要保持低压验电笔的清洁，并放置在干燥处，严防摔碰。

1.6 高压验电笔

高压验电笔又称高压测电器，由金属钩、氖管、氖管窗、紧固螺钉、保护环和握柄等组成。使用高压验电笔时应注意以下事项：

（1）手握部位不能超过保护环。

（2）在使用前应检查高压验电笔是否绝缘，绝缘合格方可使用。

（3）使用时应逐渐靠近被测体，直至氖管发光；若逐渐靠近被测体，但氖管一直不亮，则说明被测体不带电。

（4）在室外使用高压验电笔时，必须在气候良好的情况下进行。

（5）用高压验电笔测试时，必须戴耐压强度符合要求并在有效期内检验合格的绝缘手套；测试时，应站在高压绝缘垫上。

（6）测试时，一人测试、一人监护，防止发生相间或对地短路事故，人与带电体应保持足够的安全距离（10kV 高压安全距离为 0.7m 以上）。

高压验电笔的测试方法如图 1-30 ~ 图 1-36 所示。

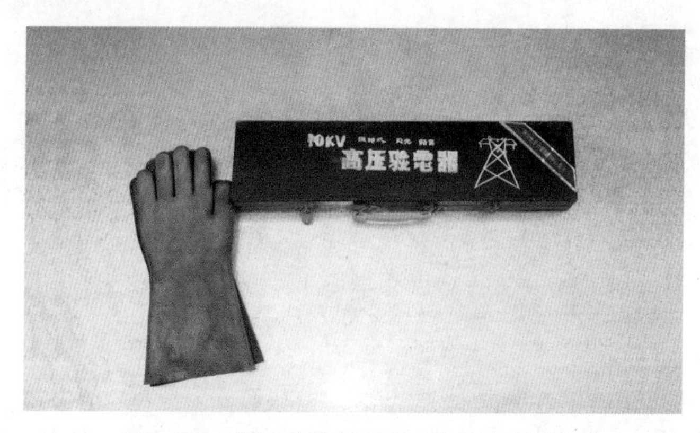

图 1-30　带转轮的高压验电笔和绝缘手套

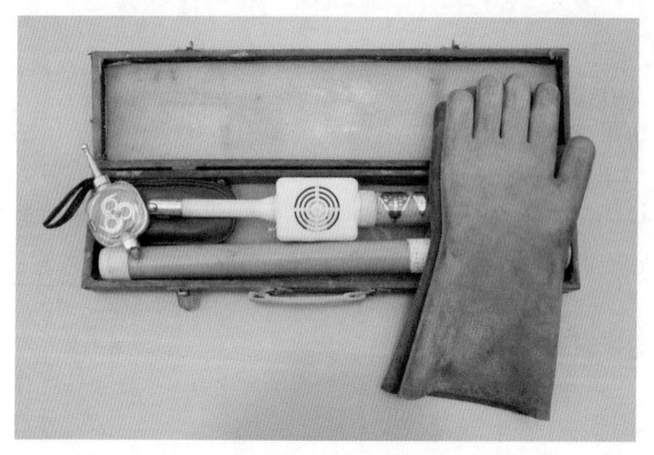

图 1-31　打开高压验电笔盒，检查配件是否齐全

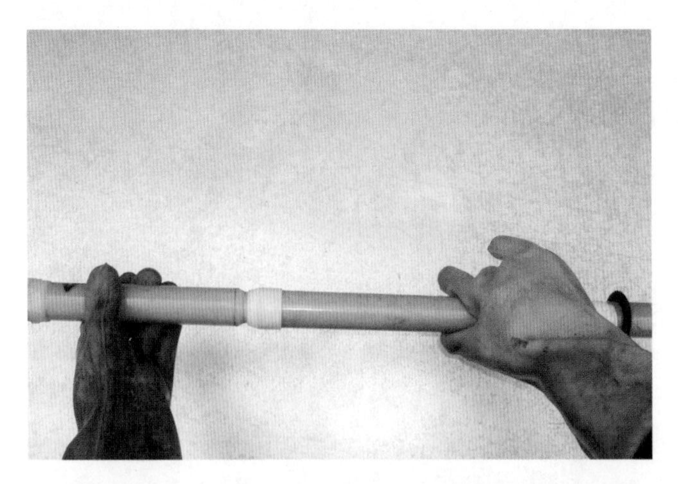

图 1-32　将高压验电笔测试杆两节接在一起

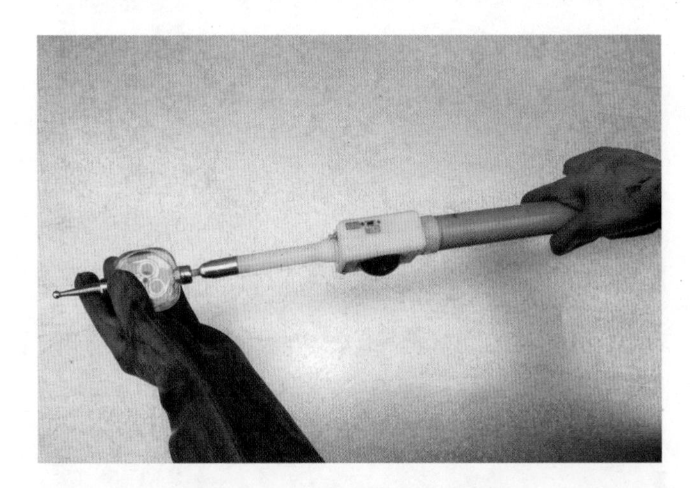

图 1-33　装上高压验电笔转轮

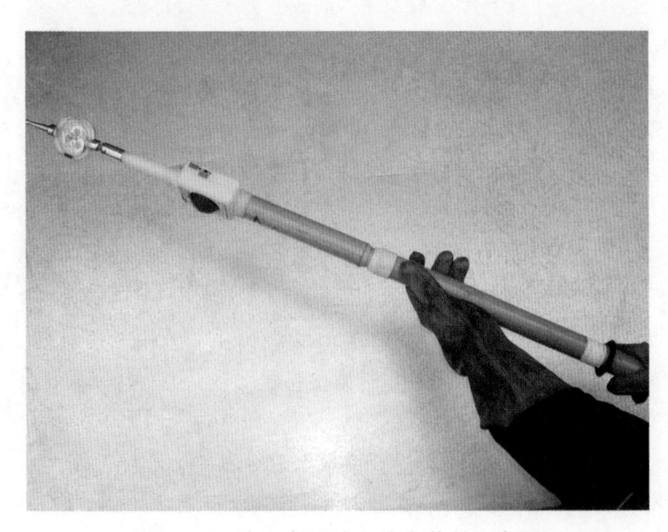

图 1-34　检查高压验电笔安装是否牢固

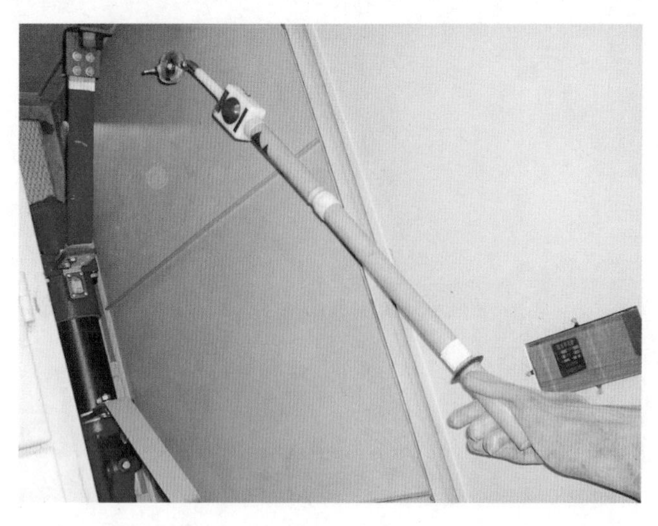

图 1–35　测电时，注意手握部位不能超过保护环

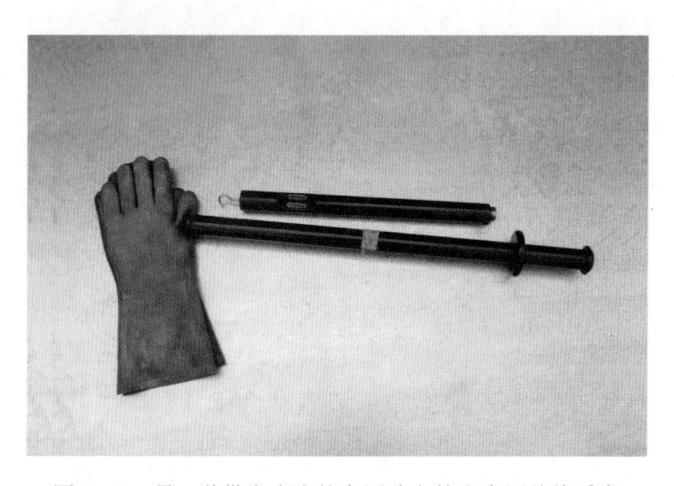

图 1–36　另一种带发光泡的高压验电笔和高压绝缘手套

1.7 螺丝刀

螺丝刀又称起子、螺钉旋具或旋凿等，按照螺丝刀头部形状的不同，可分为一字形螺丝刀和十字形螺丝刀。其握柄材料分木柄和塑料柄两种。十字形螺丝刀的外形如图 1–37 所示。一字形螺丝刀的外形如图 1–38 所示。

近年来，还出现了多用组合式螺丝刀，由不同规格的螺丝刀、锥、钻、凿、锯、锉和锤组成。这种组合式螺丝刀的柄部和刀体可以拆卸，柄部内还装有氖管、电阻、弹簧，可做验电笔使用。

螺丝刀的使用方法如图 1–39、图 1–40 所示。

螺丝刀的大小尺寸和种类很多，使用时应注意以下事项：

（1）螺丝刀手柄要保持干燥清洁，以防带电操作时发生漏电。

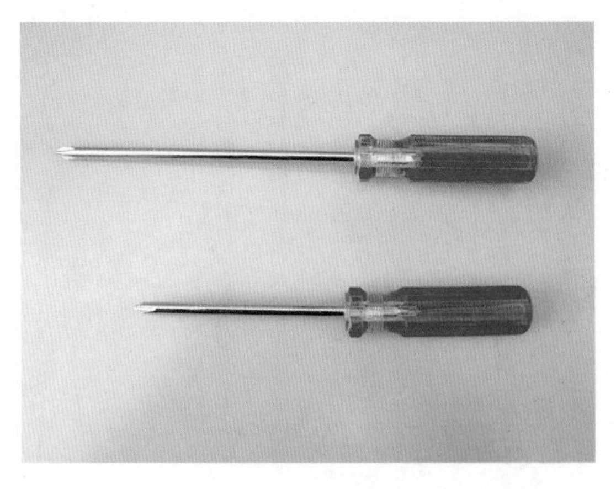

图 1-37　十字形螺丝刀的外形

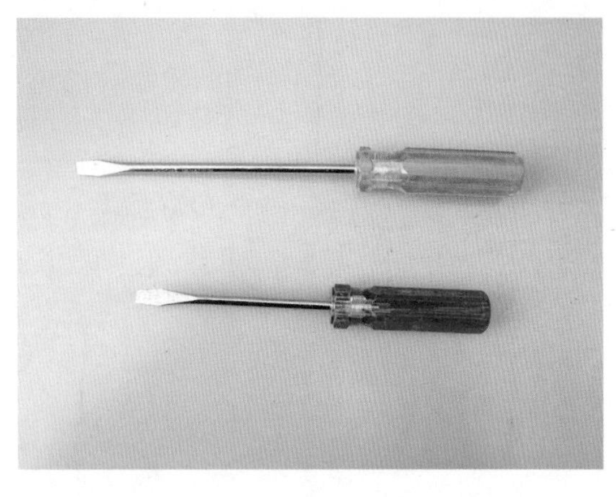

图 1-38　一字形螺丝刀的外形

图 1-39　拧小螺钉的方法

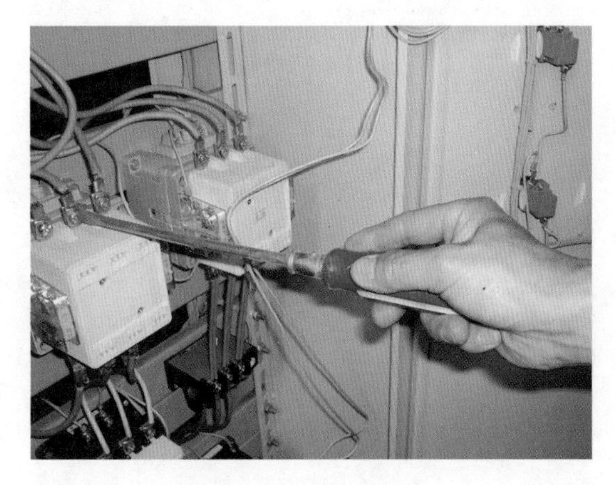

图 1-40　拧大螺钉的方法

（2）在使用小头较尖的螺丝刀紧松螺钉时，要特别注意用力均匀，避免因手滑而触及其他带电体或者刺伤另一只手。

（3）切勿将螺丝刀当作錾子使用，以免损坏螺丝刀。

1.8 钢丝钳

钢丝钳常被称为钳子，也是电工人员必备的工具之一。钢丝钳的外形如图 1-41 所示。

钢丝钳的用途是夹持或折断金属薄板及切断金属丝。钢丝钳有两种，电工应选用带绝缘手柄的钢丝钳。一般钢丝钳的绝缘护套耐压为 500V，所以只适合在低压带电设备上使用。常用的钢丝钳有 150mm、175mm 和 200mm 等几种。钢丝钳的使用方法如图 1-42 ~ 图 1-45 所示。

使用钢丝钳时应注意以下事项：

（1）切勿损坏绝缘手柄，并注意防潮。

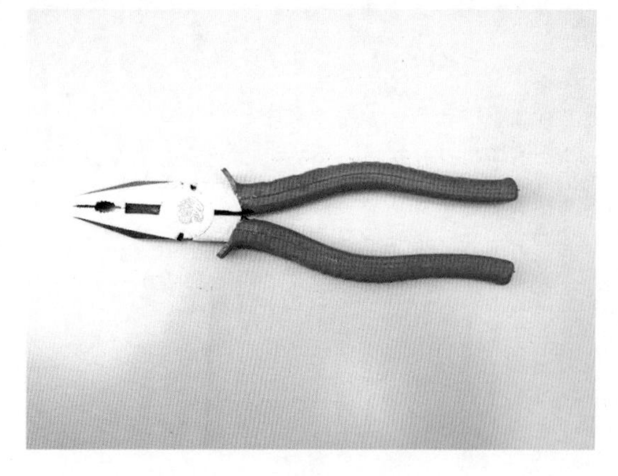

图 1-41　钢丝钳的外形

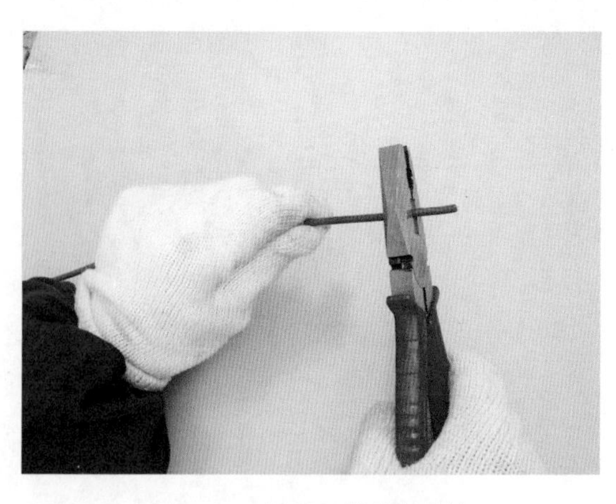

图 1-42　用钢丝钳剪断导线

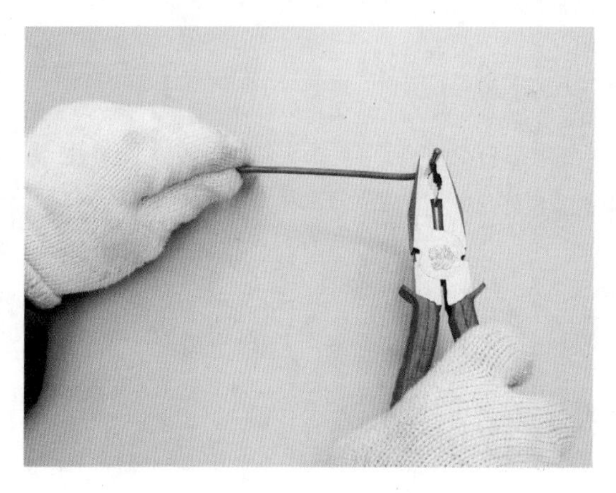

图 1-43　用钢丝钳弯绞导线

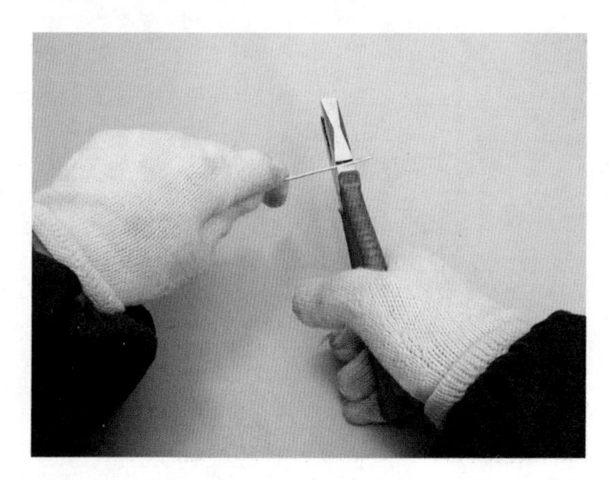

图 1-44　用钢丝钳铡切钢丝

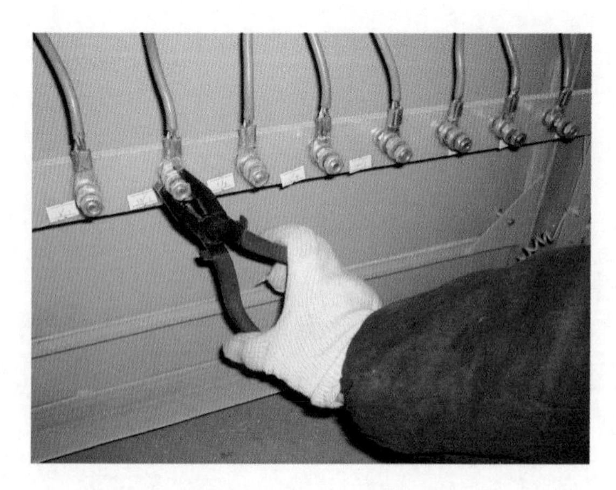

图 1-45　用钢丝钳扳旋螺母、紧固螺母

（2）钳轴要经常加油，防止生锈。

（3）要保持钢丝钳清洁，带电操作时，手与钢丝钳的金属部分保持 2cm 以上的距离。

1.9 尖嘴钳

尖嘴钳的头部尖细，适用于狭小的工作空间或带电操作低压电气设备。尖嘴钳可制作小接线鼻子，也可用来剪断细小的金属丝。尖嘴钳既适用于电气仪器仪表制作或维修，又可作为家庭日常修理的工具，使用灵活方便。尖嘴钳的外形如图 1–46 所示。尖嘴钳的使用方法如图 1–47 所示。

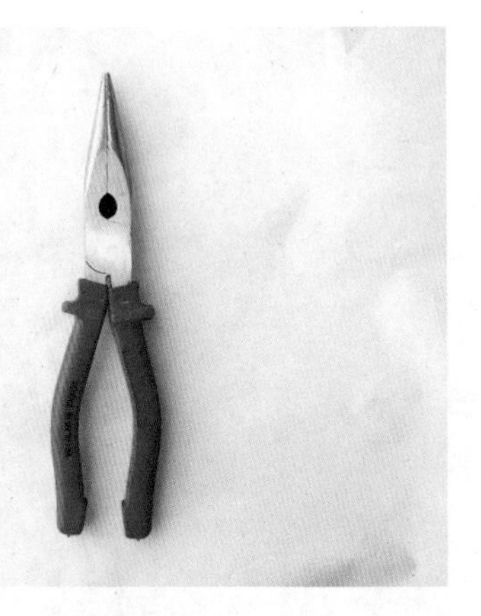

图 1–46　尖嘴钳的外形

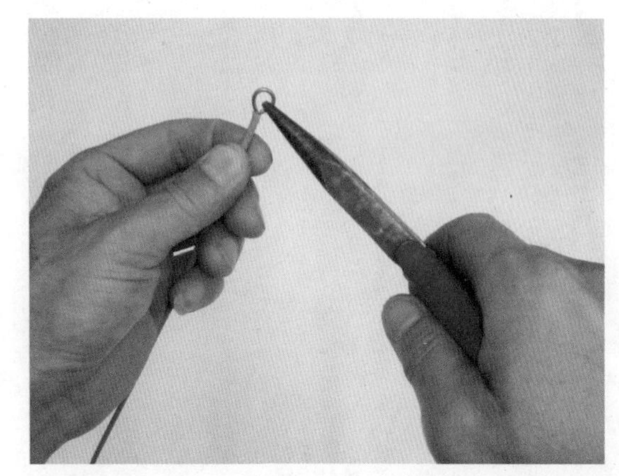

图 1–47　尖嘴钳的使用方法

电工维修人员应选用带有绝缘手柄的、耐压在 500V 以上的尖嘴钳。

使用尖嘴钳时应注意以下事项：

（1）使用尖嘴钳时，手离金属部分的距离应不小于 2cm。

（2）注意防潮，勿磕碰损坏尖嘴钳的柄套，以防触电。

（3）钳头部分尖细，且经过热处理，钳夹物体不可过大，用力时切勿太猛，以防损坏钳头。

（4）使用尖嘴钳后要擦净，钳轴、腮要经常加油，以防生锈。

1.10 电工刀

电工刀适用于电工在装配维修工作中割削电线绝缘外皮及割削绳索木桩等。电工刀的结构与普通小刀相似，可以折叠，尺寸有大小两号。另外，还有一种多用型的电工刀，既有刀片，又有锯片和锥针，不但可以削电线，还可以锯割电线槽板、锥钻底孔，使用起来非常方便。电工刀的外形如图 1–48 所示。图 1–49 ~ 图 1–52 为电工刀的使用操作方法。

使用电工刀时应注意以下事项：

（1）使用电工刀时切勿用力过猛，以免不慎划伤手指。

（2）一般电工刀的手柄是不绝缘的，因此严禁用电工刀带电操作电气设备。

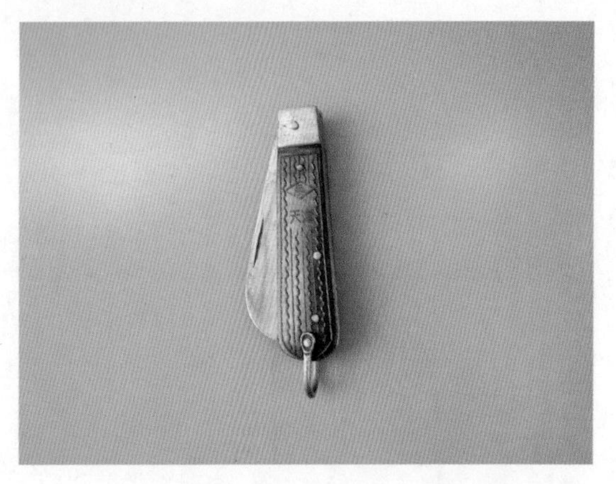

图 1-48　电工刀的外形

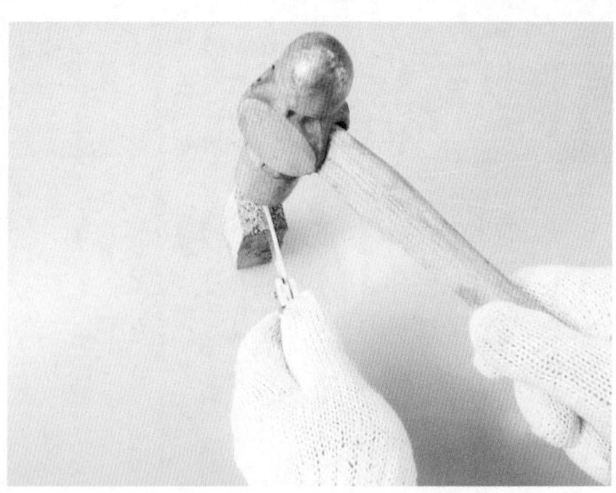

图 1-49　用电工刀切削木塞

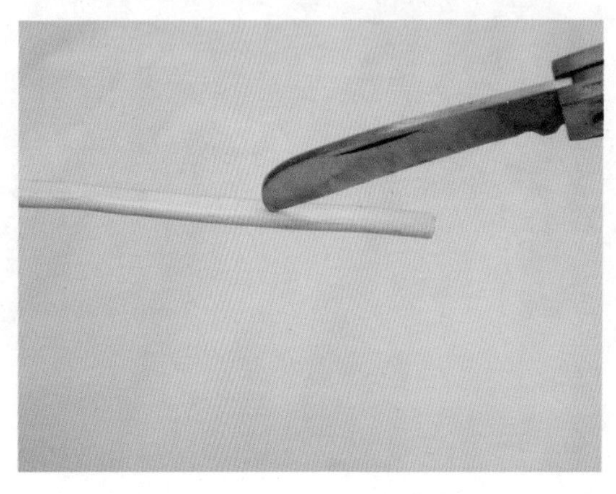

图 1-50　用电工刀切割护套线

图 1-51　用电工刀按 45°剥较粗电线

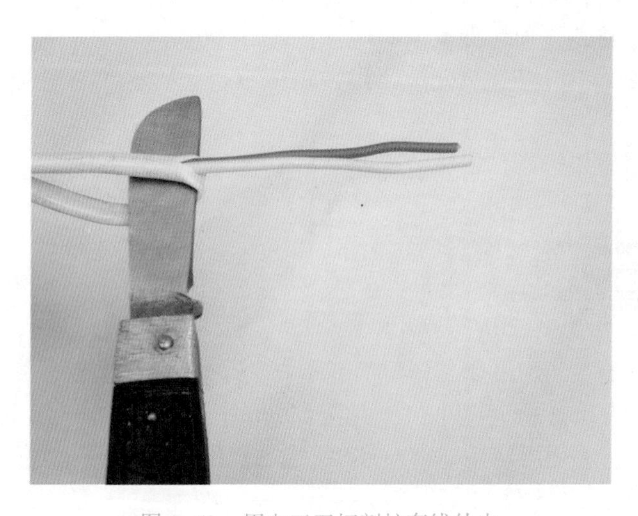

图 1-52　用电工刀切割护套线外皮

1.11 电工工具套

电工工具套是电工在户内、外登高作业时的必备工具，主要用来放置常用必带工具，如螺丝刀、验电笔、电工刀、钢丝钳和扳手等，如图 1-53 所示。工具套可用皮带系在腰间。

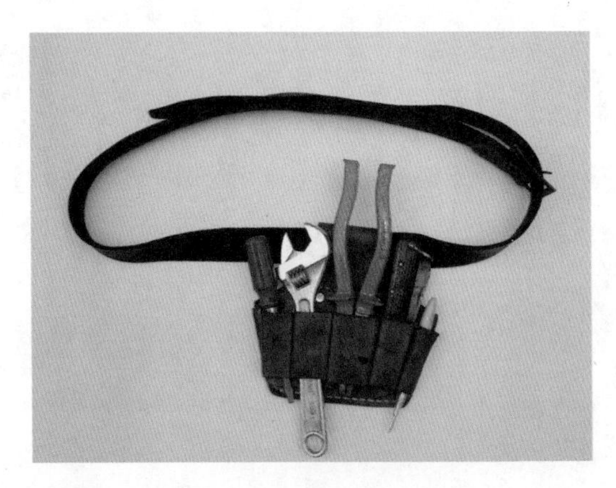

图 1-53　电工工具套

1.12 喷灯

喷灯是利用喷灯火焰对工件进行加热的一种工具，火焰温度可达 900℃，常用于锡焊、焊接电缆接地线等。喷灯的外形如图 1-54 所示。

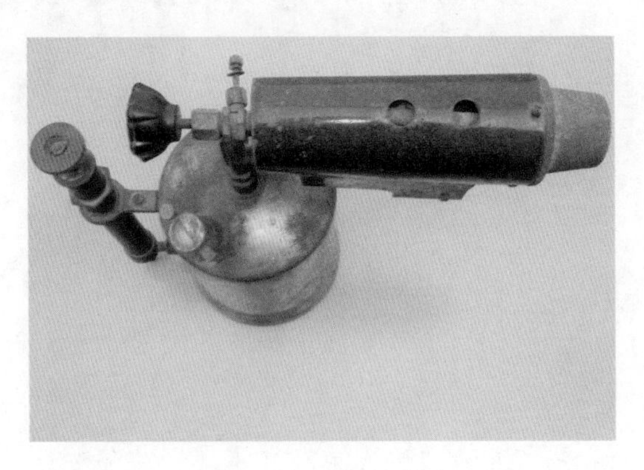

图 1-54　喷灯的外形

使用喷灯时应注意以下事项：

（1）按喷灯要求加燃料油，最多加到容器的四分之三处，加油后须拧紧螺塞，如图 1–55 所示。

（2）使用前要检查一下喷灯各个部位是否漏油，喷嘴是否塞死，是否有漏气现象，检查合格后方能使用。

（3）在修理喷灯或加油、放油时，一定要先灭火，再进行各项操作。

（4）点火时，喷灯、喷嘴前切勿站人，如图 1–56 所示。

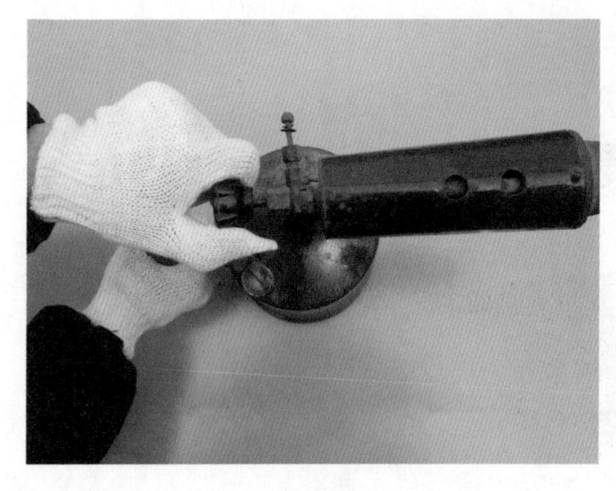

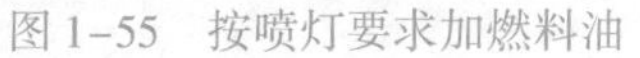

图 1–55　按喷灯要求加燃料油

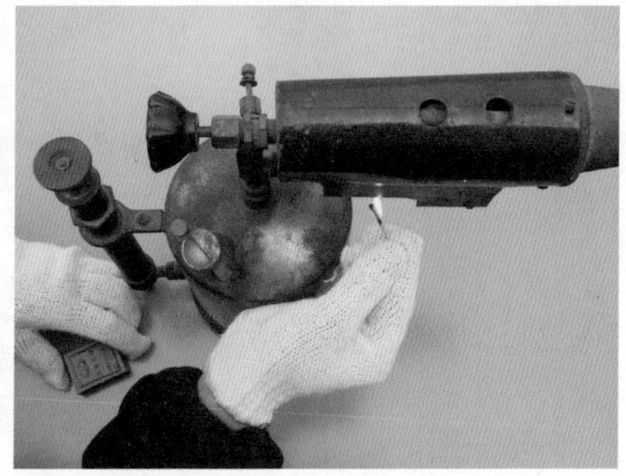

图 1–56　喷灯、喷嘴前切勿站人

（5）在工作时，应保持喷灯火焰与带电体有足够的安全距离，且在工作场所内不能有易燃易爆等危险品。

（6）给喷灯加压打气前一定要先关闭进油阀，如图 1–57 所示。

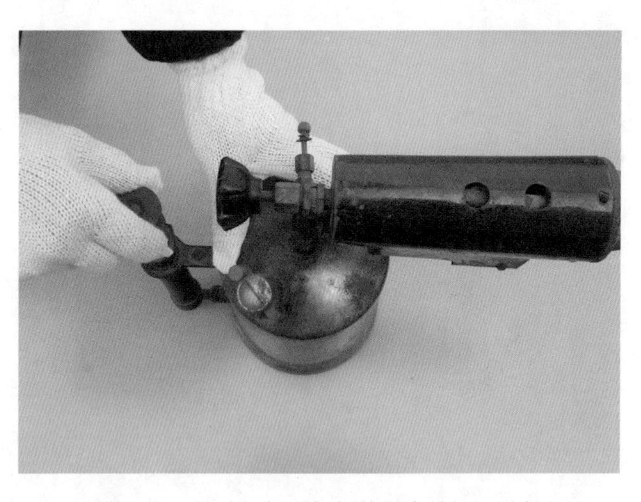

图 1–57　给喷灯加压打气前要先关闭进油阀

（7）在点燃喷灯前，应先在火碗内注入燃油并点燃，待喷嘴烧热后，再缓慢打开进油阀，使火从喷嘴处喷出，如图 1–58 所示。

图 1-58　待喷嘴烧热后，再缓慢打开进油阀，使火从喷嘴处喷出

1.13 手用钢锯

手用钢锯由铁锯弓和钢条组成。锯弓前端有一个固定销子，后端有一个活动销子，锯条挂在销钉上后旋紧螺钉即可使用。手用钢锯的外形如图 1-59 所示。安装时，锯条的锯齿要朝前。图 1-60 为手用钢锯的操作方法。

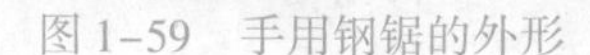

图 1-59　手用钢锯的外形

图 1-60　手用钢锯的操作方法

锯弓要上紧。锯条一般分为粗齿、中齿和细齿 3 种。粗齿适用于锯削铜、铝和木板材料等；细齿一般可锯较硬的铁板及穿线铁管和塑料管等。

1.14 活络扳手

活络扳手用于旋动螺杆、螺母，卡口可在规格所定范围内任意调整大小。目前，活络扳手规格较多，常用的有 150mm × 19mm，200mm × 24mm，250mm × 30mm 和 300mm × 36mm 等数种。扳动较大螺杆、螺母时，所用力矩大，手应握在手柄尾部；扳小型螺母时，为防止卡口处打滑，手可握在接近头部的位置，且用拇指调节和稳定蜗杆。活络扳手的外形如图 1-61 所示。活络扳手的使用方法如图 1-62、图 1-63 所示。

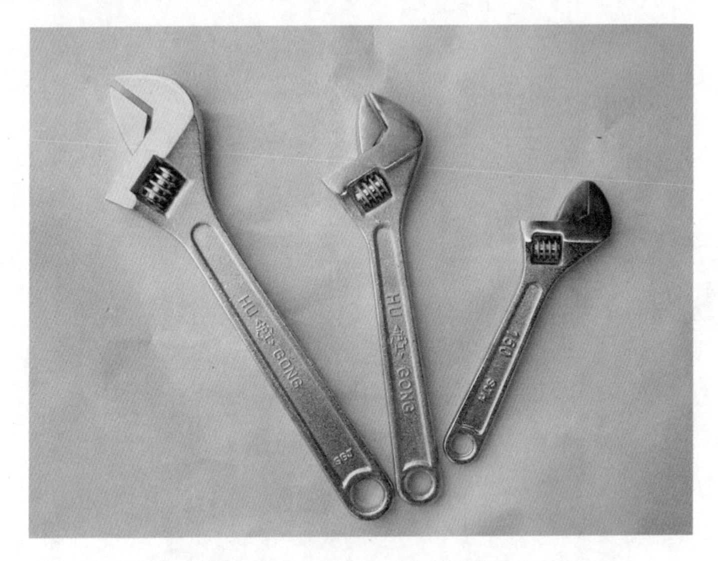

图 1-61 活络扳手的外形

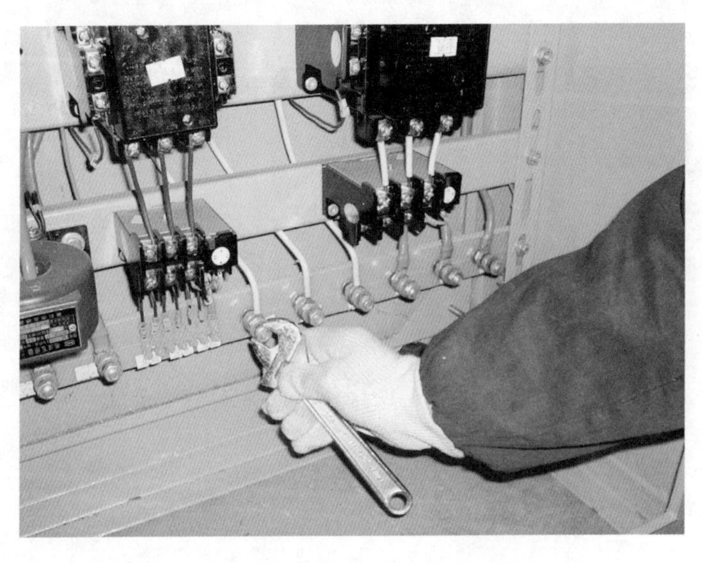

图 1-62 用活络扳手扳较小螺母的握法

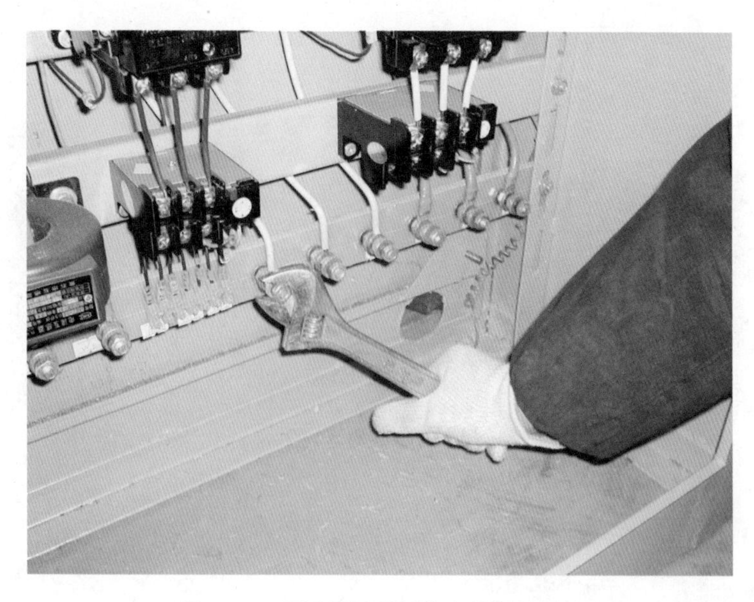

图 1-63　用活络扳手扳较大螺母的握法

使用活络扳手时，不能反方向用力，否则容易扳裂活络扳唇；尽量不要用钢管套在手柄上做加力杆使用，更不能用于撬重物或当作手锤敲打；旋动螺杆、螺母时，必须把工件的两侧面夹牢，以免损坏螺杆或螺母的棱角。

1.15 压线钳

压线钳是电工用于接线的一种工具，可以用于压接较小的接线鼻子，操作十分方便。另外，有一种手动压线钳有 4 种压接腔体，不同的腔体适用于不同规格的导线和接线端子。压线钳的外形如图 1-64 所示。压线钳的操作方法如图 1-65 ~ 图 1-67 所示。

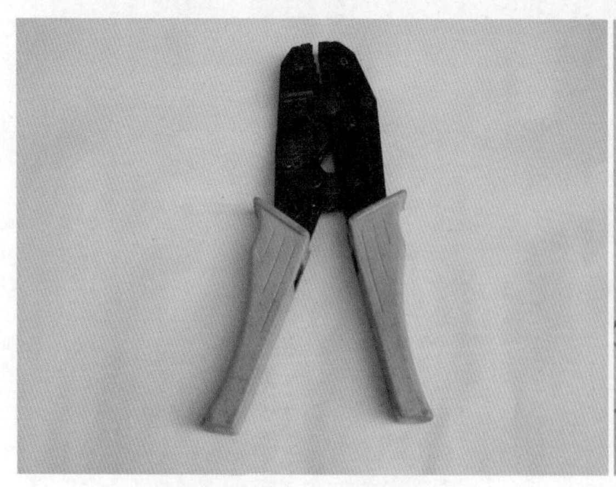

图 1-64　压线钳的外形

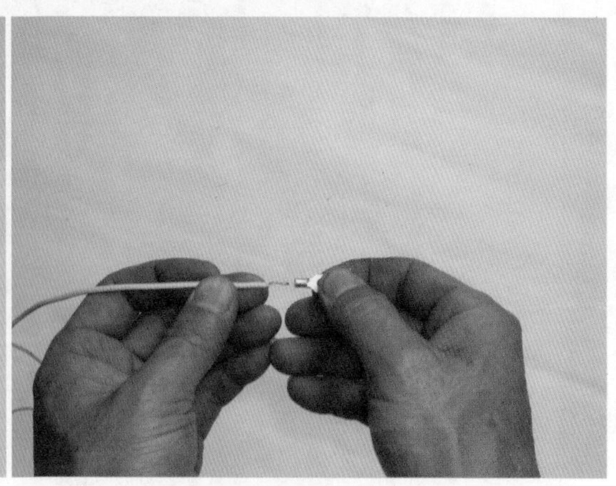

图 1-65　把接线头剥好，穿上接线卡

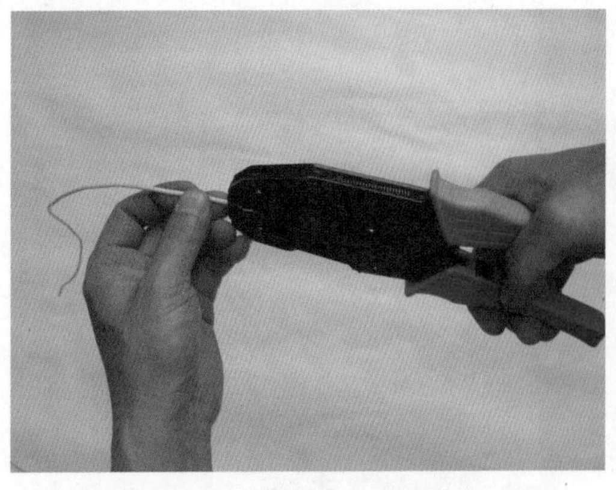

图 1-66　将接线卡放入压线钳钳口里

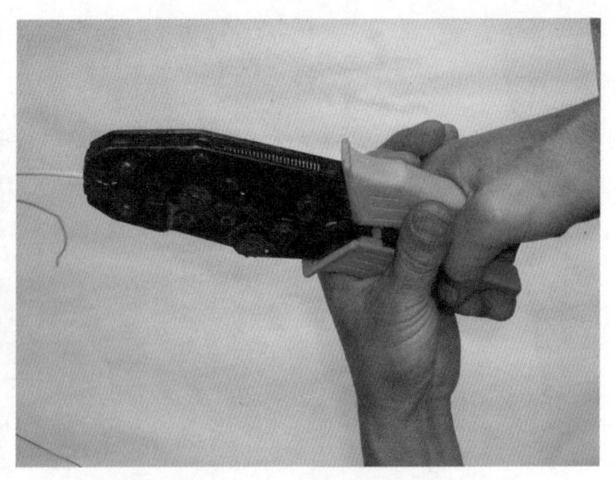

图 1-67　两手用力压接

1.16 剥线钳

剥线钳是用来剥除电线、电缆端部橡皮塑料绝缘层的专用工具，可带电（低于 500V）削剥电线末端的绝缘皮，使用十分方便。剥线钳有 140mm 和 180mm 两种规格。剥线钳的外形如图 1-68 所示。剥线钳的操作方法如图 1-69 ~ 图 1-71 所示。

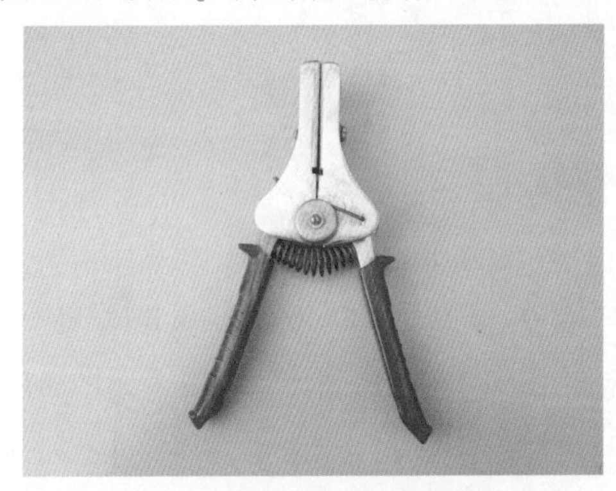

图 1-68　剥线钳的外形

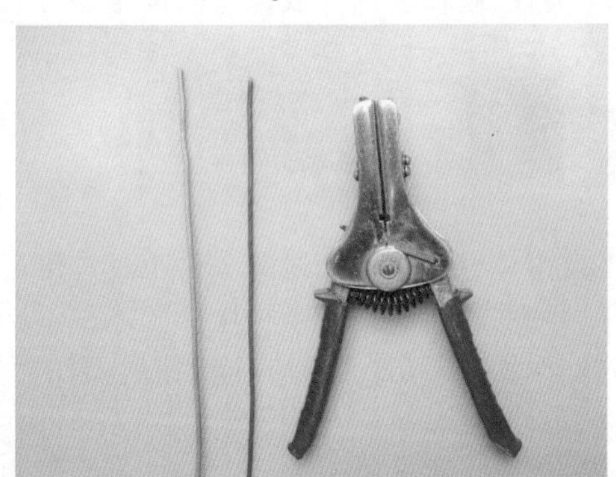

图 1-69　准备好要剥的电线

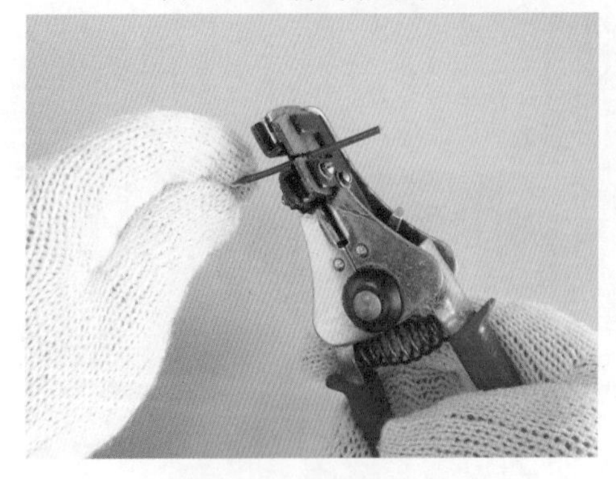

图1-70　根据电线粗细选择合适的剥线钳口，把电线头放入剥线钳

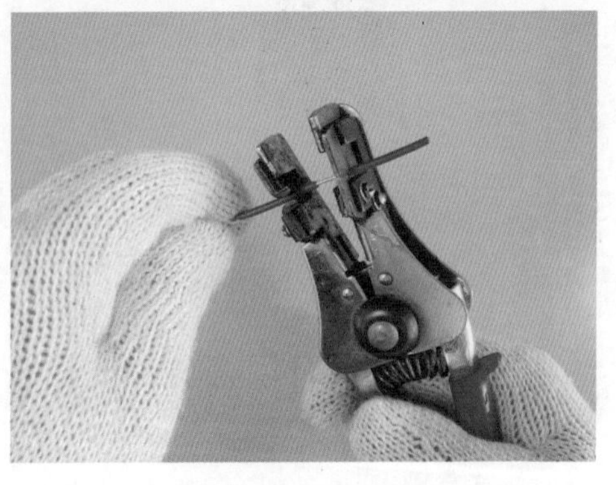

图 1-71　用手压下剥线钳把，剥掉绝缘层

1.17 断线钳

断线钳又称斜口钳、扁嘴钳，也是电工常用的工具之一，专门用于剪断较粗的电线和其他金属丝。断线钳的头部偏斜，其柄部有铁柄和绝缘管套。电工常用绝缘柄断线钳的绝缘柄耐压应为 1000V 以上。断线钳的外形如图 1–72 所示。断线钳的操作方法如图 1–73 所示。

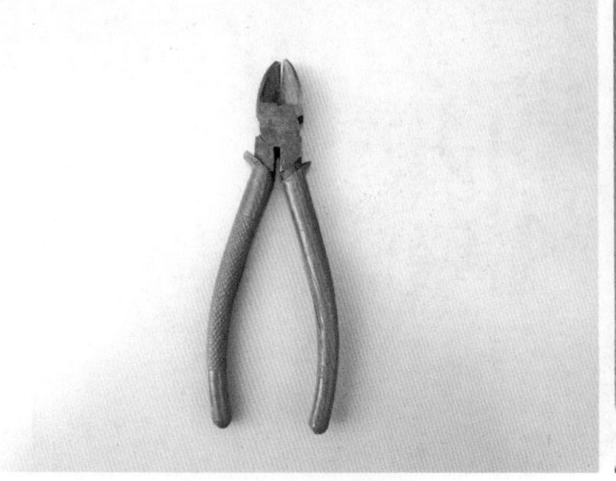

图 1–72　断线钳的外形

图 1–73　断线钳的操作方法

1.18 手摇绕线机

手摇绕线机的外形如图 1–74 所示。它主要用来绕制小型电动机的绕组、低压电器线圈和小型变压器。手摇绕线机具有体积小、质量小、操作简便和能记忆绕制的匝数等特点。

图 1–74　手摇绕线机的外形

使用手摇绕线机时应注意以下事项：

（1）使用时要把手摇绕线机固定在操作台上。

（2）绕制线圈时注意记下起头指针所指示的匝数，并在绕制后减去。

（3）绕线时，操作者用手把导线拉紧拉直，注意较细的漆包线切勿用力过度，以免将线拉断，如图 1-75 所示。

图 1-75 手摇绕线机的操作方法

1.19 拉具

拉具又称拉马或拉子，是电工拆卸带轮、联轴器及电动机轴承、电动机风叶的一种不可缺少的工具。一般拉具的外形如图 1-76 所示。

拉具的操作方法如图 1-77 ~ 图 1-83 所示。

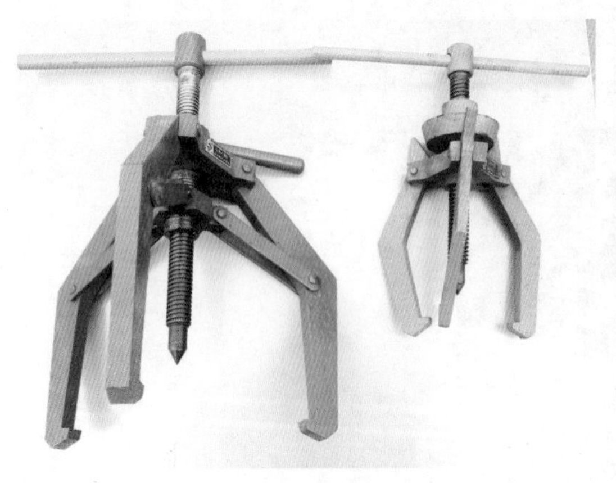

图 1-76 拉具的外形

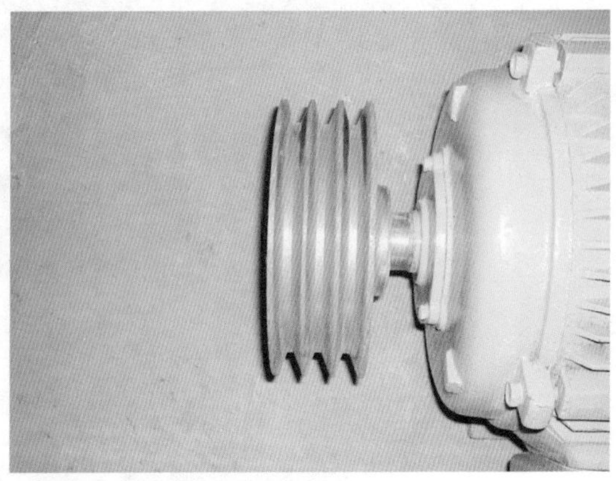

图 1-77 根据带轮的大小选择合适的拉具

图 1–78　把拉具放在带轮上，
丝杆对准电动机轴中心位置

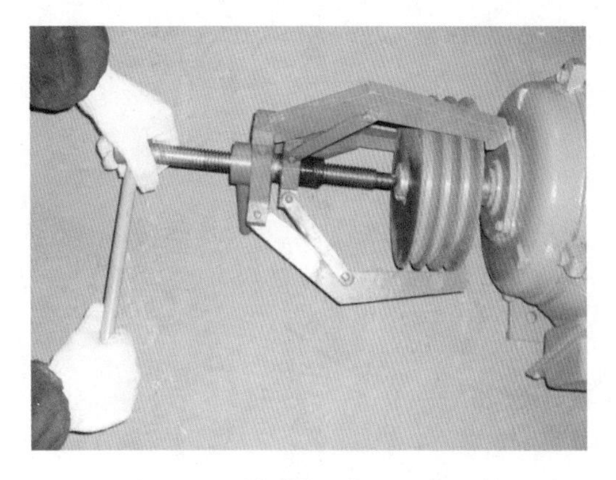

图 1–79　转动拉具杆，用拉具的
3 个拉钩拉紧带轮

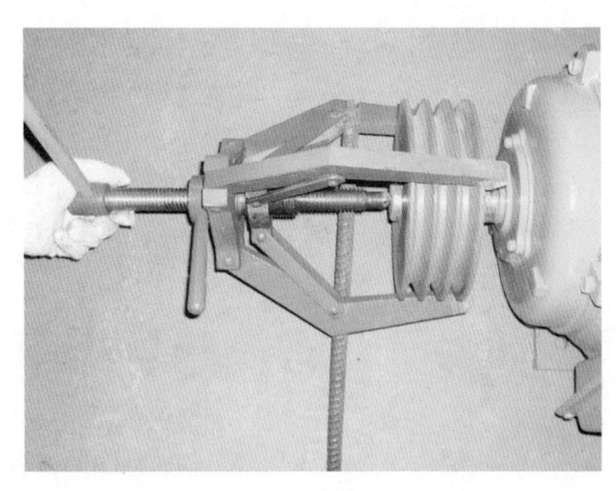

图 1–80　将撬杠插进拉具

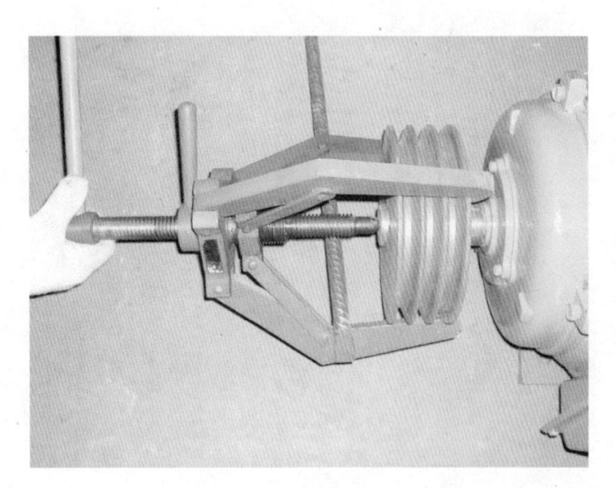

图 1–81　顺时针转动拉具杆，
使带轮缓慢被拉出

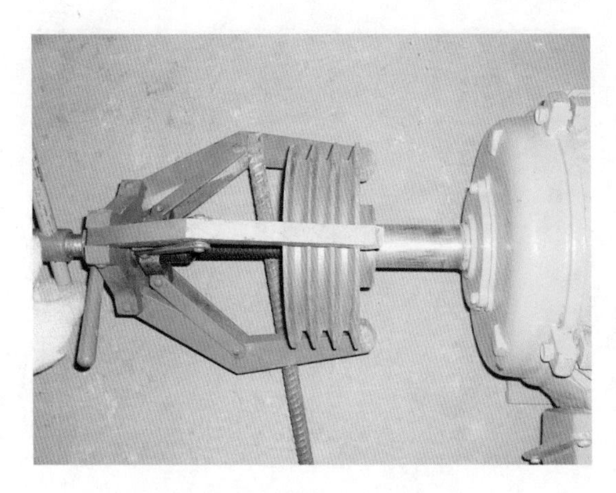

图 1–82　在即将拉出带轮时，
要放慢动作，防止带轮掉下伤人

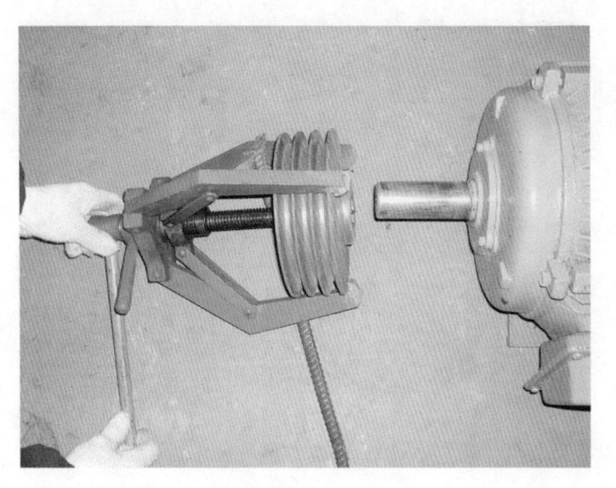

图 1–83　在拉具操作下，带轮已被拉下

使用拉具时应注意以下事项：

（1）使用拉具拉电动机带轮时要把拉具摆正，丝杆要对准机轴中心，然后用扳手上紧拉具的丝杠，用力要均匀。

（2）在使用拉具时，如果所拉的部件与电动机轴间锈死，要在轴的接缝处浸些汽油或螺栓松动剂，然后用铁锤敲击带轮外圆或丝杆顶端，再用力向外拉带轮。

（3）必要时可用喷灯将带轮的外表加热后，再迅速拉下带轮。

1.20 测速表

测速表可用来测定电动机转轴旋转的速度，也可测定负载端机械轮的转速。根据测定的转速可以判断三相异步电动机的极数。例如，测定某电动机的转速为2930r/min时，电动机为2极；测定电动机转速为1440r/min时，电动机为4极；测出转速为950r/min时，电动机为6极。另外，测速表还可在调试整流子式异步电动机时，配合两块钳形电流表测出电动机的同步转速及直流电动机转速的稳定性等。

图1-84 离心式手持测速表的外形

常用离心式手持测速表的外形如图1-84所示。近几年也有新型测速表不断涌现，如离心式电子显示板显示测速的转速表、感应式测速表等。

离心式手持测速表的操作方法如图1-85~图1-90所示。

图1-85 在测电动机的转速之前，应先观察电动机，大致判断其速度，然后把测速表的调速盘转到合适的转速范围内

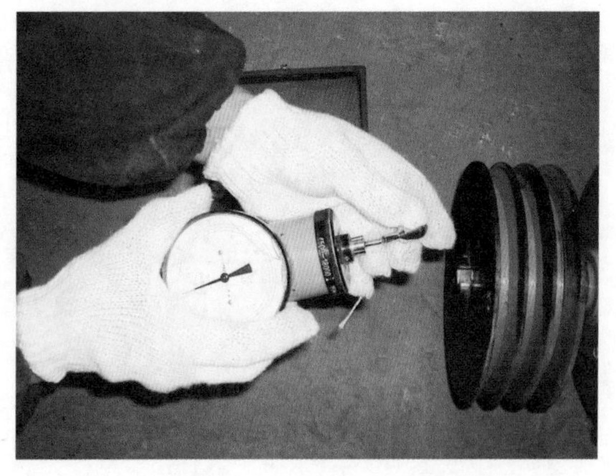

图1-86 插上测速头。若对电动机转速的判断没有把握，则应将调速盘调到高挡位观察，确定转速后，再调到低挡位

图 1-87　测电动机转速时，应对准电动机中心孔。测速表换挡时要等转速表停转后再换挡，以免损坏表的内部结构

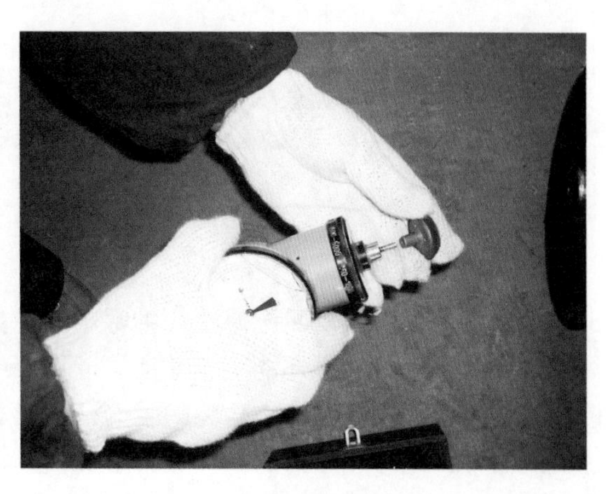

图 1-88　测速表换轴后可测试设备的线速度

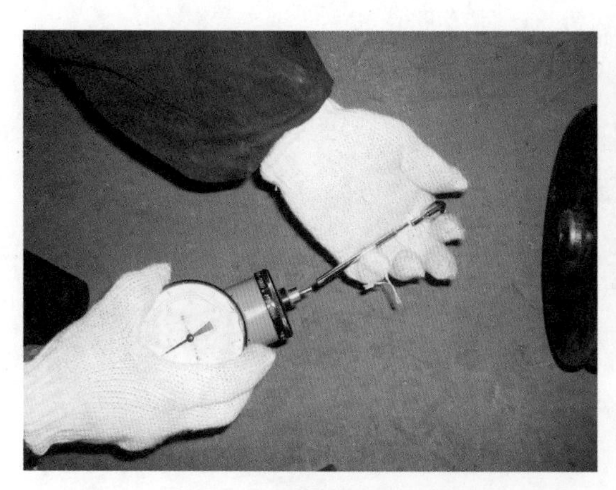

图 1-89　如电动机带轮轴孔太深，可更换加长的测试头

图 1-90　更换好加长的测试头后，应垂直对准电动机带轮轴中心位置，然后进行转速测试

使用离心式手持测速表时应注意以下事项：

（1）在测电动机轴的转速之前，首先观察电动机转速，大致判断其速度，然后把测速表的调速盘转到所要测的转速范围内。

（2）在没有把握判断电动机转速时，要将速度盘调到高挡位观察，确定转速后，再向低挡位调，使测试结果准确。

（3）要等测速表停转后再换挡，以免损坏表的内部结构。

（4）测量转速时，应将测速表的测量轴与被测轴轻轻接触并逐渐增加接触力。测试时要手持转速表保持平衡，测速表测试轴与电动机轴保持同心，直到测试指针稳定时再记录数据。

（5）测速表换轴后可测试设备的转速和线速度。

1.21 手电钻、电锤等电动工具

1.21.1 手电钻

手电钻是电工在安装维修工作中常用的工具之一。其外形如图 1-91 所示。手电钻不但体积小、质量轻，而且还能随意移动。近年来，手电钻功能不断扩展，功率也越来越大，不但能对金属钻孔，带有冲击功能的手电钻还能对砖墙打孔。目前，常用的手电钻有手枪式和手提式两种，电源一般为 220V，也有三相电源为 380V。电钻及钻头大致也分两大类：一类为麻花钻头，如图 1-92 所示，一般用于金属打孔；另一类为冲击钻头，用于在砖和水泥柱上打孔。大多数手电钻采用单相交直流两用串激电动机，工作原理是接入 220V 交流电源后，通过整流子将电流导入转子绕组，转子绕组所通过的电流方向和定子激磁电流所产生的磁通方向是同时变化的，从而使手电钻上的电动机按一定方向运转。

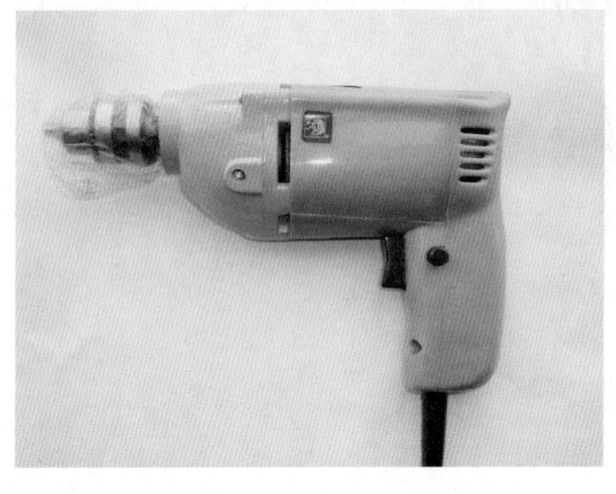

图 1-91　手电钻的外形

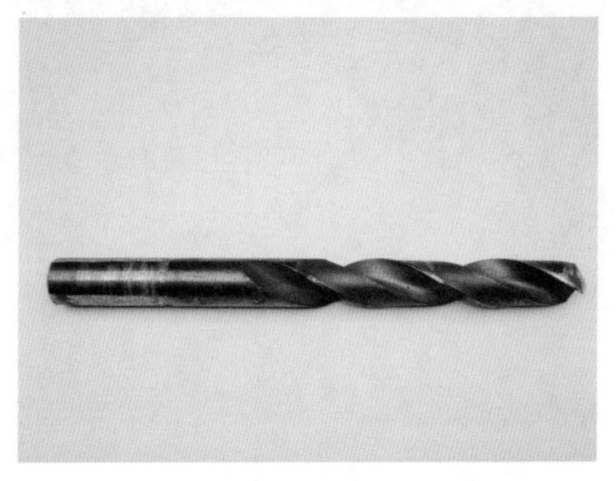

图 1-92　麻花钻头

使用手电钻时应注意以下事项：

（1）使用前首先要检查电线绝缘是否良好，如果电线有破损处，可用胶布包好。最好使用三芯橡皮软线，并将手电钻外壳接地。

（2）检查手电钻的额定电压与电源电压是否一致，开关是否灵活可靠。

（3）手电钻接入电源后，要用验电笔测试外壳是否带电，如不带电，方能使用。操作时需接触手电钻的金属外壳时，应戴绝缘手套，穿电工绝缘鞋并站在绝缘板上。

（4）拆装钻头时应用专用钥匙，切勿用螺丝刀和手锤敲击电钻夹头。

（5）装钻头时要注意钻头与钻夹保持同一轴线，以防钻头在转动时来回摆动。

（6）在使用手电钻过程中，钻头应垂直于被钻物体，用力要均匀；当钻头被被钻物体卡住时，应停止钻孔，检查钻头是否卡得过松，重新紧固钻头后再使用。

（7）在钻金属孔的过程中，若钻头温度过高，很可能引起钻头退火，因此钻孔时要适量加些润滑油。

（8）钻孔完毕，应将电线绕在手电钻上，放置干燥处以备下次使用。

1.21.2　冲击电钻

冲击电钻常用于建筑物钻孔，如图 1–93 所示。

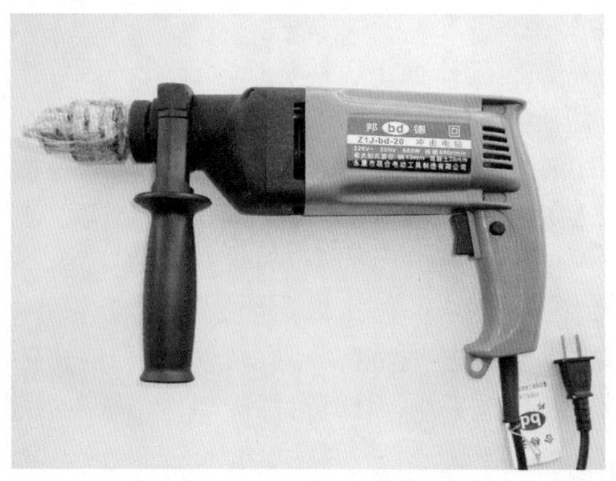

图 1–93　冲击电钻

冲击电钻的用法是：把调节开关置于“钻”的位置，钻头只旋转而没有前后的冲击动作，则可作为普通电钻使用；置于“锤”的位置，钻头边旋转边前后冲击，便于钻削混凝土或砖结构建筑物上的孔。有的冲击电钻调节开关上没有标明“钻”或“锤”的位置，则可在使用前让其空转观察，以确定其位置。

遇到较坚硬的工作面或墙体时，不能加压过大，否则将使钻头退火或冲击电钻过载而损坏。电工用冲击电钻可钻 6 ~ 16mm 的圆孔，作为普通电钻时，用麻花钻头；作为冲击电钻时，应使用专用冲击钻头。

1.21.3　电锤

电锤也是一种旋转带冲击电钻的电动工具。电锤比冲击电钻冲击力大，主要用于安装电气设备时在建筑混凝土柱板上钻孔，也可用于安装水电设施、敷设管道时穿墙钻孔。电锤的外形如图 1–94 所示。

图 1–94　电锤的外形

使用电锤时应注意以下事项：

（1）检查电锤电源线有无损伤，然后用500V兆欧表对电锤电源线进行摇测，测得电锤绝缘电阻超过0.5MΩ时方能通电运行。

（2）电锤使用前应先通电空转一下，检查转动部分是否灵活，待检查电锤无故障时方能使用。

（3）工作时应先将钻头顶在工作面上，然后启动开关，尽可能避免空打孔，在钻孔过程中发现电锤不转时要立即松开开关，检查出原因后方能再启动电锤。

（4）用电锤在墙上钻孔时，应先了解墙内有无电源线，以免钻破电线发生触电；在混凝土中钻孔时，应注意避开钢筋，如钻头正好打在钢筋上，应立即退出，然后重新选择位置，再进行钻孔。

（5）钻孔时如对孔深有一定要求，则可安装定位杆来控制钻孔的深度。

（6）电锤在使用过程中，如果发现声音异常，则应立即停止钻孔；如果因连续工作时间过长，电锤发烫，也要停止电锤工作，让其自然冷却，切勿用水淋浇。

第2章

电工焊接技术

2.1 电焊工艺技术

2.1.1 焊接的定义及分类

在工业制造中，经常需要将两个或两个以上的零件连接在一起。其连接方式有两种：一种是机械连接，可以拆卸，如螺栓连接、键连接等；另一种是永久性连接，不能拆卸，如铆接、焊接等。

焊接不仅可以连接金属材料，而且还可以实现某些非金属材料的永久性连接，如玻璃焊接、陶瓷焊接、塑料焊接等。在工业生产中，焊接主要用于连接金属。

焊接是通过加热、加压或两者并用，使用或不使用填充材料，使工件达到结合的一种加工工艺方法。

按照焊接过程中金属所处的状态不同，焊接方法可分为熔焊、压焊和钎焊三类。

1. 熔焊

熔焊是将待焊处的母材熔化以形成焊缝的焊接方法。

当被焊金属加热至熔化状态形成液态熔池，并同时向熔池中加入（或不加入）填充金属时，金属原子之间便相互扩散和紧密接触，直至冷却凝固，即形成牢固的焊接接头。常见的焊条电弧焊、气焊、埋弧焊、氩弧焊等都属于熔焊。

2. 压焊

压焊是在焊接过程中必须对焊件施加压力（加热或不加热），以完成焊接的方法。

在施加压力的同时，被焊金属接触处可以加热至熔化状态，如点焊和缝焊；也可以加热至塑性状态，如电阻对焊、锻焊和摩擦焊；也可以不加热，如冷压焊和爆炸焊等。

3. 钎焊

钎焊是硬钎焊和软钎焊的总称。它采用比母材熔点低的金属材料作为钎料，将焊件和钎料加热到高于钎料熔点且低于母材熔点的温度，利用液态钎料润湿母材，填充接头间隙，并与母材相互扩散实现连接焊件。常见的钎焊有烙铁钎焊、火焰钎焊等。

2.1.2 焊接安全

（1）做好焊接切割作业人员的培训工作，做到持证上岗，杜绝无证人员进行焊接切割作业。

（2）焊接切割设备要有良好的隔离防护装置。

（3）焊接切割设备应设有独立的电气控制箱，箱内应装有熔断器、过载保护开关、漏电保护装置和空载自动断电装置。

（4）焊接切割设备的外壳、电气控制箱的外壳等应设保护接地或保护接零装置。

（5）改变焊接切割设备接头或更换焊件需改变二次回路及转移工作地点、更换熔断器、切割设备发生故障需检修时，必须在切断电源后进行。推拉闸门开关时，必须戴绝缘手套，同时头部需偏斜。

（6）更换焊条或焊丝时，必须使用焊工手套。焊工手套应保持干燥、绝缘可靠。

（7）在金属容器内或狭小工作场地焊接时，必须采用专门的防护装置，如采用绝缘橡胶衬垫、穿绝缘鞋、戴绝缘手套，以保证焊工身体与带电体绝缘。

（8）在较暗环境下作业，必须使用手提照明灯。照明灯电压一般不得超过36V。在潮湿金属容器等危险环境下，照明灯电压不得超过12V。

（9）焊工在操作时，不能穿有铁钉的布鞋，绝缘手套不得短于300mm，制作材料应为柔软的皮革或帆布。焊条电弧焊工作服为帆布工作服。

（10）焊接切割设备的安装、检查和修理必须由持证电工来完成，焊工不得自行检查和维修。

2.1.3 焊接设备与工具

1. 电焊机

图2-1（a）为普通型的电焊机。它是将弧焊变压器和电抗器组成一个整体，不仅有电的联系，还有磁的联系。图2-1（b）为便携式维修电焊机。

交流电焊机

（a）普通型电焊机

（b）便携式维修电焊机

图2-1 电焊机的外形图

弧焊变压器是一种交流弧焊电源。动圈式弧焊变压器使用较广泛，其结构如图2-2所示，依靠人为增强变压器自身的漏抗来取代电抗器的作用，铁心高而窄，在两侧的中心柱上套有一次绕组L1和二次绕组L2。L1和L2分别做成匝数相等的两盘，各自分开缠绕，L1在下方固定不动，L2在上方是活动的，摇动手柄可令其沿铁心上下移动，从而改变L1和L2之间的距离。这种结构的特点是，一、二次绕组之间耦合不紧密而有很强的漏磁，由此所产生的漏抗就足以得到下降外特性，而不必附加电抗器。

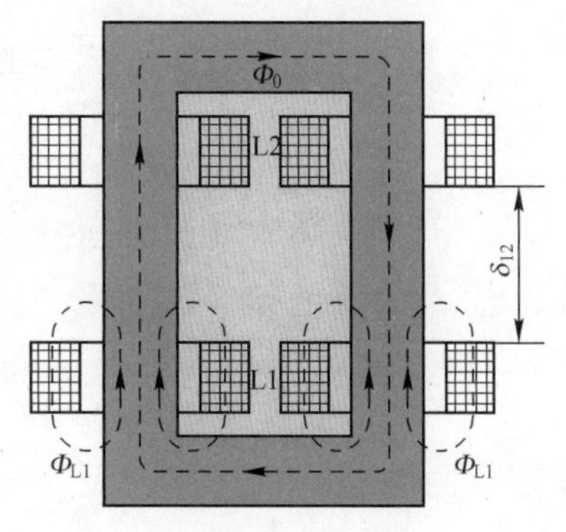

图2-2 动圈式弧焊变压器原理图

动圈式弧焊变压器的优点是：外特性比较陡，电流调节范围宽，空载电压高，电弧比较稳定；缺点是：耗材多，经济性差，电流调节下限受到铁心高度的限制，因而只适用于中等容量。

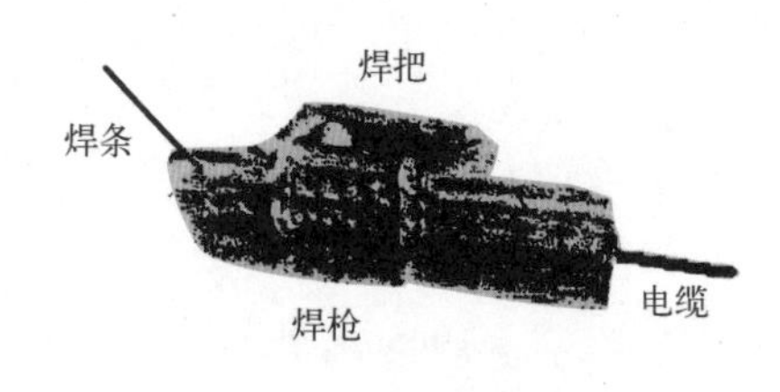

图 2-3　焊枪的外形

动圈式弧焊变压器国产型号属于 BX3 系列，产品有 BX3—120、BX3—300、BX3—500、BX3—1—300、BX3—1—500 等型号。前三种适用于焊条电弧焊，后两种适用于交流钨极氩弧焊。

2. 焊枪

焊枪的外形如图 2-3 所示，由电缆、焊把等组成。其作用是夹住焊条送料。

2.1.4 焊料的选择

(1) 焊条牌号的选择。焊缝金属的性能主要由焊条和焊件金属相互熔化来决定。在焊缝金属中，填充金属占 50% ~70%。常用焊条的结构如图 2-4 所示。焊接时，必须选择合适的焊条牌号，才能保证焊缝金属具备所要求的性能，否则将影响焊缝金属的化学成分、力学性能和使用性能，如碳钢焊条对强度大小和酸、碱性的选择及合金钢对化学成分的选择等。

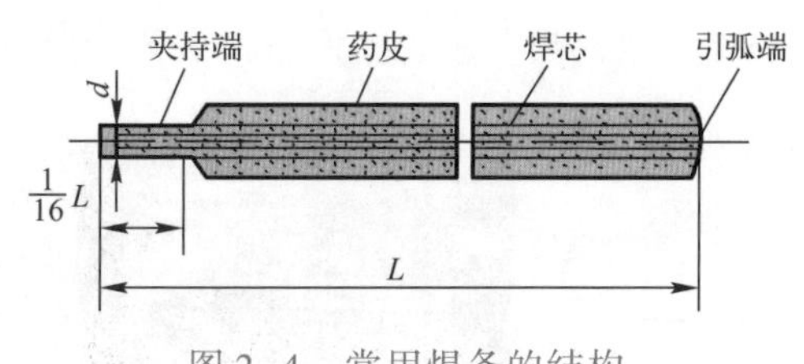

图 2-4　常用焊条的结构

(2) 焊条直径的选择取决于工件的厚度。厚度较大的焊件应选用直径较大的焊条；反之，较薄焊件的焊接应选用直径较小的焊条。在一般情况下，焊条直径与焊件厚度之间的关系见表 2-1。

表 2-1　焊条直径与焊件厚度之间的关系　　（单位：mm）

焊件厚度	≤1.5	2	3	4 ~5	6 ~12	≥12
焊条直径	1.5	2	3.2	3.2 ~4	4 ~5	4 ~6

(3) 焊缝位置。在板厚相同的情况下，焊接平缝用焊条的直径应比其他位置大一些；立焊最大直径不超过 5mm，而仰焊、横焊的最大直径不超过 4mm，这样可形成较小的熔池，减少熔化金属的溢出。

(4) 在进行多层焊接时，如果第一层焊缝所采用的焊条直径过大，会因电弧过长而不能焊透，为了防止根部焊不透，对第一层应采用直径较小的焊条进行焊接，以后各层可以根据焊件厚度，选用较大直径的焊条。

(5) 接头形式。搭接接头、T 形接头因不存在焊透问题，所以应选用较大的焊条直径，以提高生产效率。

2.1.5 焊接原理

焊条电弧焊是目前应用最为广泛的一种焊接方法（特征符号标记为 E）。焊接时，电弧在熔化的电极和工件之间燃烧，电弧和焊接熔池通过焊条产生的气体和熔渣的保护可防止空气的侵入。其原理如图 2-5 所示。

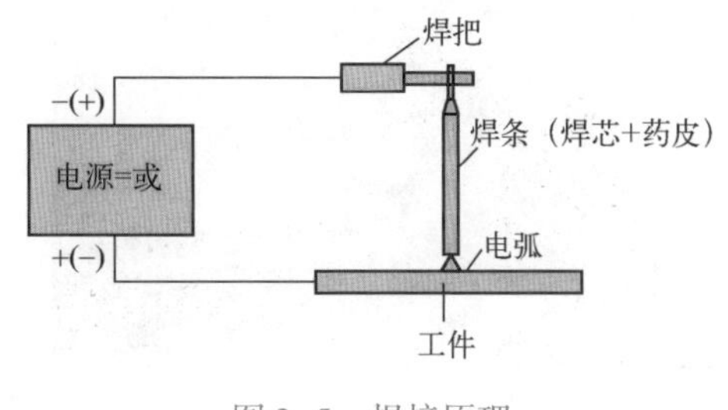

图 2-5　焊接原理

焊条电弧焊具有工艺灵活、适应性强、质量好、易于通过工艺调整来控制焊接变形和应力、设备简单、操作方便等优点。

由焊接电源供给的、具有一定电压的两电极间或电极与母材金属之间，在气体介质中产生的强烈而持久的放电现象，称为焊接电弧。

弧焊时，引燃焊接电弧的过程称为引弧，也称引燃。

焊接电弧的引燃一般有两种形式，即接触引弧和非接触引弧。

1. 接触引弧

电源接通后，电极与工件直接短路接触，随后拉起电极而引燃电弧，这种引弧方式称为接触引弧，是一种最常用的引弧方式。焊条电弧焊熔化和气体保护焊都采用这种引弧方式。短路接触的方式有两种：直击法和划擦法。

电弧能否顺利引燃还与焊接电流强度、电弧中的电离物质、电源的空载电压及其特性等因素有关。如果焊接电流较大，电弧中又存在容易电离的元素，或电源的空载电压较高，则电弧的引燃就容易。

2. 非接触引弧

引弧时，电极与工件之间保持一定的间隙，而后在电极与工件之间加上高电压击穿气隙使电弧引燃，这种引弧方式称为非接触引弧。由于引弧不需要与工件接触，对工件无污染、无损坏，所以这种引弧方式主要应用于氩弧焊和等离子弧焊。

2.1.6　焊接方法与接头

1. 焊接方法

（1）平板对接接头可分为平焊、立焊、横焊和仰焊四种。

（2）管板角接可分为插入式管板和骑座式管板两种。根据空间位置的不同，每种管板又可分为垂直俯焊、垂直固定仰焊和水平固定全位置焊三种，如图 2-6 所示。

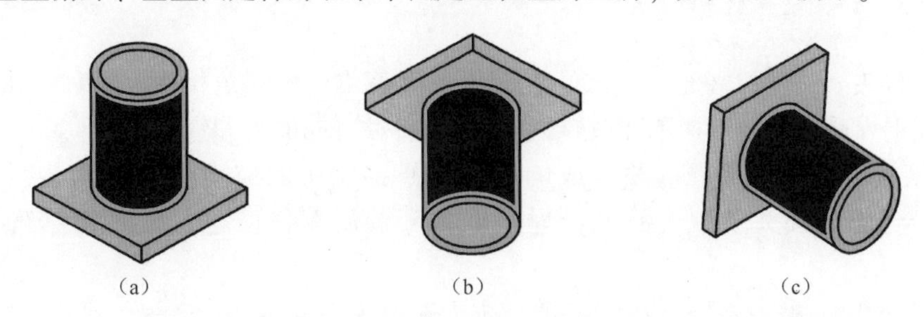

图 2-6　垂直俯焊、垂直固定仰焊和水平固定全位置焊示意图

（3）管—管对接接头，根据管子厚度和试件位置可分为水平转动、垂直固定、水平固定、垂直固定加障碍物、水平固定加障碍物 5 种焊接位置。

图 2-7 为焊接实际操作图。图 2-8 为焊接接头示意图。

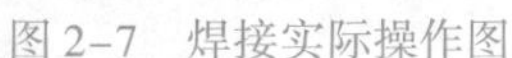

图2-7　焊接实际操作图

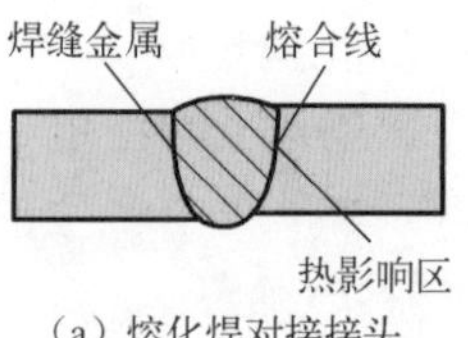

（a）熔化焊对接接头

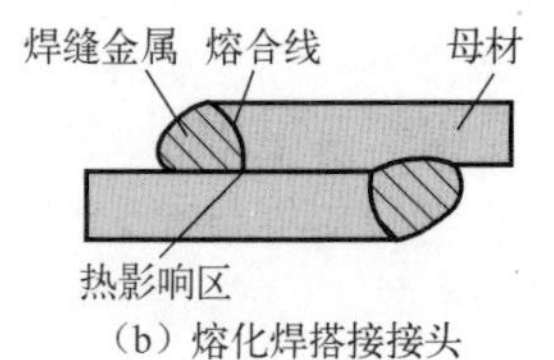

（b）熔化焊搭接接头

图2-8　焊接接头示意图

2. 焊接接头的组成结构和焊接接头的基本形式

（1）焊接接头的组成结构

两个或两个以上零件用焊接组合或已经焊合的接点称为焊接接头，也称接头。随着现代焊接技术的发展，新的焊接方法不断出现，接头类型繁多，但应用最广泛的是熔化焊接接头。以熔化焊为例，焊接接头是由焊缝、熔合线、热影响区和母材等组成的。

焊缝金属的组织和化学成分因母材不同而有较大差异。近缝区受焊接热源和热塑性的影响，组织和性能都发生了变化。焊缝形状和布局不同，会产生不同程度的应力集中。因此，焊接接头的塑性和韧性与母材不同。影响焊接接头性能的因素很多，归纳起来有：一是焊接接头形状的不连续性、焊接缺陷（如焊接裂纹、熔合不良、咬边等）、残余应力和残余变形；二是在焊接过程中的热循环使局部区域发生组织变化，或虽不发生组织变化，但会使这部分金属发生较复杂的塑性变形，造成焊接材质性能下降。除此之外，焊后热处理和矫正变形等加工工序也会影响焊接接头的性能。

（2）焊接接头的基本形式

在焊接结构中，根据焊接件的结构形式、钢材厚度、对强度的要求及施工条件等情况来选择焊接接头形式，常见的焊接头形式有对接接头、搭接接头、T形接头、角接接头和端接接头。

① 对接接头。两件表面构成大于或等于135°，小于或等于180°夹角的接头。对接接头受力状况较好，应力集中程度低，材料消耗小，但对接连接板边缘的加工及装配要求较高。

② T形接头。一件的端面与另一件表面构成直角或近似直角接头。这种接头有多种类型（焊透或不焊透、开坡口或不开坡口），可承受各种方向的力和力矩。

③ 搭接接头。两件部分重叠构成的接头。搭接接头的应力分布不均匀，疲劳强度较低，不是理想的接头类型，但由于焊接准备和装配工作简单，因此仍然得到广泛的应用。

④ 角接接头。两件端部构成大于30°、小于135°夹角的接头，多用于箱形构件。

⑤ 端接接头。两件重叠放置或两件表面之间的夹角不大于30°构成的端部接头，多用于密封。

2.1.7　使用机器人焊接

焊接机器人的出现打破了过去焊接的传统方式，开拓了柔性自动化的新技术，使替代焊接自动化设备所不能完成的焊接生产成为现实。

焊接机器人分为点焊机器人、弧焊机器人及切割机器人三类。

1. 焊接机器人的工作原理

机器人是指可以反复编程的多功能操作机。焊接机器人的基本工作原理是示教再现，对环境的变化没有应变能力。对焊接机器人的控制，首先由用户引导机器人，一步一步按实际任务操作一遍，机器人在引导过程中自动记忆示教的每个动作位置、运动方式、摆动方式、焊接姿态、焊接工艺参数及周边设备的运动速度和焊接工艺动作（包括引弧、施焊、熄弧、填充弧坑等），并自动生成一个连续执行全部操作的程序。示教完毕，只需给机器人一个启动命令，机器人将精确地按示教动作进行实际焊接操作。

2. 焊接机器人的特点

（1）可稳定提高焊接质量，保证其均匀性，并可一天 24 小时连续生产，因此生产效率较高。

（2）可实现小批量产品焊接自动化，并能缩短产品改型换代的准备周期，减少相应的设备投资。

（3）降低对工人的操作技术要求，并能改善工人的劳动条件，在有害环境能长期工作。

（4）为焊接柔性生产线提供技术基础。

3. 焊接机器人的应用

焊接机器人已应用于电阻点焊、电弧焊、切割和热喷涂等焊接方法中。点焊机器人主要在大批量生产的汽车工业中焊接薄板结构。

目前，通用的弧焊机器人可与熔化气体保护焊机、钨极氩弧焊机及空气等离子弧切割机相匹配，完成各种形状结构的 CO_2 焊、MIG 焊、TIG 焊。

焊接机器人一般由操作机、控制器及焊机三部分组成。图 2-9 为弧焊机器人的组成。

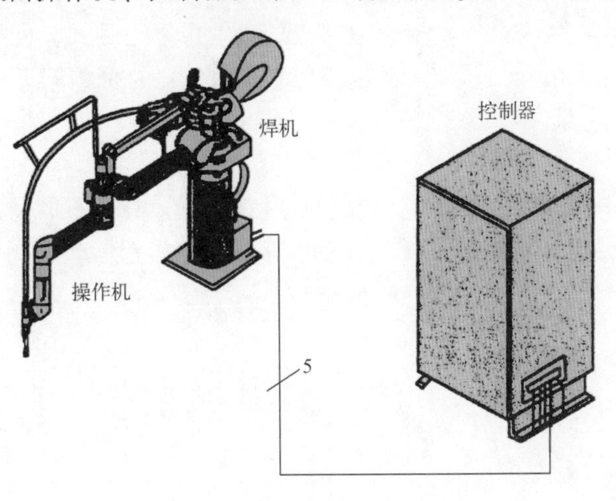

图 2-9　弧焊机器人的组成

2.2 电子元器件的安装技术

电子电路的安装技术与工艺在电子工程技术中占有十分重要的位置。安装技术与工艺的优劣不仅影响外观质量，而且影响电子产品的性能，因此必须给予足够的重视。

2.2.1 电子电路安装布局的原则

电子电路的安装布局分为电子装置整体结构布局和电路板上元器件安装布局两种。

整体结构布局是一个空间布局问题，应从全局出发，决定电子装置各部分的空间位置。例如，电源变压器、电路板、执行机构、指示与显示部分、操作部分等，在空间尺寸不受限制的场合都好布局，而在空间尺寸受到限制且组成部分复杂的场合，布局则十分艰难，常常要对多个布局方案进行比较后才能确定。

整体结构布局没有一个固定的模式，只有一些应遵循的原则。

（1）注意电子装置的重心平衡与稳定，为此变压器和大电容等比较重的元器件应安装在装置的底部，以降低装置的重心，还应注意装置前后、左右的重量平衡。

（2）注意发热部件的通风散热，为此大功率晶体管应加装散热片，并布置在靠近装置的外壳，且开凿通风孔，必要时加装小型排风扇。

（3）注意发热部件的热干扰，为此半导体器件、热敏器件、电解电容等应尽可能远离发热部件。

（4）注意电磁干扰对电路正常工作的影响，容易接受干扰的元器件（如高放大倍数放大器的第一级等）应尽可能远离干扰源（如变压器、高频振荡器、继电器、接触器等）。当远离有困难时，应采取屏蔽措施（即将干扰源屏蔽或将易受干扰的元器件屏蔽起来）。

（5）注意电路板的分块与布置。如果电路规模不大或电路规模虽大但安装空间没有限制，则尽可能采用一块电路板，否则采用多块电路板。分块的原则是按电路功能分块，不一定一块一个功能，可以一块有几个功能。电路板的布置可以是卧式，也可以是立式，要视具体空间而定。此外，为指示和显示有关的电路板，最好安装在面板附近。

（6）注意连线的相互影响。强电流线与弱电流线应分开走线，输入级的输入线应与输出级的输出线分开走线。

（7）操作按钮、调节按钮、指示器与显示器等都应安装在装置的面板上。

（8）注意安装、调试和维修的方便，并尽可能注意整体布局的美观。

2.2.2 元器件安装要求

1. 元器件处理

（1）电子元器件必须经过老化处理。

（2）电子元器件引脚分别有保护塑料套管。

元器件各电极套管颜色如下：

二极管和整流二极管：阳极为蓝色，阴极为红色。

三极管：发射极为蓝色，基极为黄色，集电极为红色。

晶闸管：阳极为蓝色，门极为黄色，阴极为红色。双向晶闸管：阳极为蓝色，门极为黄色，阴极为红色。

直流电源电极："+"为棕色，"-"为蓝色，接地中线为淡蓝色。

(3) 按照元器件在印制电路板上孔位的尺寸要求进行弯脚及整形，引线弯角半径大于0.5mm，引线弯曲处距离元器件本体至少在2mm以上，绝不允许从引线的根部弯折。元器件型号及数值应朝向可读位置。

(4) 各元器件引线须经过镀锡处理（离开元器件本体应大于5mm，防止元器件过热而损坏）。

(5) 印制电路板一律采用敷铜箔玻璃纤维层压板（单面或双面），铜箔面镀银层，出脚处镀金。

2. 元器件的排列

(1) 元器件的排列原则采用卧式排列，高度尽量一致，布局整齐、美观。

(2) 高、低频电路避免交叉，对直流电源与功率放大元器件，应采取相应的散热措施。

(3) 需要调节的元器件，如电位器、可变电容器、中频变压器、操作按钮等，排列时力求操作、维修方便。

(4) 输入与输出回路及高、低频电路的元器件应采取隔离措施，避免寄生耦合产生自激振荡。

(5) 晶体管、集成电路等器件排列在印制电路板上，电源变压器放在机壳的底板上，保持一定距离，避免变压器的温升影响电气性能。

(6) 变压器与电感线圈分开一定距离排列，避免两者的磁场方向互相垂直，产生寄生耦合。

(7) 力求集成电路外引线与外围元器件引线距离直而短，避免互相交叉。

3. 元器件的安装

(1) 元器件在印制电路板上的安装方法一般分为卧式安装和立式安装。立式安装的元器件体积小、重量轻、占用面积小，单位面积上容纳元器件的数量多，适合于元器件排列密集紧凑的产品，如微型收音机等许多小型便携式装置；卧式安装的元器件大、机械稳定性好、排列整齐美观、元器件的跨距大、走线方便，得到广泛采用。如图2-10所示。

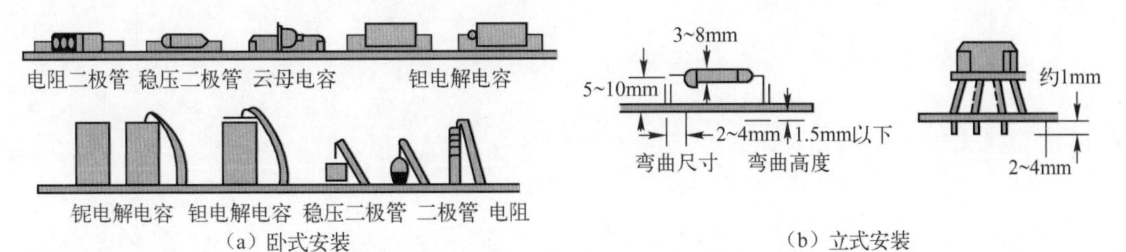

图2-10　卧式安装和立式安装示意图

(2) 电阻器和电容器的引线应短些，以提高固有频率，以免振动时引线断裂。较大的电阻器和电容器尽量卧装，以利于抗振和散热，并在元器件和底板间用胶粘住。大型电阻器、电容器需加紧固装置，对陶瓷或易脆裂的元器件则加橡胶垫或其他衬垫。

（3）微电路器件多余的引脚不应剪去。两个印制电路板间距不应过小，以免振动时元器件与另一底板相碰撞。

（4）在安装继电器、电源变压器、大容量电解电容、大功率三极管和功放集成块等重量级元器件时，除焊接外，还应采取加固措施。

（5）安装产生电磁干扰或对干扰敏感的元器件时应加屏蔽。

（6）对用插座安装的晶体管和微电路应压上护圈，防止松动。

（7）在印制板上插接元器件时，应参照电路图，使元器件与插孔一一对应，并将元器件的标识面向外，便于辨认与维修。

（8）集成电路、晶体管及电解电容器等有极性的元器件，应按一定的方向，对准板孔，将元器件一一插入孔中。

4. 功率器件散热器的安装

（1）功率器件与散热器之间应涂敷导热脂，使用的导热脂应对器件芯片表面层无溶解作用，使用聚二甲基硅油时应小心。

（2）散热器与器件的接触面必须平整，其不平整和扭曲度不能超过0.05mm。

（3）功率器件与散热器之间的导热绝缘片不允许有裂纹，接触面的间隙内不允许夹杂切屑等多余物。

2.2.3 电路板结构布局

在一块板上按电路图把元器件组装成电路，其组装方式通常有两种：插接方式和焊接方式。插接方式是在面包板上进行，电路元器件和连线均接插在面包板的孔中；焊接方式是在印制电路板上进行，电路组件焊接在印制电路板上，电路连线为特制的印制线。不论是哪一种组装方式，首先必须考虑元器件在电路板上的结构布局问题。布局的优劣不仅影响到电路板的走线、调试、维修及外观，也对电路板的电气性能有一定影响，如图2-11所示。

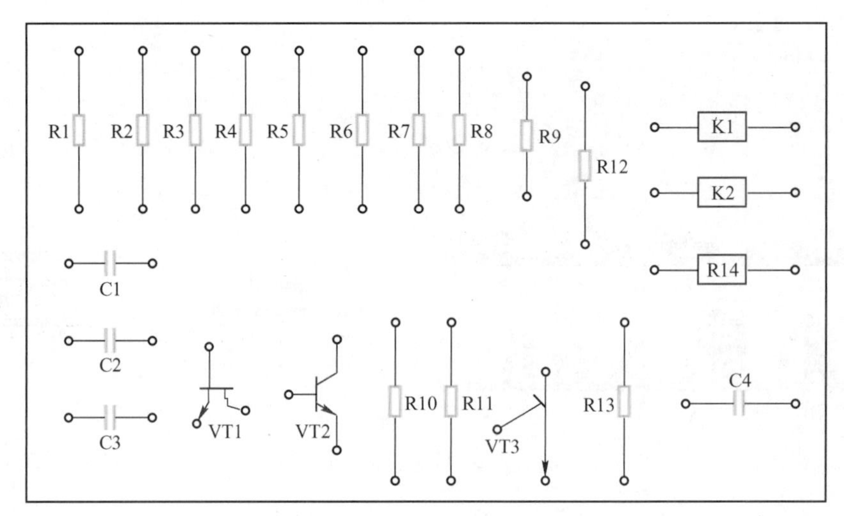

图2-11 元器件布局图

电路板结构布局没有固定的模式，不同的人所进行的布局设计不同，但有以下参考原则：

（1）布置主电路的集成块和晶体管的位置。安排的原则是按主电路信号流向的顺序布置各级集成块和晶体管。当芯片多而板面有限时，则布置成一个“U”字形，“U”字形的口一般靠近电路板的引出线处，以利于第一级的输入线、末级的输出线与电路板引出线之间的连线。此外，集成块之间的间距应视其周围组件的多少而定。

（2）安排其他电路元器件（电阻、电容、二极管等）的位置。其原则是按级就近布置，即各级元器件围绕各级的集成块或晶体管布置。如果有发热量较大的元器件，则应注意与集成块或晶体管之间的间距应足够大。

（3）电路板的布局还应注意美观和检修方便，为此集成块的布置方式应尽量一致，不要横竖不分，电阻、电容等元器件也应如此。

（4）连线布置。其原则为第一级输入线与末级的输出线、强电流线与弱电流线、高频线与低频线等应分开走，其间距离应足够大，以避免相互干扰。

（5）合理布置接地线。为避免各级电流通过地线时产生相互间的干扰，特别是末级电流通过地线对第一级的反馈干扰及数字电路部分电流通过地线对模拟电路产生干扰，通常采用地线割裂法使各级地线自成回路，然后分别一点接地，如图2-12（a）所示。换句话说，各级的地是割裂的，不直接相连，然后分别接到公共的一点地上。

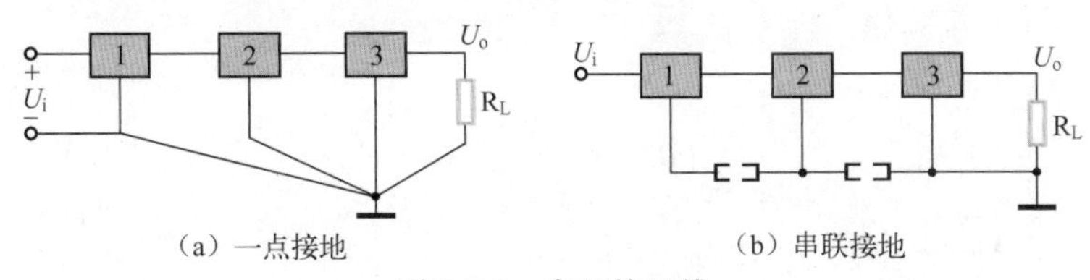

图2-12　布置接地线

根据上述一点接地的原则，布置地线时应注意如下几点：

① 输出级与输入级不允许共享一条地线。

② 数字电路与模拟电路不允许共享一条地线。

③ 输入信号的“地”应就近接在输入级的地线上。

④ 输出信号的“地”应接公共地，而不是输出级的“地”。

⑤ 各种高频和低频退耦电容的接“地”端应远离第一级的地。

显然，上述一点接地的方法可以完全消除各级之间通过地线产生的相互影响，但接地方式比较麻烦，且接地线比较长，容易产生寄生振荡。因此，在印制电路板的地线布置上常常采用另一种地线布置方式，即串联接地方式，如图2-12（b）所示，各级地线一级级直接相连后再接到公共的地上。

在这种接地方式中，各级地线可就近相连，接地比较简单，但因存在地线电阻，如图2-12（b）所示中虚线，各级电流通过相应的地线电阻产生干扰电压，影响各级工作。为了尽量抑制这种干扰，常常采用加粗和缩短地线的方法，以减小地线电阻。

2.3 电子元器件的焊接技术

用焊接方式组装电路是在印制电路板上焊接元器件，焊接质量的好坏直接影响到电路的性能。因此，掌握焊接技术是电子技术人员的一项基本功。

电子产品的焊接装配是在元器件加工整形、导线加工处理之后进行的。装配也是制作产品的重要环节，要求焊点牢固、配线合理、电气连接良好、外表美观，以保证焊接与装配的工艺质量。

2.3.1 印制电路板焊接工艺

为使印制电路板有良好的性能，耐振、防霉，确保使用质量，规定如下。

1. 印制电路板

（1）印制电路板一律采用敷铜箔玻璃纤维（基本）层压板（单面或双面）。

（2）铜箔面镀银层，出脚处镀金。

（3）铜箔线条宽度原则上不得小于1mm（特殊线路除外）。双面板需采用金属化孔工艺。

（4）铜箔面需喷涂松香溶液。

（5）外观检查：线条无剥离和锯齿状，不应存有腐蚀麻点，标志要清楚，元器件安装孔必须钻在焊接点中心处。

2. 元器件的排列与焊接

（1）元器件排列原则上采用卧式排列，。高度尽量一致整齐，按印制电路板尺寸对元器件进行弯脚及整形，弯角半径大于0.5mm，元器件型号及数值应放在可见位置。

（2）电子元器件必须经过老化处理，电解电容器存放年限从出厂时间计算，若超过三年，则不能使用（在装配过程中允许超期两个月）。

（3）各元器件引线需经过搪锡处理（离开元器件应大于5mm，防止元器件过热而损坏）。

（4）一律采用裸头焊接形式，以防止虚焊、漏焊、脱焊，焊接后，焊点不能留有助焊剂。

（5）严禁使用焊锡膏焊接。

（6）电子元器件引脚分别有保护塑料套管（GB/T 2681—1981），电极“+”为棕色，“-”为蓝色，接地中线为淡蓝色。

数字电路焊接的要求如下所述。

① 焊接数字电路应存放在金属（铝、铜等）做的屏蔽箱内。

② 焊接用工作台应是金属（铝板等）面板，并有良好的接地。

③ 搪锡、整形等使用的工具在使用时不能带有静电荷（场）。

④ 焊接数字电路时应该先安装公共接地脚。

⑤ 焊接好的电路板，要插上短接的插座，然后存放在金属屏蔽箱内。

⑥ 其余参照元器件排列图焊接。

⑦ 印制电路板在调试结束后，两面均喷涂清漆，固定可调部分点上喷涂珠光红色漆。

3. 印制电路板的振动试验

印制电路板焊接完后，先进行初步调整，然后做单板振动试验。

印制电路板振动试验标准见表2-2。

表 2-2　印制电路板振动试验标准

加速度	4g	4g
频率 f(Hz)	30	55
振幅 a(min)	1. 11	0 - 33
振动时间 T(min)	30	30

4. 其他

（1）搪锡机（缸）的外壳一定要有良好的接地。

（2）焊接时采用 20W 内热式电烙铁，并应有良好的接地装置，在焊接数字电路时，必要时可采用断电焊接技术。

（3）所有金属工具均不能带有强磁性或静电荷（场）。

（4）助焊剂应采用松香酒精溶液，即中性焊接液。

（5）采用振动台进行振动试验。

（6）立式金属化电容器、电解电容器均必须垫有防振保护套。三极管及运算放大器等原则上也应垫有保护套。

2. 3. 2　焊接工艺

1. 焊前准备

（1）焊锡丝

焊锡丝是焊接元器件必备的焊料，一般要求熔点低、凝结快、附着力强、坚固、导电率高且表面光洁。其主要成分是铅锡合金，除丝状外，还有扁带状、球状、饼状等不同规格的成型材料。焊锡丝的直径有 0. 5mm、0. 8mm、0. 9mm、1. 0mm、1. 2mm、1. 5mm、2. 0mm、2. 3mm、2. 5mm、3. 0mm、4. 0mm、5. 0mm，在焊接过程中应根据焊点大小和电烙铁的功率选择合适的焊锡丝，如图 2-13（a）所示。

（2）助焊剂

助焊剂是焊接过程中必不可少的涪剂，具有除氧化膜、防止氧化、减小表面张力、使焊点美观的作用，有碱性、酸性和中性之分。在印制电路板上焊接电子元器件时要求采用中性焊剂。松香是一种中性焊剂，受热熔化变成液态，无毒、无腐蚀性、异味小、价格低廉、助焊力强。在焊接过程中，松香受热气化，将金属表面的氧化层带走，使焊锡与被焊金属充分结合，形成坚固的焊点。碱性和酸性焊剂用于体积较大金属制品的焊接，如图 12-13（b）所示。

（3）电烙铁的选用

电烙铁由烙铁头、热丝、传热桶和手柄组成。

常用的电烙铁按功率可分为小功率和大功率。小功率电烙铁用于电子元器件的焊接。大功率电烙铁主要用于焊接体积较大的元器件或部件。常见的电烙铁功率分为 20W、30W、45W、50W、100W、200W、300W、500W，按结构可分为内（直）热式和外（旁）热式。内热式具有体积小、升温快、价格低廉、寿命短等特点；外热式具有体积大、升温慢、造价高、寿命长等特点。还有一种调温电烙铁，具有调温、方便快捷、寿命长等优点，是电子元

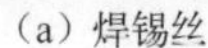

（a）焊锡丝

（b）助焊剂

图 2-13 焊锡丝与助焊剂实物图

器件焊接的首选工具。

在焊接电子元器件时，最好采用 20W 内热式电烙铁或调温电烙铁，并应有良好的接地装置。焊接大的元器件、部件、连接导线、插接件时，可采用 45W 电烙铁。

电烙铁在使用与保养时，对于新的电烙铁，应先把烙铁头表面的氧化物用锉刀挫干净，然后接通电源加热，将烙铁头粘些松香和焊锡，直到烙铁头涂上一层薄薄的锡为止。在使用过程中，严禁敲打，焊接完毕后，轻轻地放在烙铁架上。不用时，立即切断电源，远离易燃品存放。

（4）导线

在焊接之前，要准备好一些粘好锡的各色导线，主要是多股铜线，主要用于各种连线、安装线、屏蔽线等。其安全载流量按 $5A/mm^2$ 估算，在各种条件下都是安全的。

2. 温度与时间的控制

手工焊接引线粘锡和焊接元器件时，温度和时间要选择得适当并严格控制。粘锡和焊接切勿超过耐焊性试验条件（距离元器件管壳 1.5mm，260℃，时间为 10s，350℃时为 3s）。对于混合电路，电烙铁的最佳温度为 230～240℃。观察现象以松香熔化比较快又不冒烟为宜。元器件焊接最佳时间为 2～3s。

3. 焊接顺序

在焊接实验台上，先焊细导线和小型元器件，后焊晶体管、集成块，最后焊接体积较大、较重的元器件。因为大元器件占地面积大，又比较重，后焊接比较方便。晶体管和集成块怕热，后焊接可防止电烙铁的热量经导线传到晶体管或集成块内而损坏。

（1）一般元器件的焊接

将插好元器件印制电路板的焊接面朝上，左手拿焊锡丝，右手持电烙铁，使电烙铁头贴着元器件的引线加热，使焊锡丝在高温下熔化，沿着引线向下流动，直至充满焊孔并覆盖引线周围的金属部分。撤去焊锡丝并沿着引线向上方向提拉电烙铁头，形成像水滴一样光亮的焊点。焊接速度要快，一般不超过 3s，以免损坏元器件。由于引线的粗细不同，因此焊孔的大小不同，如一次未焊好，等冷却后再焊。

（2）晶体管元器件的焊接

焊接晶体管等元器件时，可用镊子或尖嘴钳夹住引脚进行焊接，因镊子和钳子具有散热作用，可以保护元器件。焊接 CMOS 器件时，为了避免电烙铁的感应电压损坏器件，必须使电烙铁的外壳可靠接地，或断电后用电烙铁的余热焊接。

(3) 集成块的焊接

双列直插式集成块引脚之间的距离只有 25mm，焊点过大，会造成相邻引脚短路，应采用尖头电烙铁快速焊接。电烙铁温度不能太高，焊接时间不能太长，否则会烧坏集成块，并使印制电路板上的导电铜箔脱离，所以焊接时一定要细心。

焊点质量应具有可靠的电气连接，足够的机械强度，外观光亮、圆滑、清洁、大小合适，无裂缝、针孔、夹杂。焊锡与被焊物之间没有明显的分界。

焊接实验台如图 2-14 所示。

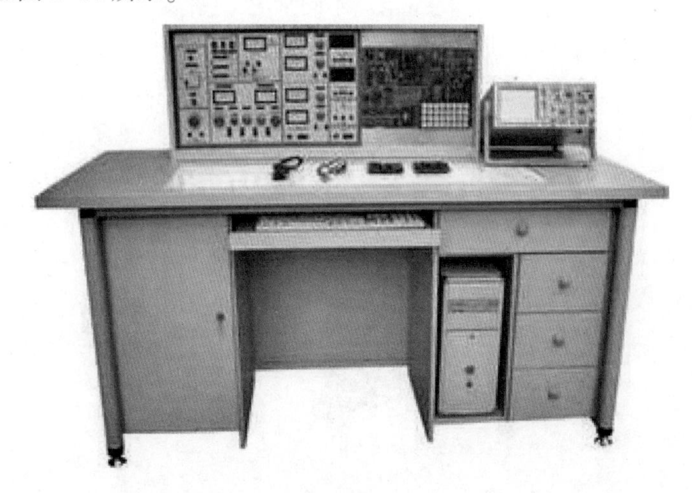

图 2-14　焊接实验台

4. 手工焊接的操作方法

(1) 电烙铁头及焊件的搪锡

电烙铁头的搪锡：新电烙铁、已氧化不粘锡或使用过久而出现凹坑的电烙铁头可先用砂纸或细锉刀打磨，使其露出紫铜光泽，而后将电烙铁通电 2 ~ 3min，加热后用电烙铁头吸锡，再在放松香颗粒的细砂纸上反复摩擦，直到电烙铁头上挂上一层薄锡。

导线及元器件引线搪锡：先用小刀或细砂纸清除导线或元器件引线表面的氧化层，元器件引脚根都留出一小段不刮，以防止引线根部被刮断。对于多股引线也应逐根刮净，之后将多股线拧成绳状进行搪锡。搪锡过程如下：电烙铁通电 2 ~ 3min 后用电烙铁头接触松香。若松香发出“吱吱”响声，并且冒出白烟，则说明电烙铁头温度适当。然后，将刮好的焊件引线放在松香上，用电烙铁头轻压引线，边往复摩擦边转动引线，务必使引线各部分均匀上好一层锡。

(2) 焊接时，电烙铁头与引线和印制电路板铜箔之间的接触位置

图 2 ~ 15 是电烙铁头与引线、电烙铁头与印制电路板铜箔之间的接触情况。其中，图 2-15 (a)是电烙铁头与引线接触而与铜箔不接触的情况；图 2-5 (b) 是电烙铁头与铜箔接触而与引线不接触的情况。这两种情况将造成热的传导不平衡，使其中某一被焊件受热过多，而另一被焊件受热较少，使焊点质量大幅下降。图 2-15 (c) 是烙铁头与铜箔和引线同时接触的情况，此种接触为正确的加热方式，故能保证焊接质量。

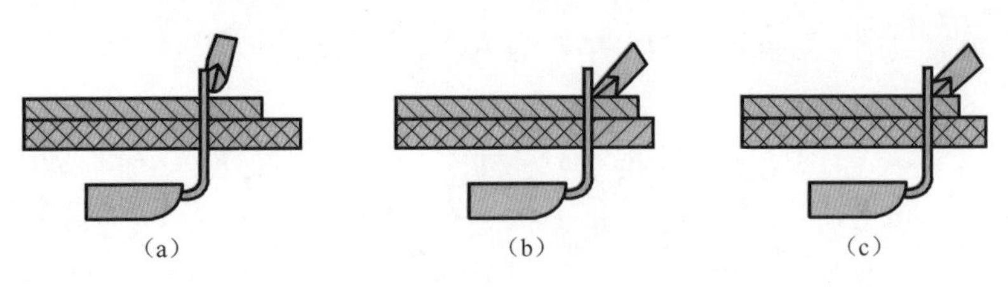

图 2-15 电烙铁头与铜箔和引线同时接触的情况

(3) 电烙铁的握法

根据电烙铁的大小、形状和被焊件的要求等不同情况，握电烙铁的方法通常有以下三种。

① 图 2-16（a）为反握法，即用五指把电烙铁手柄握在手掌内。这种握法焊接时动作稳定，长时间操作不感到疲劳，适用于大功率的电烙铁和热容量大的被焊件焊接。

② 图 2-16（b）为正握法，适用于弯形电烙铁头操作或直电烙铁头在机架上焊接互连导线时操作。

③ 图 2-16（c）为握笔法，就像写字时拿笔一样。长时间操作容易疲劳，适用于小功率电烙铁和热容量小的被焊件焊接。

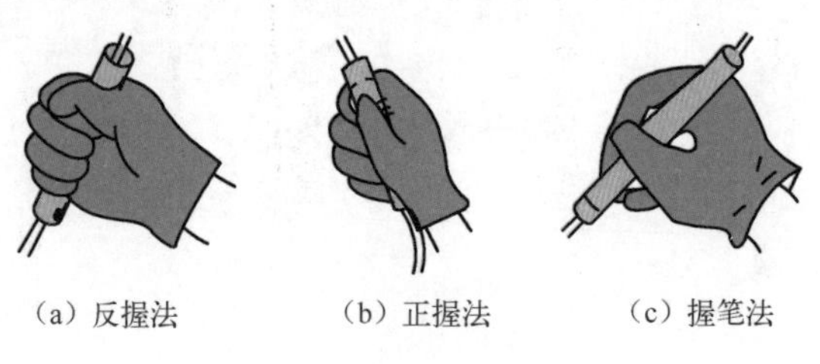

图 2-16 电烙铁的握法

④ 电烙铁的最佳温度为 230～240℃。观察现象以松香熔化比较快又不冒烟为宜。元器件焊接最佳时间为 2～3s。

⑤ 焊点质量应该光亮、圆滑、清洁、大小合适，焊锡与被焊物之间没有明显的分界线。不合格焊点如图 2-17 所示。

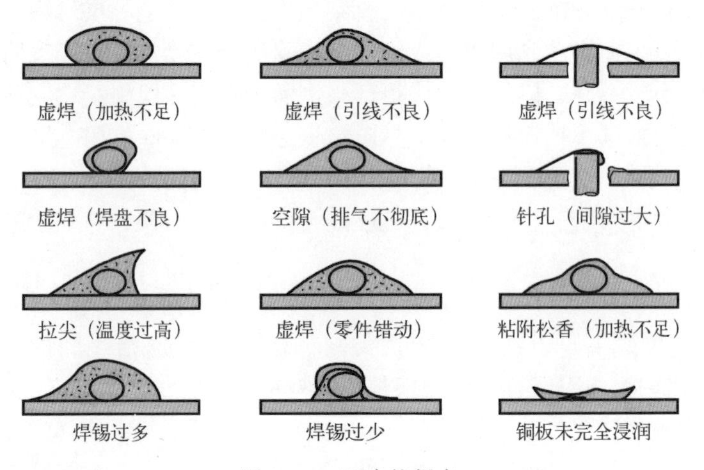

图 2-17 不合格焊点

先焊细导线和小型元器件，后焊晶体管、集成块和较大元器件。因为大元器件所占面积大，又比较重，后焊接比较方便。晶体管和集成块怕热，后焊接可防止电烙铁的热量经导线传到晶体管或集成块内而损坏元器件。

2.3.3 手工五步焊接操作法

手工五步焊接操作法如图 2-18 所示。

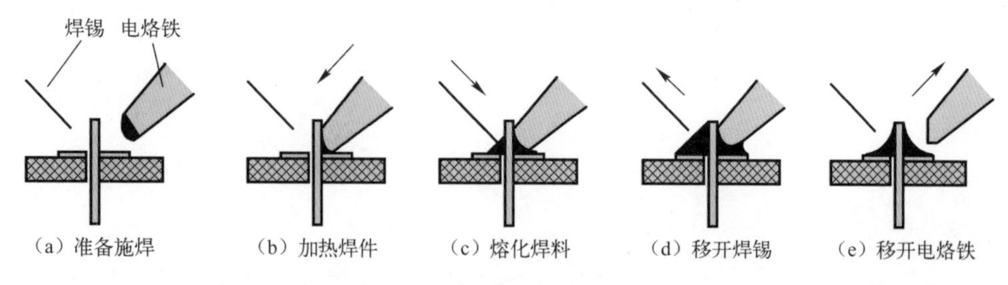

图 2-18　手工五步焊接操作法

（1）准备施焊：准备好焊锡丝和电烙铁，此时特别强调的是电烙铁头部要保持干净，即可以粘上焊锡（俗称吃锡）。

（2）加热焊件：将电烙铁接触焊接点，首先注意要保持电烙铁加热焊件各部分，如印制电路板上引线和焊盘都要受热；其次，要注意让电烙铁头的扁平部分（较大部分）应接触热容量较大的焊件，电烙铁头的侧面或边缘部分应接触热容量较小的焊件，以保持焊件均匀受热。

（3）熔化焊料：当焊件加热到能熔化焊料的温度后将焊丝置于焊点，焊料开始熔化并润湿焊点。

（4）移开焊锡：当熔化一定量的焊锡后将焊锡丝移开。

（5）移开电烙铁：当焊锡完全润湿焊点后移开电烙铁，注意移开电烙铁的方向应该是大致45°的方向。上述过程对一般焊点而言为2～3s，对于热容量较小的焊点，如印制电路板上的小焊盘，有时用三步法，即将上述步骤（2）和（3）合为一步，（4）和（5）合为一步。实际上细微区分还是五步，所以五步法有普遍性，是掌握手工电烙铁焊接的基本方法。特别是各步骤之间停留的时间，对保证焊接质量至关重要，只有通过实践才能逐步掌握。

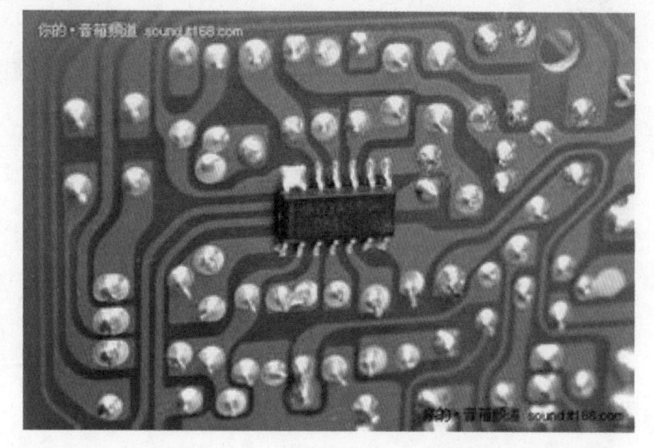

图 2-19　焊接好的印制电路板

焊接好的印制电路板如图 2-19 所示。对应的电路图如图 2-20 所示。

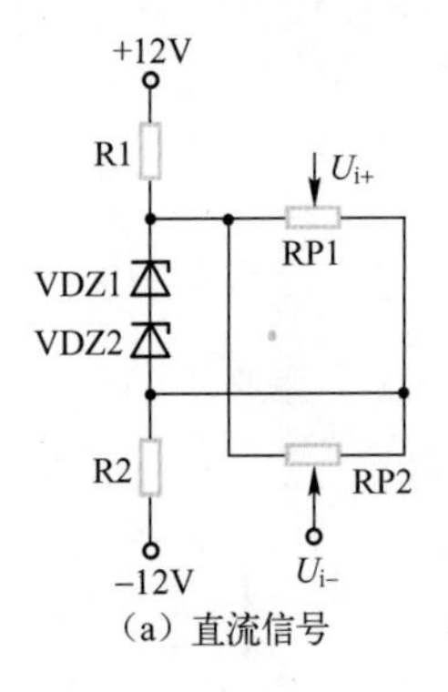

(a) 直流信号

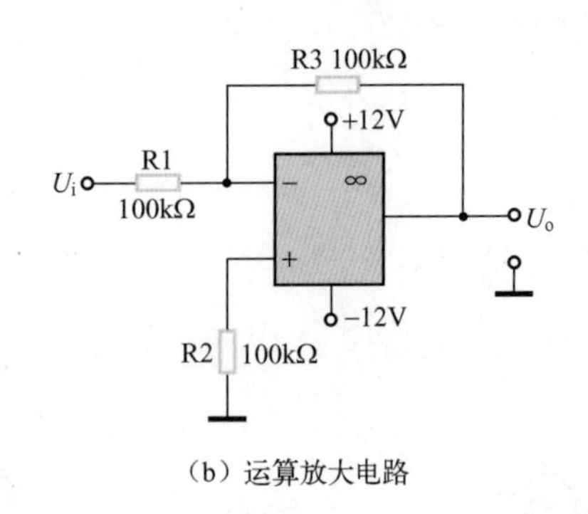

(b) 运算放大电路

图 2-20　与图 2-19 对应的电路图

2.3.4　虚焊产生的原因及鉴别

虚焊是焊接的一大隐患，占设备故障总数的 1/2。它会影响电气装置的正常运行，出现一些难以判断的“软故障”。

1. 虚焊点产生的原因

(1) 设计：印制电路板设计有问题是形成虚焊的潜在因素。焊点过密、元器件插接孔过大可导致虚焊的增加。

(2) 工艺：在涂注焊剂时，清洁工作没有做好，没有上好锡，上锡后的元器件存放时间太久，焊接部分已经氧化，直接焊接时产生虚焊。

(3) 材料：有的元器件引线材料可焊性差，如粘锡不好、未刮净都会产生虚焊。

(4) 焊剂：有的焊剂不好或自制锡铅比例不当，配出的焊剂熔点高、流动性差，也会导致虚焊。

(5) 助焊剂：助焊剂选用不当或不用助焊剂产生虚焊。

(6) 焊接工具：电烙铁功率太小，温度不够，焊点像豆腐渣；焊点太大，锡易成珠，均会产生虚焊。

(7) 操作方法：焊接时，电烙铁头离焊点远，使锡流过去包围元器件引脚，会使被焊面的热量不够而导致虚焊。

2. 鉴别方法

(1) 观察焊点，似焊非焊，一摇即动，必为虚焊。

(2) 焊锡与印制电路板没有形成一体。

(3) 焊点特别光亮，成鼓包状。

第3章

电工操作基本技能

3.1 塑料护套线护层和绝缘层的剥离

导线在连接前必须先将导线端部的保护层和绝缘层剥去。不同的保护层和绝缘层的剥削方法和步骤不相同。导线端部绝缘层的剥削长度要根据连接时的需要来决定。剥削过长会造成浪费，剥削太短容易影响连接质量。

塑料护套线的护层可用电工刀来剥离，具体操作方法如图 3–1 所示。

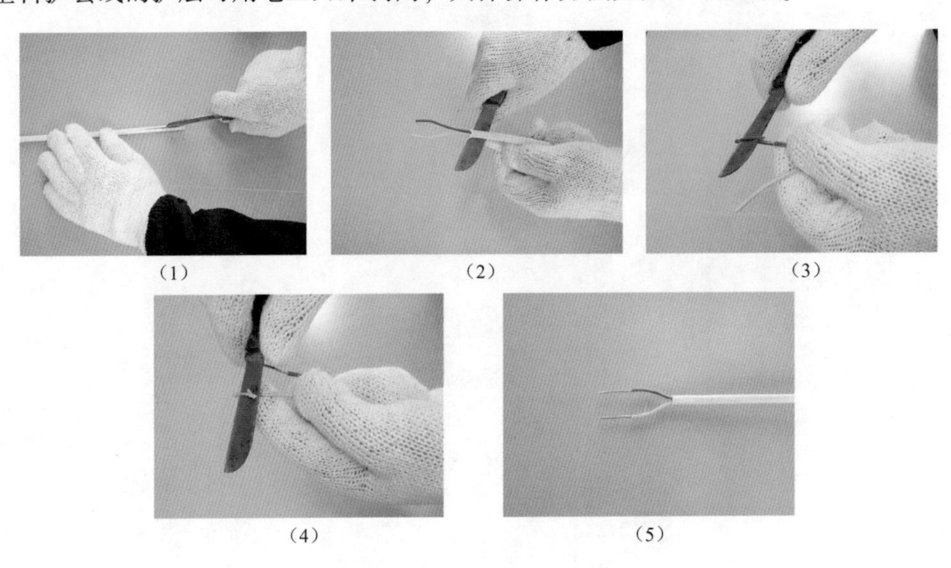

图 3–1　用电工刀剥离塑料护套线护层的操作方法

（1）按所需长度用刀尖向线端方向划开护套层。

（2）扳翻后用电工刀切割掉护套层。

（3）用电工刀以 45°斜角将护套线内层的红色绝缘层剥离，绝缘层切口与护套层切口间应留有 5～10mm 的距离。

（4）用电工刀以 45°斜角将护套线内层的黄色绝缘层剥离。

（5）剥离后的效果。

3.2 较细导线接线头的剥离

较细导线接线头剥离的，操作方法如图 3–2 所示。

（1）用钢丝钳轻轻钳住单股铜导线。

（2）左手用力向左拉导线。

（3）右手同时向右拉钢丝钳，直至剥掉绝缘层。

（4）照上述方法剥离多股铜导线。首先用钢丝钳轻轻钳住要剥离的多股铜导线。

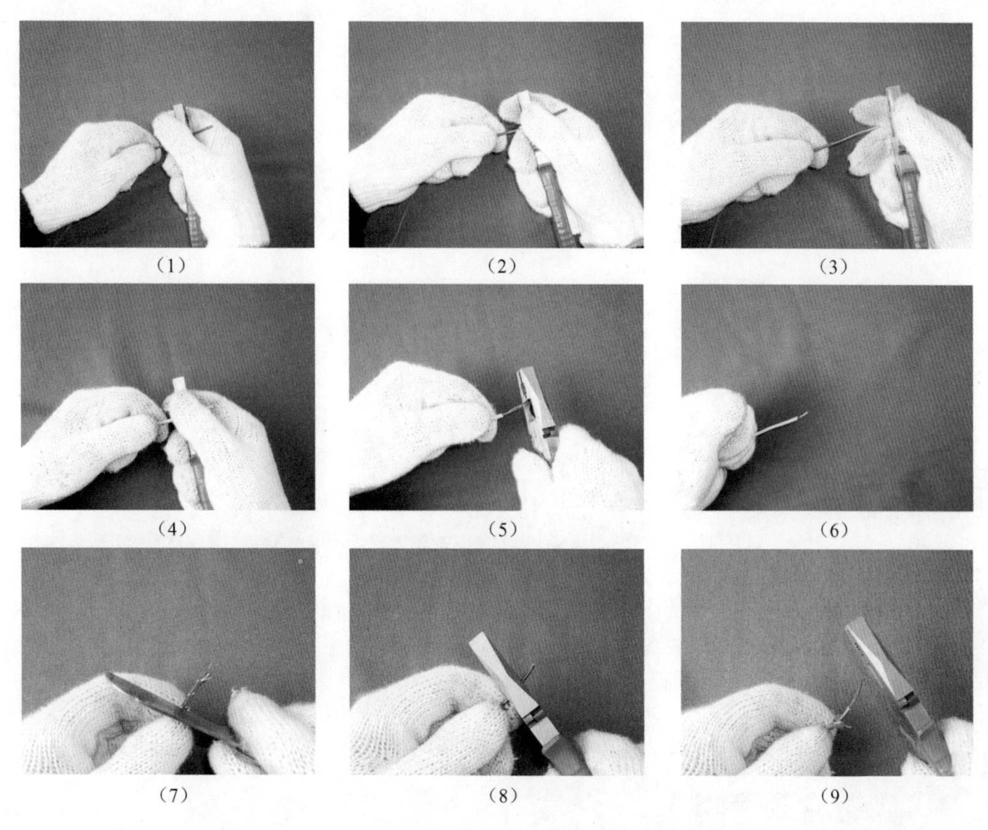

图 3-2　较细导线接线头剥离的操作方法

（5）右手用钳子夹着导线头，向外推，剥掉绝缘层。

（6）多股铜导线绝缘层被剥下。

（7）照上述方法剥离花线。用电工刀将花线皮剥下。

（8）用钢丝钳将花线中的绝缘层剥下，注意剥线时动作要轻，切勿损伤里面的多股铜导线。

（9）花线绝缘层被剥离后的效果。

3.3 粗绝缘导线的剥离与连接

粗绝缘导线剥离与连接的操作方法如图 3-3 所示。

（1）准备好要剥离的粗绝缘导线。

（2）用电工刀以 45°斜角切剥绝缘层，注意不要削伤内部的金属导线，

（3）以被剥导线的下口为切点，将绝缘层按圆切割一圈。

（4）撕下绝缘层。

（5）将剥去绝级层的芯线头散开并拉直，再将靠近绝缘层的 1/3 芯线头绞紧。

（6）将余下的 2/3 芯线头按图示分散成伞状，然后对叉。

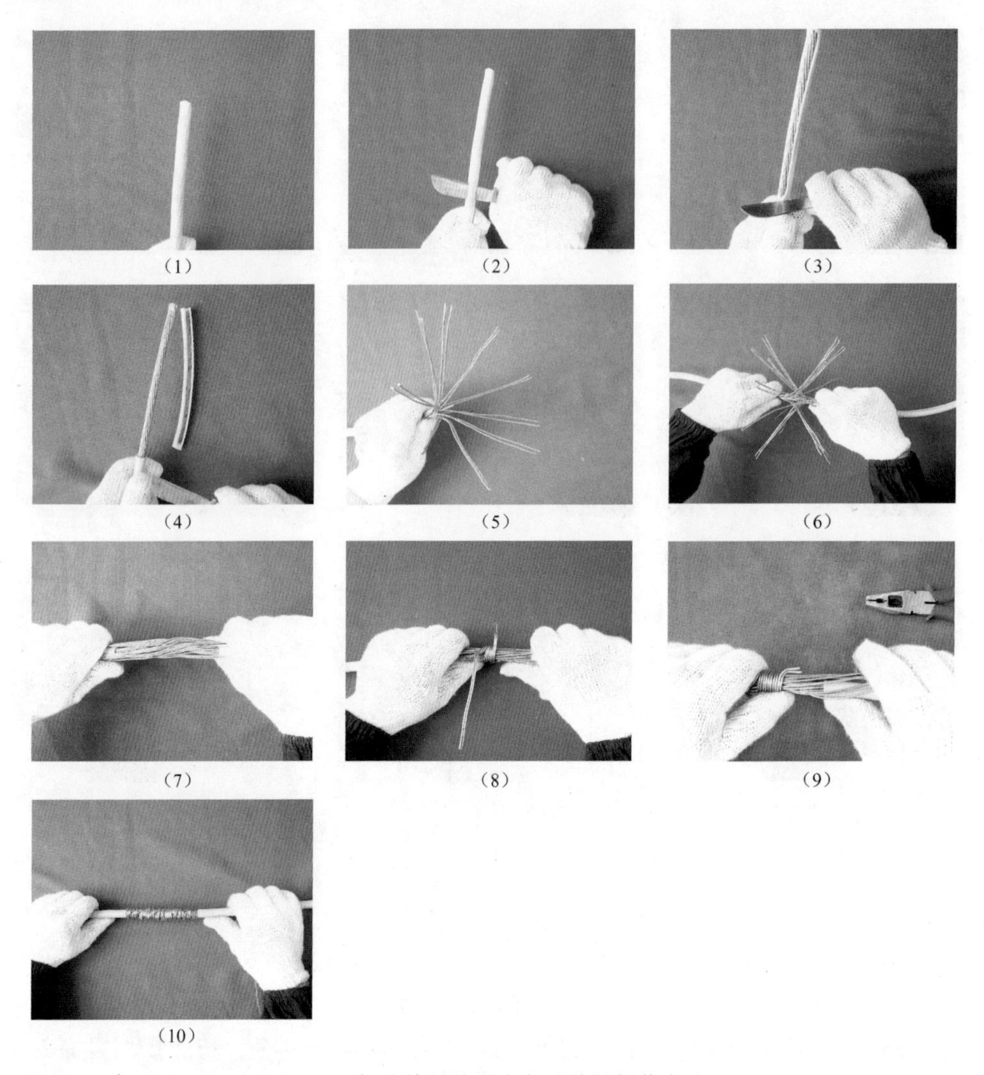

图 3-3　粗绝缘导线剥离与连接的操作方法

（7）捏平叉入后的所有芯线，并理直每股芯线，使每股芯线的间隔均匀，同时用钢丝钳钳紧叉口处，消除空隙。

（8）将右端的一股插入芯线从叉口处折起，使其与导线垂直，然后向右缠绕导线 2 ~ 3 圈，再将余下的芯线头折回，与导线平行。

（9）将右端的另一股插入芯线从紧挨前一股芯线的缠绕结束处折起，按照上述步骤缠绕导线，用同样的方法处理左端的插入芯线。

（10）连接完成后的效果。

3.4 双股导线的对接

双股导线对接的操作方法如图 3-4 所示。

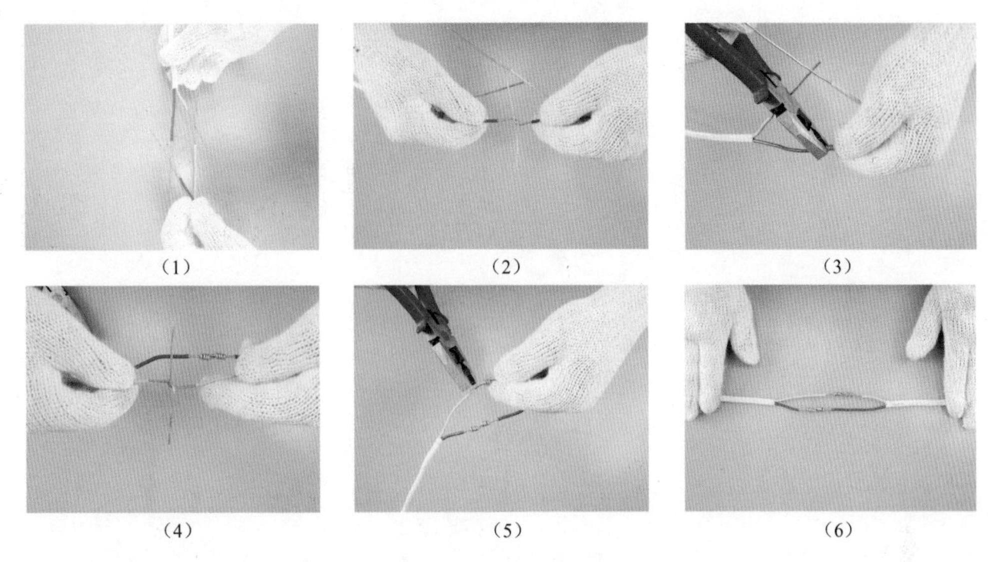

图 3-4　双股导线对接的操作方法

(1) 将被对接的双股导线，如护套线，用电工刀剥好，准备连接。
(2) 双股导线同色对同色，进行“X”字交叉。
(3) 将进行“X”字交叉后的红导线互相缠绕 5 圈。
(4) 按上述方法进行黄导线的对接。
(5) 两导线对接好后用钳子钳紧。
(6) 对接完成后的效果。

3.5 较细多股导线的剥离与对接

较细多股导线剥离与对接的操作方法如图图 3-5 所示。
(1) 准备好要剥离的导线。
(2) 用电工刀以 45°斜角切削绝缘层。
(3) 将剥去绝缘层的芯线头散开并拉直，再将靠近绝缘层的 1/3 芯线头绞紧。
(4) 将余下的 2/3 芯线头按图示分散成伞状，然后对叉。
(5) 捏平叉入后的所有芯线，并理直每股芯线，使每股芯线的间隔均匀，同时用钢丝钳钳紧叉口处，消除空隙。
(6) 将右端的一根插入芯线从叉口处折起，使其与导线垂直。
(7) 将折起的芯线向右缠绕导线 2 ~ 3 圈，然后将余下的芯线头折回，与导线平行。
(8) 将右端的另一根芯线从紧挨前一根芯线缠绕结束处折起，按上述步骤缠绕导线。
(9) 缠绕时用钳子拉紧缠绕芯线。
(10) 缠绕完成后，钳断缠绕芯线的多余线头。
(11) 用钳子钳紧切口，用同样的方法处理左端的插入芯线。
(12) 对接完成后的效果。

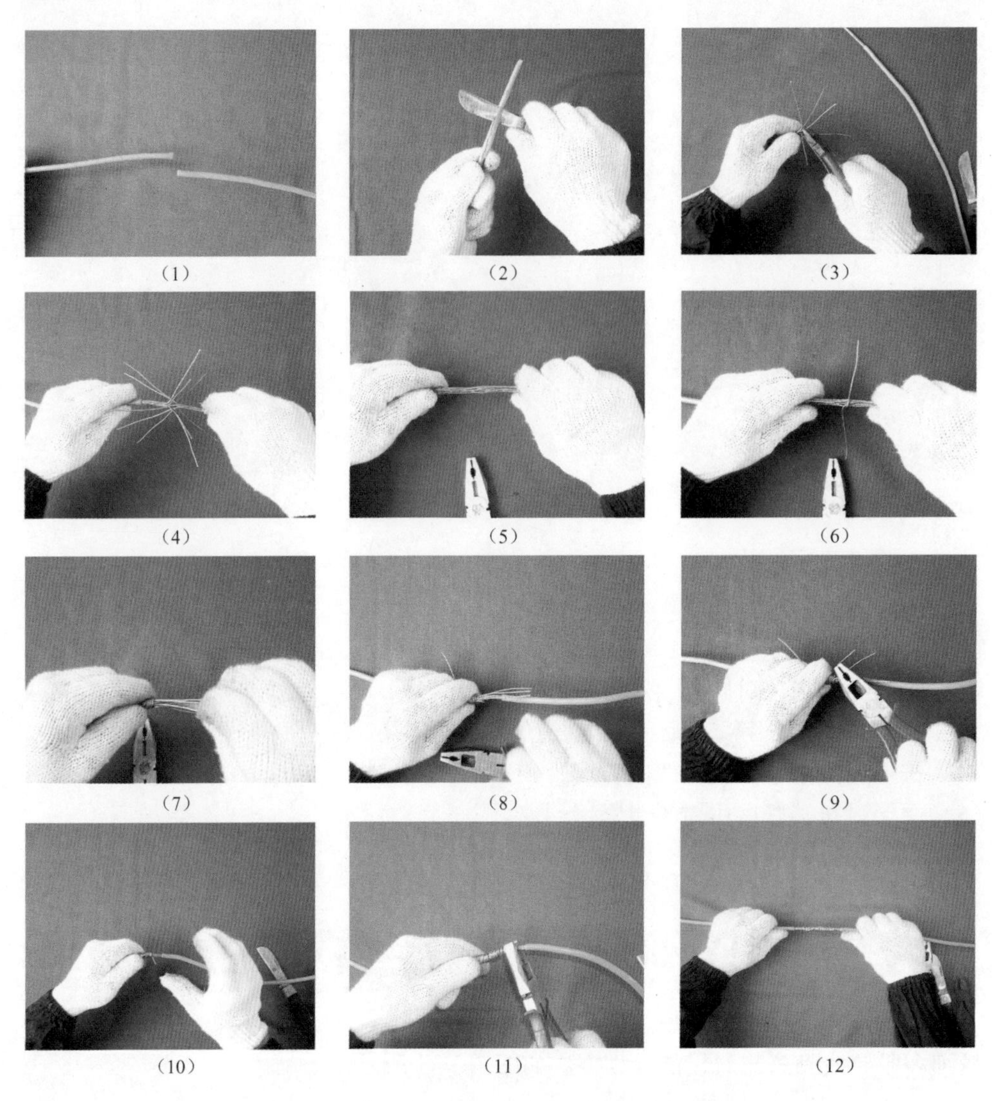

图 3-5　较细多股导线剥离与对接的操作方法

3.6 导线与导线的直接连接

导线与导线直接连接的操作方法如图 3-6 所示

（1）用电工刀将需接线的两导线接线头剥好。

（2）将两线端呈“X”字相交，再互相绞绕 2～3 圈。

（3）将两线头扳直，使其与导线垂直，然后分别在导线上缠绕 6～8 圈，再剪去多余的线头，并钳平切口毛刺。

（4）连接完成后的效果。注意连接后应检查接线头接触是否牢靠。

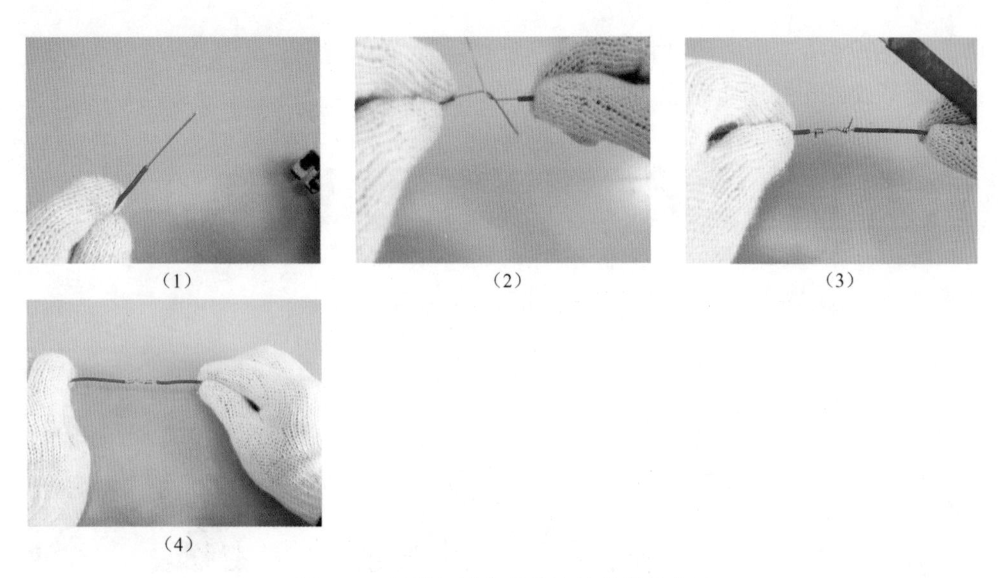
（1）　（2）　（3）
（4）

图 3-6　导线与导线直接连接的操作方法

3.7 不等线径导线的连接

不等线径导线连接的操作方法如图 3-7 所示。

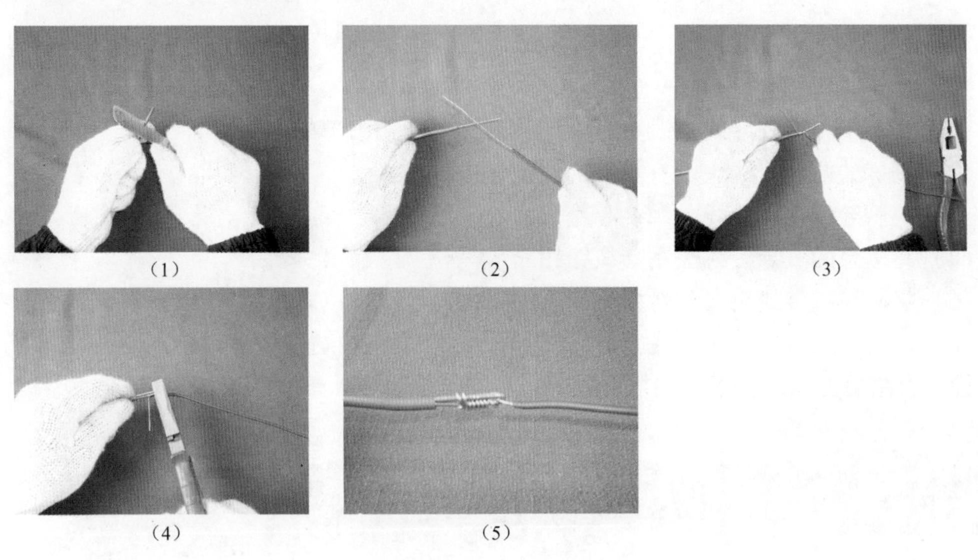
（1）　（2）　（3）
（4）　（5）

图 3-7　不等线径导线连接的操作方法

（1）用电工刀以 45°斜角切入塑料绝缘层，注意不可削伤内部的金属线。

（2）剥好的接线头应有足够的长度。

（3）将细导线接线头在粗导线接线头上缠绕 5 ~ 6 圈。

（4）弯折粗导线接线头的端部，使其压在缠绕层上，再用细导线接线头缠绕 2 ~ 3 圈，然后剪去多余的线头，钳平切口。

（5）不等线径导线连接完成后的效果。

3.8 软导线与单股硬导线的连接

软导线与单股硬导线连接的操作方法如图 3-8 所示。

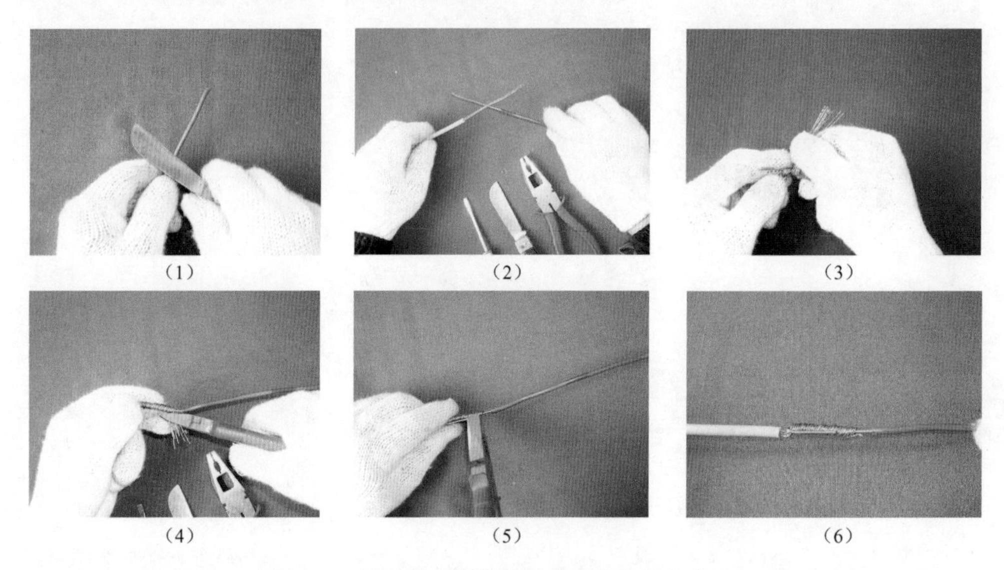

图 3-8　软导线与单股硬导线连接的操作方法

（1）用电工刀将硬导线接线头剥好，注意不要削伤内部的金属线。

（2）剥好的两接线线头应有足够的长度。

（3）将软导线在硬导线上缠绕 8 圈。

（4）将多余的软导线线头用断线钳钳断。

（5）将硬导线接线头向后弯曲，压紧缠绕的软导线，以防止软导线脱落。

（6）连接完成后的效果，注意接线完成后，应检查线与线之间是否接触牢靠，有无毛刺，检查合格后方能进行绝缘层恢复处理。

3.9 单股铜导线的 T 字连接

单股铜导线 T 字连接的操作方法如图 3-9 所示。

（1）将剥离好的支路芯线与干路芯线十字相交，交点距支路芯线根部约 5mm。

（2）将支路芯线在干路芯线上缠绕 6 ~ 8 圈。

（3）用尖嘴钳钳去多余的支路芯线，并钳平切口。

（4）连接完成后的效果

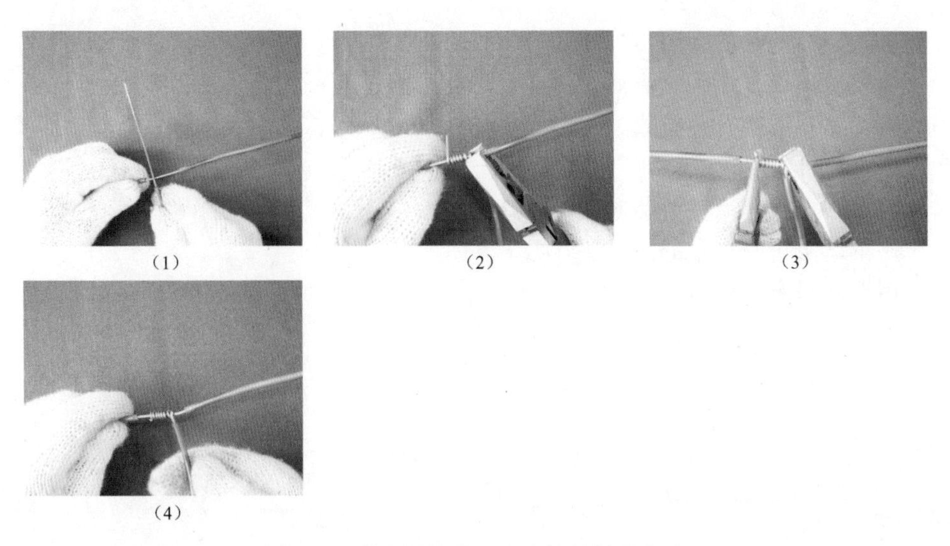
(1) (2) (3) (4)

图 3-9　单股铜导线 T 字连接的操作方法

3.10 多股铜导线的 T 字连接

多股铜导线 T 字连接的操作方法如图 3-10 所示。

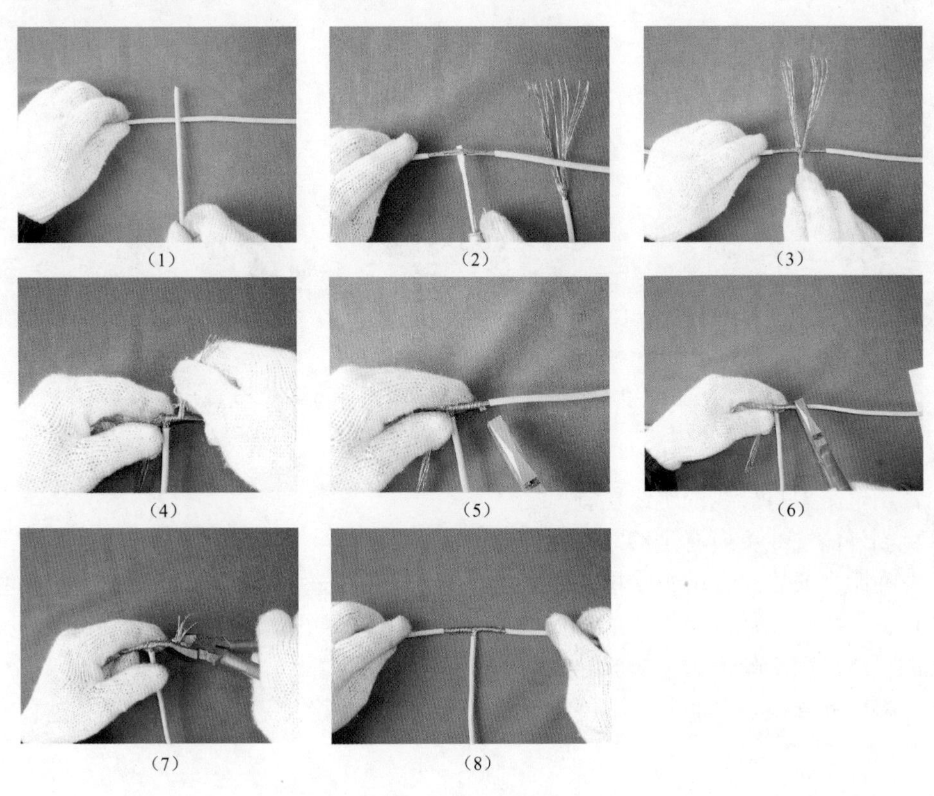
(1) (2) (3) (4) (5) (6) (7) (8)

图 3-10　多股铜导线 T 字连接的操作方法

（1）准备好要连接的多股铜导线。

（2）将多股铜导线接线头剥好，用螺丝刀将干路芯线撬为均匀的两组。

（3）将支路芯线散开并拉直，再将靠近绝缘层的1/8 芯线头绞紧，然后将1/2 支路芯线从干路芯线的中间穿过。

（4）将1/2 支路芯线在干路芯线的右端缠绕6 ~ 8 圈。

（5）用钢丝钳钳断多余的芯线头。

（6）用钢丝钳钳平切口。

（7）用同样的方法处理另外1/2 支路芯线。

（8）连接完成后的效果。

3.11 单股导线与多股导线的T字分支连接

单股导线与多股导线T字分支连接的操作方法如图3-11 所示。

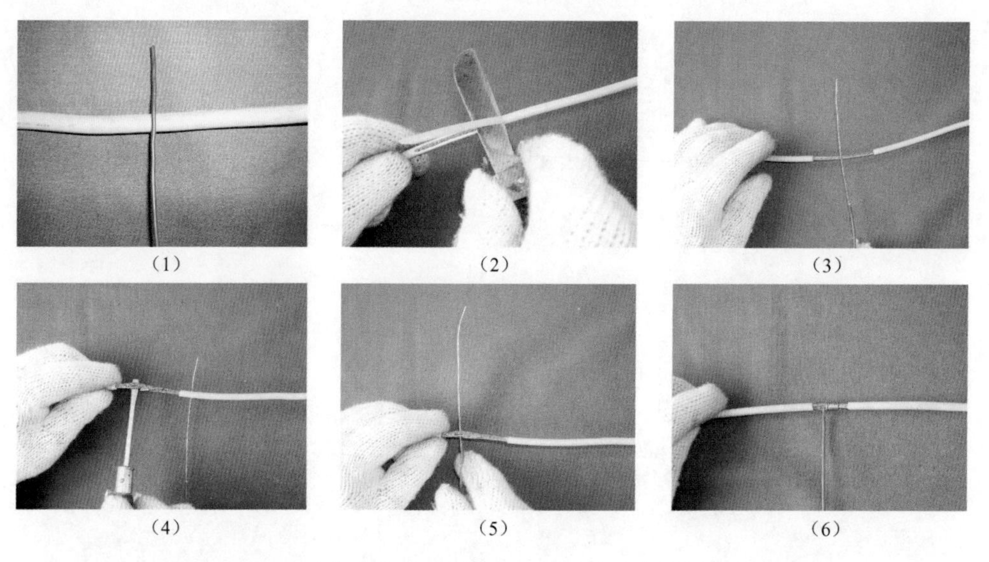

（1）（2）（3）（4）（5）（6）

图3-11　单股导线与多股导线T字分支连接的操作方法

（1）准备好要连接的导线。

（2）用电工刀将导线的绝缘层剥离。

（3）剥好的接线头应有足够的长度。

（4）在距多股导线左端绝缘层切口3 ~ 5mm 处，用螺丝刀将多股导线撬为均匀的两组。

（5）将单股导线从多股导线的中间穿入，注意，两导线的交点应距单股导线绝缘层切口约3mm，然后用钢丝钳钳紧多股导线的插缝。

（6）将单股导线在多股导线上缠绕10 圈，然后钳断多余线头，钳平切口，连接完毕。

3.12 较细导线与接线螺丝的连接

通常，各种电气设备均设有供导线连接用的接线端子。常见的接线端子有柱形端子和螺钉端子两种。

较细导线与接线螺丝连接的操作方法如图 3–12 所示。

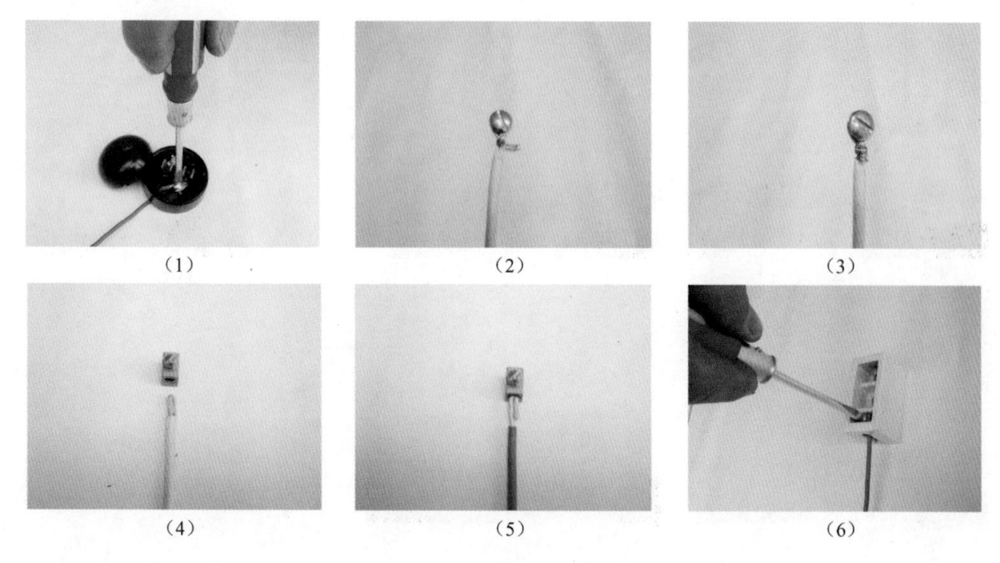

图 3–12　较细导线与接线螺丝连接的操作方法

（1）将做好的接线鼻压在螺丝下，并用螺丝刀旋紧。

（2）将多股导线缠绕在螺丝上，并绕过自身导线。

（3）将多余线头用钢丝钳钳断，并将缠绕的导线压紧。

（4）对于柱形端子的连接，应将较细导线线头折过来合成两股，并用钢丝钳钳紧。

（5）将导线接头插入柱形端子内，尽量往深处插。

（6）用螺丝刀旋紧压线螺丝，连接完成。

3.13 导线连接后绝缘层的恢复

导线绝缘层被破坏或导线连接以后，必须恢复其绝缘性能。恢复后，绝缘强度不应低于原有绝缘层。通常采用包缠法进行恢复，即用绝缘胶带紧扎数层。绝缘材料有黄蜡带、涤纶薄膜带和胶带。绝缘带的宽度为 15 ~ 20mm。

包缠时，先从完整的保护层或绝缘层上开始包缠，包缠两根带宽后方可进入连接处的芯线部分。包至连接处的另一端时，也需同样包入完整保护层或绝缘层上两根带宽的距离，包缠时，绝缘带与导线应保持 55°的倾斜角。

导线连接后，绝缘层恢复的操作方法如图 3-13 所示。

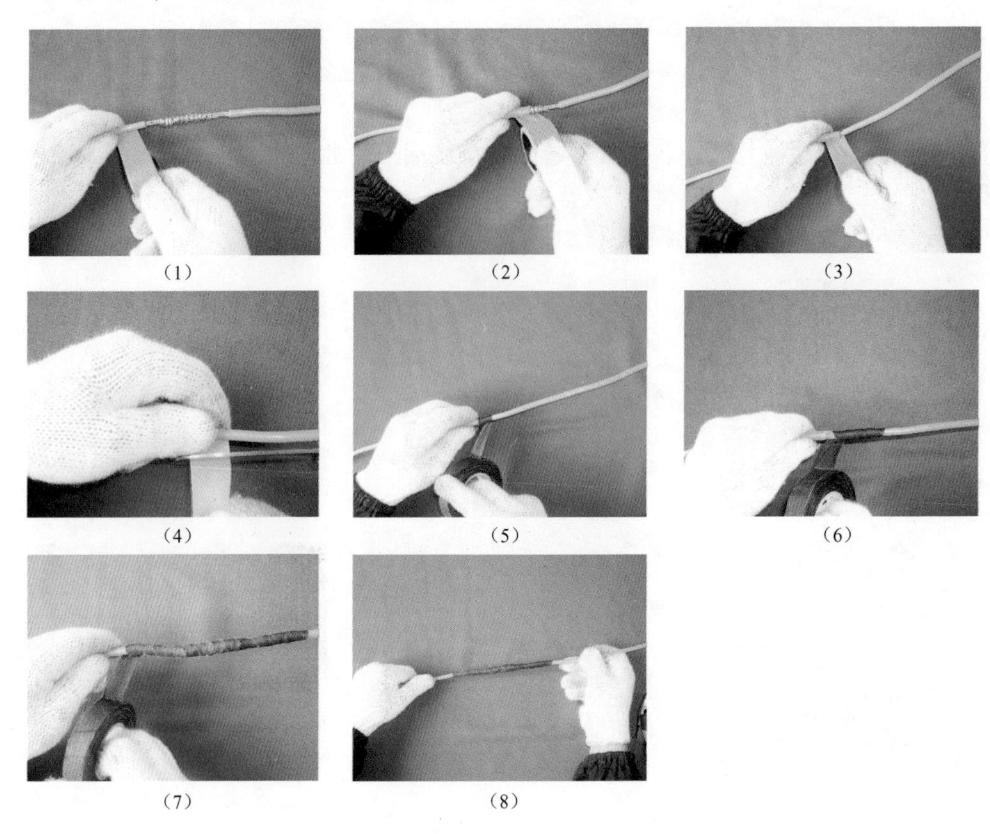

图 3-13　导线连接后，绝缘层恢复的操作方法

（1）将塑料绝缘带从导线左边完整的绝缘层上开始包缠。

（2）包缠两根带宽后方可进入连接芯线部分。

（3）包至连接芯线的另一端时，也需继续包缠至完整绝缘层上两根带宽的距离。

（4）包缠完成后，用电工刀切断塑料绝缘带。

（5）在塑料绝缘带的尾端接上绝缘黑胶带。

（6）将绝缘黑胶带从右往左包缠。包缠时，黑胶带与导线应保持 55°倾斜角，其重叠部分约为带宽的 1/2。

（7）包缠完成后，用手撕断绝缘黑胶带。

（8）绝缘层恢复后的效果。

3.14 铜、铝接线端子及压接

导线与接线端子一般需要压线钳来压接。铜线对铜接线端子进行压接，铝线对铝接线端子进行压接。电气设备的连接桩多是铜制的，当有潮气侵入时，铜和铝的连接处易产生电化腐蚀而引起接头发热或烧断，为了防止这种故障的发生，常采用一种铜铝过渡接头，也称接线鼻或接线耳。

铜、铝接线端子及压接的操作方法如图 3-14 所示。

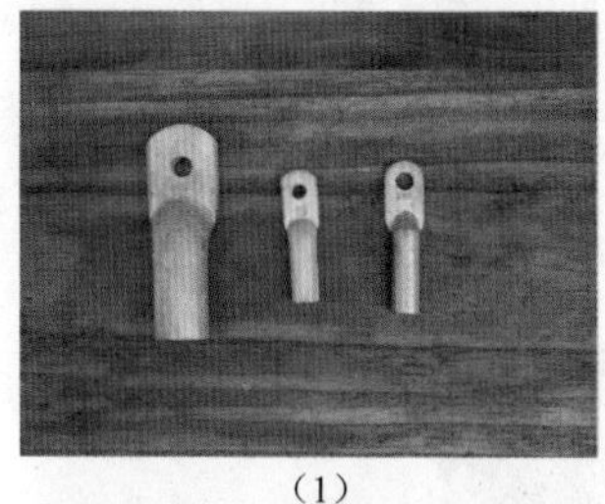

（1）

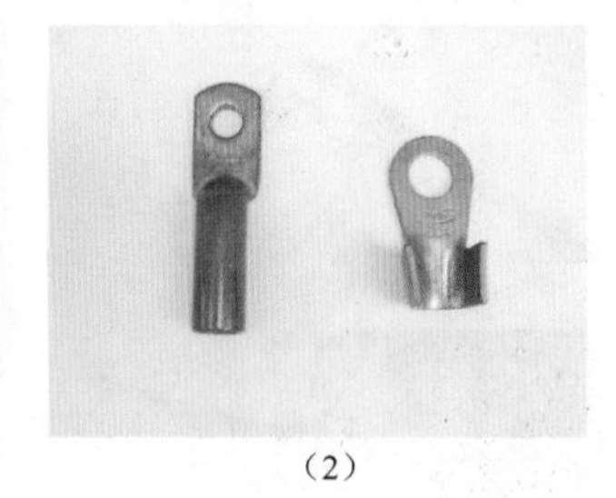

（2）

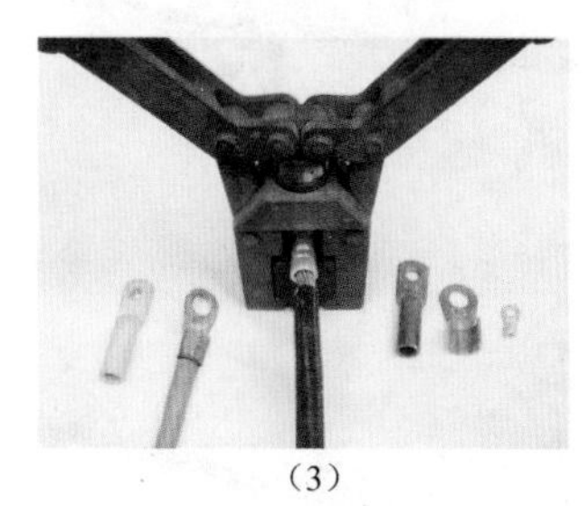

（3）

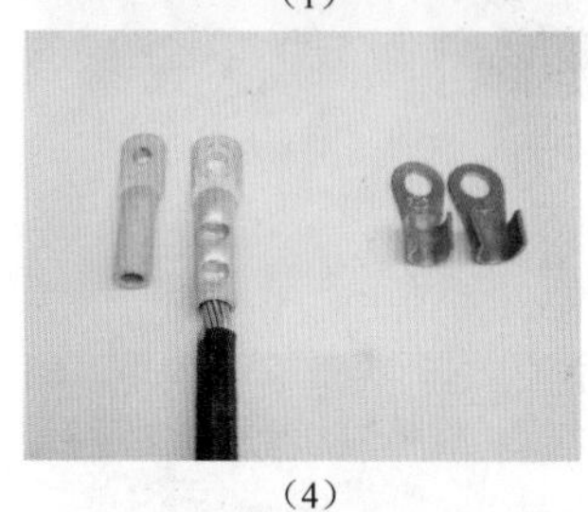

（4）

图 3-14　铜、铝接线端子及压接的操作方法

（1）铝接线端子。

（2）铜接线端子。

（3）用压线钳压接铝接线端子。

（4）压好后的铝接线端子。

3.15 直导线在蝶式绝缘子上的绑扎

直导线在蝶式绝缘子上的绑扎操作方法如图 3-15 所示。

（1）将导线放在绝缘子槽内。

（2）将绑扎线套在导线与绝缘子上。

（3）将绑扎线交叉。

（4）绑扎线与导线成“X”状交叉。

（5）绑扎线回头后缠绕在导线上。

（6）将绑扎线在绝缘子右边的导线上缠绕 10 圈。

（7）缠绕时拉紧绑扎线。

（8）将绑扎线在绝缘子左边的导线上缠绕 10 圈。

（9）缠绕完成后用钢丝钳拉紧整形。

（10）剪去多余的绑扎线头。

（11）用钢丝钳将两线头绞在一起。

（12）绑扎完成后的效果。

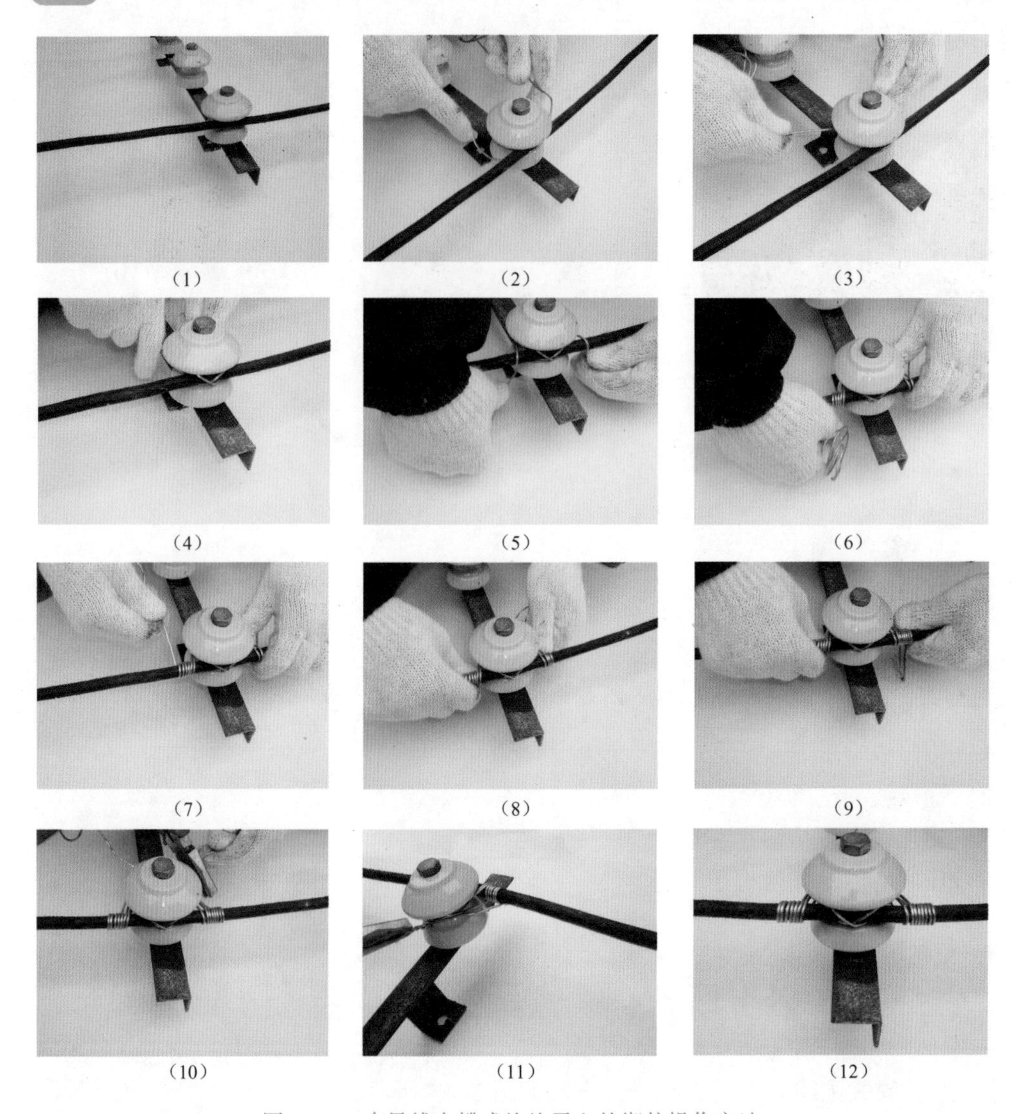

图 3-15　直导线在蝶式绝绝子上的绑扎操作方法

3.16 终端导线在蝶式绝缘子上的绑扎

终端导线在蝶式绝缘子上的绑扎操作方法如图 3-16 所示。

(1) 将绑扎线和导线一起套在蝶式绝缘子上，用绑扎线在导线上缠绕。

(2) 操作时用钢丝钳拉紧绑扎线，使其排列整齐。

(3) 注意，操作时两导线也应排列整齐。

(4) 将绑扎线在导线上缠绕一段距离后，在左边单根导线上缠绕 5 ~6 圈。

(5) 将两绑扎线头用钢丝钳绞在一起，剪去多余的线头，并将右边导线的终端绑扎固定在左边导线上。

（6）也可将右边导线的终端卷起来。

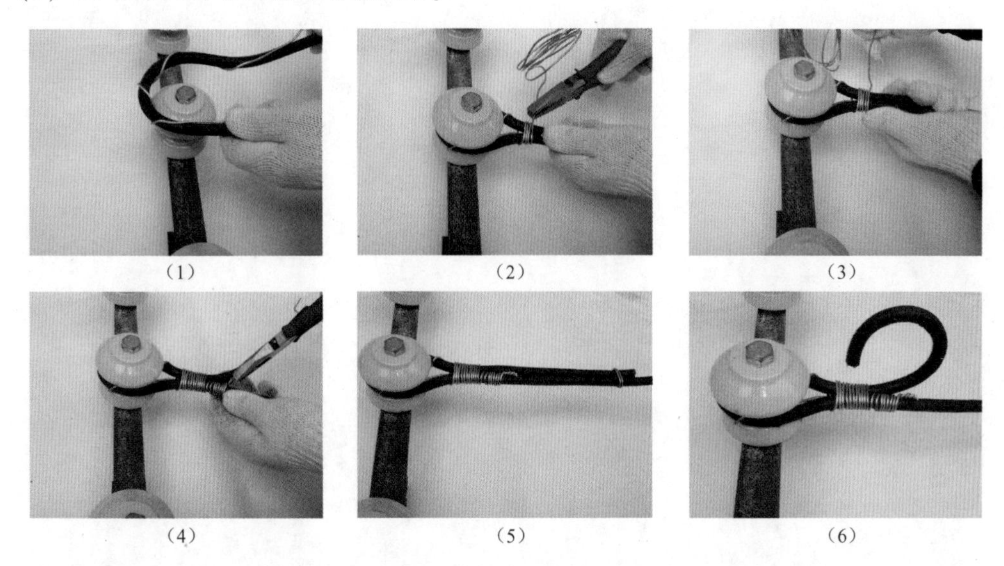

图 3-16　终端导线在蝶式绝缘子上的绑扎操作方法

第 4 章

低压电器的应用

4.1 胶盖刀开关

胶盖刀开关又叫开启式负荷开关。其结构简单、价格低廉、应用维修方便，常用作照明电路的电源开关，也可用于控制5.5kW以下电动机的不频繁启动和停止。胶盖刀开关的外形结构如图4-1所示。

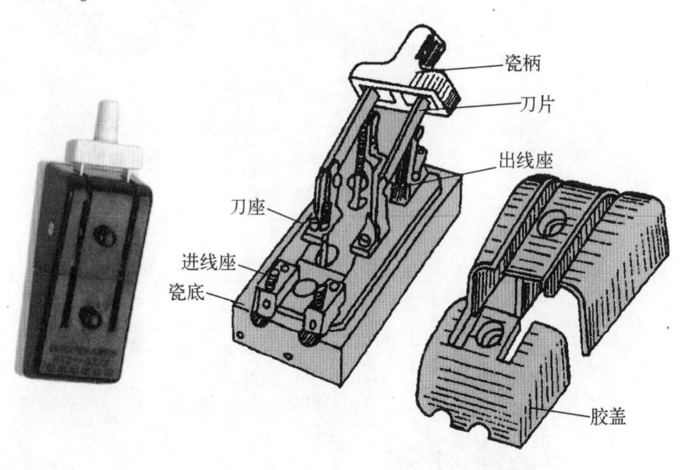

图4-1　胶盖刀开关的外形结构

4.1.1 胶盖刀开关的型号

应用较广泛的胶盖刀开关为HK系列。其型号的含义如下：

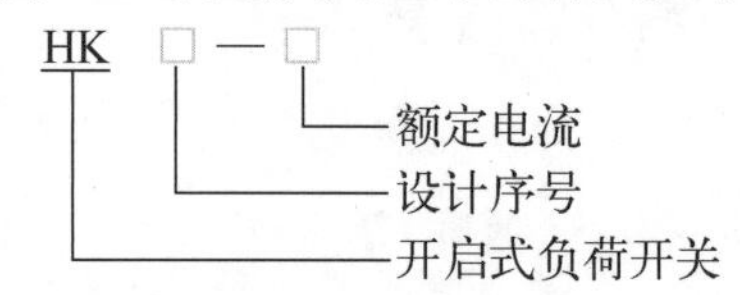

4.1.2 胶盖刀开关的主要技术参数

HK系列胶盖刀开关的主要技术参数见表4-1。

表4-1　HK系列胶盖刀开关的主要技术参数

型号	额定电压（V）	额定电流（A）	极数	可控制电动机功率（kW）	最大分断电流（A）	配用熔丝规格			
						熔丝线径（mm）	成分（%）		
							铅	锡	锑
HK1 - 15	220	15	2	1.1	500	1.45 ~ 1.59	98	1	1
HK1 - 30		30		1.5	1000	2.3 ~ 2.52			
HK1 - 60		60		3.0	1500	3.36 ~ 4			
HK1 - 15	380	15	3	2.2	500	1.45 ~ 1.59			
HK1 - 30		30		4.0	1000	2.3 ~ 2.52			
HK1 - 60		60		5.5	1500	3.36 ~ 4			

续表

型号	额定电压（V）	额定电流（A）	极数	可控制电动机功率（kW）	最大分断电流（A）	配用熔丝规格			
						熔丝线径（mm）	成分（%）		
							铅	锡	锑
HK2－10	220	10	2	1. 1	500	0. 25	含铜量不少于99. 9%		
HK2－15		15		1. 5	500	0. 41			
HK2－30		30		3. 0	1000	0. 56			
HK2－60		60		4. 5	1500	0. 65			
HK2－15	380	15	3	2. 2	500	0. 45			
HK2－30		30		4. 0	1000	0. 71			
HK2－60		60		5. 5	1500	1. 12			

4.1.3　胶盖刀开关的选用

（1）对于普通负载，选用的额定电压为 220V 或 250V，额定电流不小于电路最大工作电流；对于电动机，选用的额定电压为 380V 或 500V，额定电流为电动机额定电流的 3 倍。

（2）在一般照明线路中，额定电压大于或等于线路的额定电压，常选用 250V、220V，额定电流等于或稍大于线路的额定电流，常选用 10A、15A、30A。

4.1.4　胶盖刀开关的安装和使用注意事项

（1）胶盖刀开关必须垂直安装在控制屏或开关板上，不能倒装，即接通状态时手柄朝上，否则有可能在分断状态时闸刀开关松动落下，造成误接通。

（2）安装接线时，刀闸上桩头接电源，下桩头接负载。接线时，进线和出线不能接反，否则在更换熔断丝时会发生触电事故。

（3）操作胶盖刀开关时不能带重负载，因为 HK1 系列瓷底胶盖闸刀开关不设专门的灭弧装置，仅利用胶盖的遮护防止电弧灼伤。

（4）如果要带一般性的负载操作，则动作应迅速，使电弧较快熄灭：一方面不易灼伤人手；另一方面也减少电弧对动触头和静夹座的损坏。

4.1.5　胶盖刀开关的常见故障及检修方法

胶盖刀开关的常见故障及检修方法见表 4-2。

表 4-2　胶盖刀开关的常见故障及检修方法

故障现象	产生原因	检修方法
保险丝熔断	（1）刀开关下桩头所带的负载短路 （2）刀开关下桩头负载过大 （3）刀开关保险丝未压紧	（1）把闸刀拉下，找出线路的短路点，修复后，更换同型号的保险丝 （2）在刀开关容量允许的范围内，更换额定电流大一级的保险丝 （3）更换新垫片后，用螺钉把保险丝压紧

续表

故障现象	产生原因	检修方法
开关烧坏，螺钉孔内沥青溶化	（1）刀片与底座插口接触不良 （2）开关压线固定螺钉未压紧 （3）刀片合闸时合得过浅 （4）开关容量与负载不配套，过小 （5）负载端短路，引起开关短路或弧光短路	（1）在断开电源的情况下，用钳子修整开关底座口片，使其与刀片接触良好 （2）重新压紧固定螺钉 （3）改变操作方法，每次合闸时用力把闸刀合到位 （4）在线路容量允许的情况下，更换额定电流大一级的开关 （5）更换同型号新开关，平时要注意，应尽可能避免接触不良和短路事故的发生
开关漏电	（1）开关潮湿被雨淋浸蚀 （2）开关在油污、导电粉尘环境中工作过久	（1）如受雨淋严重，则要拆下开关进行烘干处理后再装上使用 （2）如环境条件极差，则要采用防护箱，把开关保护起来后再使用
拉闸后，刀片及开关下桩头仍带电	（1）进线与出线上、下接反 （2）开关倒装或水平安装	（1）更正接线方式，必须是上桩头接入电源进线，下桩头接负载端 （2）禁止倒装和水平装设胶盖刀开关

4.2 铁壳开关

铁壳开关又叫封闭式负荷开关，具有通断性能好、操作方便、使用安全等优点。铁壳开关主要用于各种配电设备中手动不频繁接通和分断负载的电路。交流 380V、60A 及以下等级的铁壳开关还可用做 15kW 及以下三相交流电动机的不频繁接通和分断控制。铁壳开关的外形结构如图 4-2 所示。

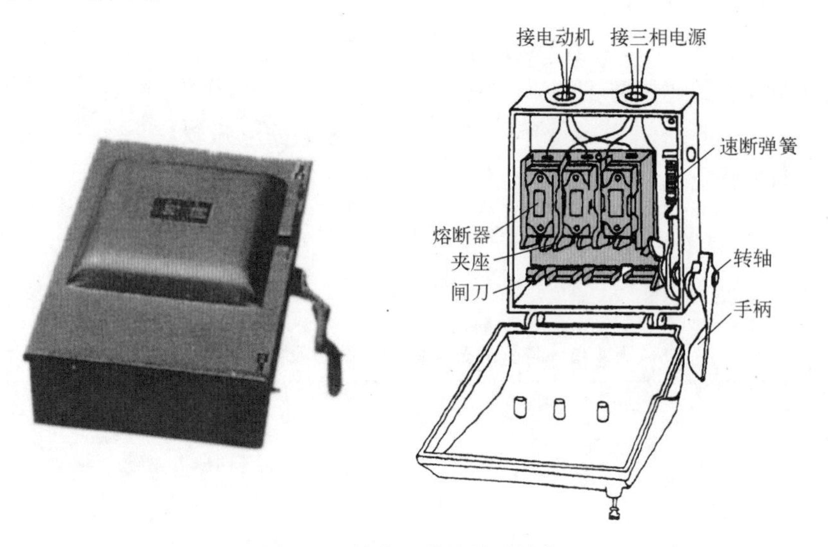

图 4-2　铁壳开关的外形结构

4.2.1　铁壳开关的型号

常用的铁壳开关为 HH 系列。其型号的含义如下：

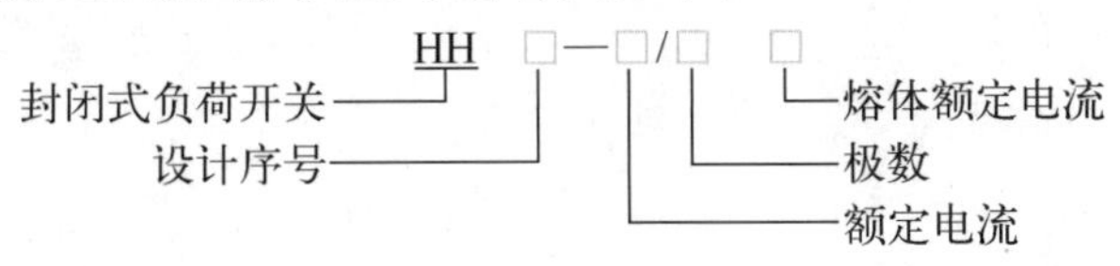

4.2.2　铁壳开关的主要技术参数

常用 HH3、HH4 系列铁壳开关的主要技术参数见表 4–3。

表 4–3　常用 HH3、HH4 系列铁壳开关的主要技术参数

型　号	额定电流 （A）	额定电压 （V）	极　数	熔体主要参数		
				额定电流 （A）	线径 （mm）	材料
HH3	15	440	2，3	6 10 15	0. 26 0. 35 0. 46	纯铜丝
	30			20 25 30	0. 65 0. 71 0. 81	
	60			40 50 60	1. 02 1. 22 1. 32	
HH4	15	380	2，3	6 10 15	1. 08 1. 25 1. 98	软铅丝
	30			20 25 30	0. 61 0. 71 0. 80	纯铜丝
	60			40 50 60	0. 92 1. 07 1. 20	

4.2.3　铁壳开关的选用

（1）铁壳开关用来控制感应电动机时，应使开关的额定电流为电动机满载电流的 3 倍以上。

（2）熔丝的额定电流为电动机额定电流的 1. 5 ~2. 5 倍。更换熔丝时，管内石英砂应重新调整后再使用。

4.2.4　铁壳开关的安装及使用注意事项

（1）为了保障安全，铁壳开关外壳必须连接良好的接地线。

（2）接铁壳开关时，要把接线压紧，以防烧坏开关内部的绝缘。

（3）为了安全，在铁壳开关钢质外壳上装有机械联锁装置，当壳盖打开时，不能合闸；合闸后，壳盖不能打开。

（4）安装时，先预埋固定件，将木质配电板用紧固件固定在墙壁或柱子上，再将铁壳开关固定在木质配电板上。

（5）铁壳开关应垂直于地面安装，其安装高度以手动操作方便为宜，通常为1.3~1.5m。

（6）铁壳开关的电源进线和开关的输出线都必须经过铁壳的进出线孔。安装接线时，应在进出线孔处加装橡皮垫圈，以防尘土落入铁壳内。

（7）操作时，必须注意不得面对铁壳开关拉闸或合闸，一般用左手操作合闸。若更换熔丝，则必须在拉闸后进行。

4.2.5 铁壳开关的常见故障及检修方法

铁壳开关的常见故障及检修方法见表4-4。

表4-4 铁壳开关的常见故障及检修方法

故障现象	产生原因	检修方法
合闸后，一相或两相没电	（1）夹座弹性消失或开口过大 （2）熔丝熔断或接触不良 （3）夹座、动触头氧化或有污垢 （4）电源进线或出线头氧化	（1）更换夹座 （2）更换熔丝 （3）清洁夹座或动触头 （4）检查进出线头
动触头或夹座过热或烧坏	（1）开关容量太小 （2）分、合闸时动作太慢造成电弧过大，烧坏触头 （3）夹座表面烧毛 （4）动触头与夹座压力不足 （5）负载过大	（1）更换较大容量的开关 （2）改进操作方法，分、合闸时动作要迅速 （3）用细锉刀修整 （4）调整夹座压力，使其适当 （5）减轻负载或调换较大容量的开关
操作手柄带电	（1）外壳接地线接触不良 （2）电源线绝缘损坏	（1）检查接地线，并重新接好 （2）更换合格的导线

4.3 熔断器式刀开关

熔断器式刀开关又叫熔断器式隔离开关，是以熔断体或带有熔断体的载熔件作为动触头的一种隔离开关。常用的型号有HR3、HR5、HR6系列，额定电压：交流为380V（50Hz），直流为440V，额定电流为600A。熔断器式刀开关用于具有高短路电流的配电电路和电动机电路中，作为电源开关、隔离开关、应急开关，并用作电路保护，但一般不作为直接开关单台电动机。熔断器式刀开关是用来代替各种低压配电装置刀开关和熔断器的组合电器。

4.3.1 熔断器式刀开关的型号

熔断器式刀开关的型号及其含义如下：

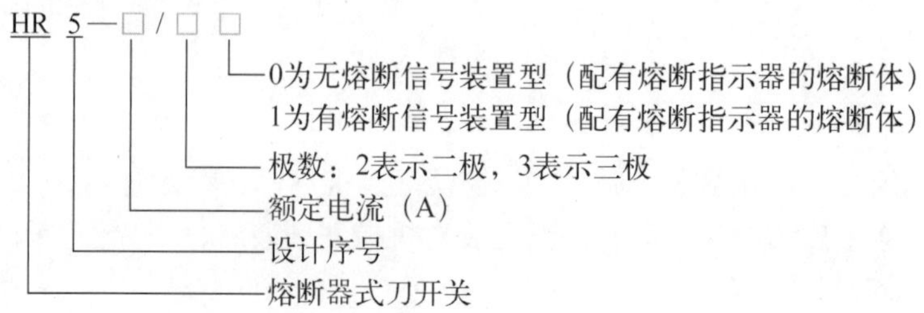

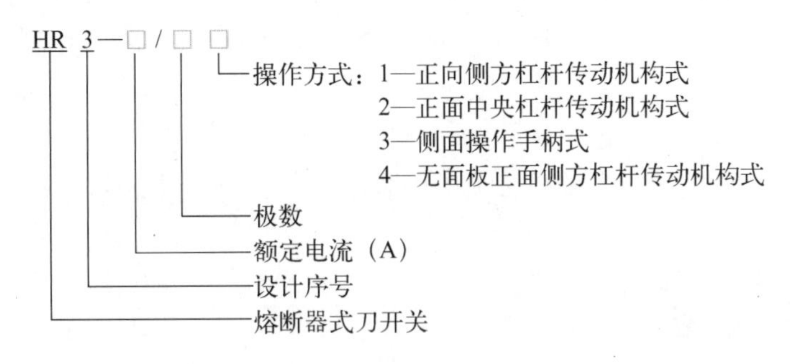

4.3.2　熔断器式刀开关的主要技术参数

HR3 系列熔断器式刀开关的主要技术参数见表 4-5。

表 4-5　HR3 系列熔断器式刀开关的主要技术参数

型　号	刀开关与熔断体额定电流（A）	熔体额定电流（A）	刀开关分断能力（A）		熔断器分断能力（kA）	
			AC 380V cosφ≥0.6	DC 440V T≤0.0045s	AC 380V cosφ≤0.3	DC 440V T=0.015～0.02s
HR3－100	100	30，40，50，60，80，100	100	100	50	25
HR3－200	200	80，100，120，150，200	200	200		
HR3－400	400	150，200，250，300，350，400	400	400		
HR3－600	600	350，400，450，500，550，600	600	600		
HR3－1000	1000	700，800，900，1000	1000	1000	25	

HR5 系列熔断器式刀开关的主要技术参数见表 4-6。

表 4-6　HR5 系列熔断器式刀开关的主要技术参数

型　号	额定电压（V）	额定发热电流（A）	额定分断短路电流（kA）
HR5－100	AC 380	100	50
HR5－200		200	
HR5－400		400	
HR5－630		630	

4.3.3　熔断器式刀开关的安装及使用注意事项

（1）熔断器式刀开关必须垂直安装。

（2）根据用电设备的容量正确选择熔断器的等级（熔断体的额定电流）。

（3）接入的母线必须根据熔断体的额定电流来选择，在母线与插座的连接处必须清除氧化膜，然后立即涂上少量工业凡士林，防止氧化。

（4）当多回路的配电设备中有故障时，可以打开熔断器式刀开关的门，检查熔断指示器，从而及时找出有故障的回路，更换熔断器后，迅速恢复供电。

（5）熔断器式刀开关的门在打开位置时，不得做接通和分断电流操作。

(6) 在正常运行时，必须经常检查熔断器的熔断指示器，防止线路因一相熔断所造成的电动机缺相运转。

(7) 熔断器式刀开关必须做定期检修，消除可能发生的事故隐患。

(8) 熔断器式刀开关的槽形导轨必须保持清洁，防止积污后操作不灵。

4.4 组合开关

组合开关又叫转换开关，也是一种刀开关。不过它的刀片（动触片）是转动式的，比刀开关轻巧而且组合性强，具有体积小、寿命长、使用可靠、结构简单等优点。组合开关可作为电源引入开关或作为5.5kW以下电动机的直接启动、停止、正反转和变速等的控制开关。采用组合开关控制电动机正、反转时，必须使电动机完全停止转动后才能接通电动机反转的电路。每小时的转接次数不宜超过20次。组合开关的外形结构如图4-3所示。

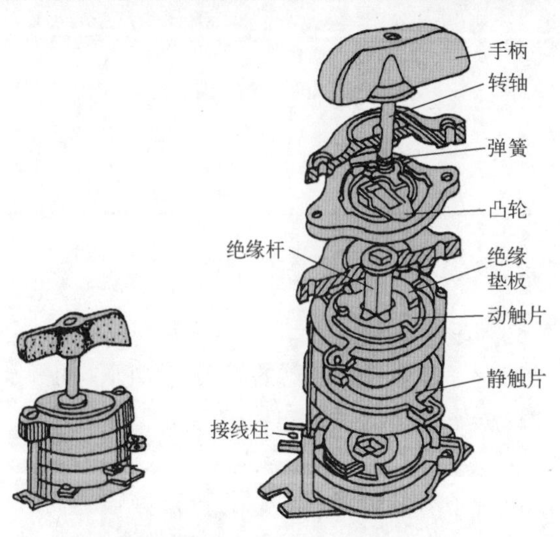

图4-3 组合开关的外形结构

4.4.1　组合开关的型号

常用的组合开关为 HZ 系列。其型号含义如下：

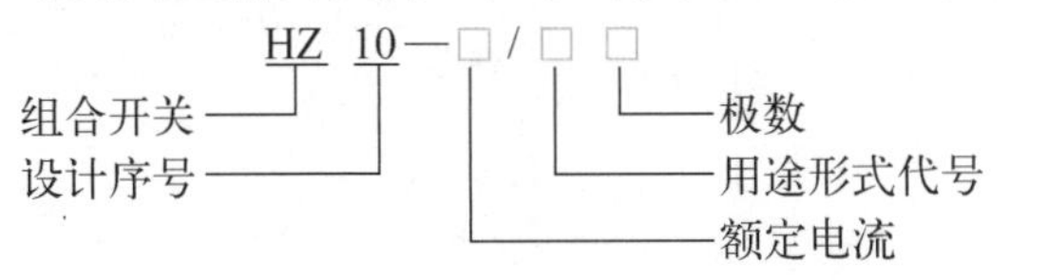

4.4.2　组合开关的主要技术参数

HZ10 系列组合开关的主要技术参数见表 4–7。

表 4–7　HZ10 系列组合开关的主要技术参数

型　号	额定电压（V）	额定电流（A）	极数	极限操作电流（A）		可控制电动机最大容量和额定电流		额定电压、电流下的通、断次数 交流 cosφ	
				接通	分断	容量（kW）	额定电流（A）	≥0.8	≥0.3
HZ10－10	直流 220 交流 380	6	单极	94	62	3	7		
		10	2，3					20000	10000
HZ10－25		25		155	108	5.5	12		
HZ10－60		60							
HZ10－100		100						10000	50000

4.4.3　组合开关的选用

（1）组合开关应根据用电设备的电压等级、容量和所需触头数进行选用。

（2）用于照明或电热负载，组合开关的额定电流等于或大于被控制电路中各负载额定电流之和。

（3）用于电动机负载，组合开关的额定电流一般为电动机额定电流的 1.5～2.5 倍。

4.4.4　组合开关的安装及使用注意事项

（1）组合开关应固定安装在绝缘板上，周围要留一定的空间便于接线。

（2）操作时频度不要过高，一般每小时的转换次数不宜超过 15～20 次。

（3）用于控制电动机正、反转时，必须使电动机完全停止转动后，才能接通电动机反转的电路。

（4）由于组合开关本身不带过载保护和短路保护，因此使用时必须另设其他保护电器。

（5）当负载的功率因数较低时，应降低组合开关的容量使用，否则会影响开关的寿命。

4.4.5　组合开关的常见故障及检修方法

组合开关的常见故障及检修方法见表 4–8。

表 4-8 组合开关的常见故障及检修方法

故障现象	产生原因	检修方法
手柄转动后，内部触片未动作	（1）手柄的转动连接部件磨损 （2）操作机构损坏 （3）绝缘杆变形 （4）轴与绝缘杆装配不紧	（1）调换新的手柄 （2）打开开关，修理操作机构 （3）更换绝缘杆 （4）紧固轴与绝缘杆
手柄转动后，三副触片不能同时接通或断开	（1）开关型号不对 （2）修理开关时，触片装配得不正确 （3）触片失去弹性或有尘污	（1）更换符合操作要求的开关 （2）打开开关，重新装配 （3）更换触片或清除污垢
开关接线桩相间短路	因铁屑或油污附在接线桩间形成导电，将胶木烧焦或绝缘破坏形成短路	清扫开关或调换开关

4.5 低压熔断器

熔断器是一种被广泛应用的最简单、有效的保护器件之一。其主体是低熔点金属丝或由金属薄片制成的熔体，串联在被保护的电路中。在正常情况下，熔体相当于一根导线，当发生短路或过载时，电流很大，熔体因过热熔化而切断电路。熔断器具有结构简单、价格低廉、使用和维护方便等优点。常用的低压熔断器有瓷插式、螺旋式、无填料封闭管式、有填料封闭管式等几种。

常用熔断器型号的含义如下：

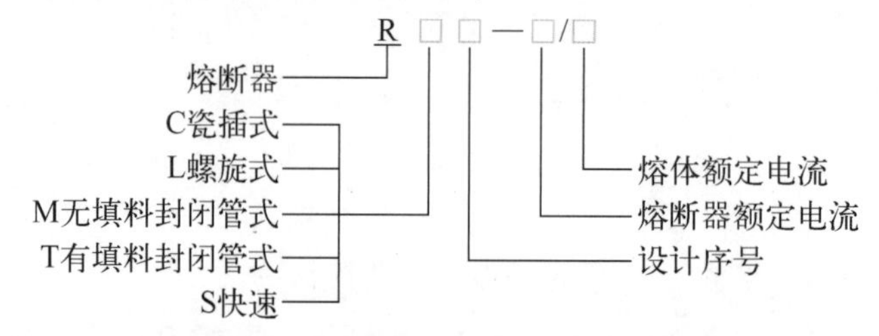

4.5.1 几种常用的熔断器

1. 瓷插式熔断器

瓷插式熔断器的结构简单、价格低廉，更换熔丝方便，广泛用于照明和小容量电动机的短路保护。常用的 RC1A 系列瓷插式熔断器的外形结构如图 4-4 所示。

RC1A 系列瓷插式熔断器的主要技术参数见表 4-9。

表 4-9 RC1A 系列瓷插式熔断器的主要技术参数

熔断器额定电流（A）	熔体额定电流（A）	熔体材料	熔体直径（mm）	极限分断能力（A）	交流回路功率因数（cosφ）
5	2 5	软铅丝	0.52 0.71	250	0.8
10	2 4 6 10		0.52 0.82 1.08 1.25	500	
15	15		1.98		

续表

熔断器额定电流（A）	熔体额定电流（A）	熔体材料	熔体直径（mm）	极限分断能力（A）	交流回路功率因数（cosφ）
30	20 25 30	铜丝	0. 61 0. 71 0. 81	1500	0. 7
60	40 50 60		0. 92 1. 07 1. 20	3000	0. 6
100	80 100		1. 55 1. 80		

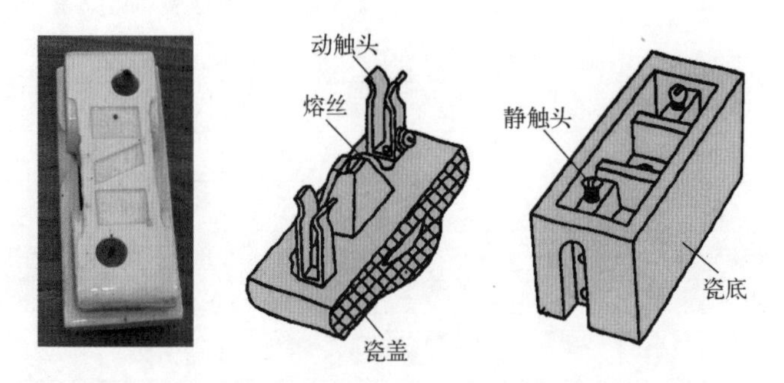

图 4-4　常用的 RC1A 系列瓷插式熔断器的外形结构

2. 螺旋式熔断器

螺旋式熔断器主要由瓷帽、熔断管（熔心）、瓷套及上、下接线桩和底座等组成。常用的 RL1 系列螺旋式熔断器的外形结构如图 4-5 所示。它具有熔断快、分断能力强、体积小、更换熔丝方便、安全可靠和熔丝熔断后有显示等优点，适用于额定电压为 380V 及以下、电流在 200A 以内的交流电路或电动机控制电路中，作为过载或短路保护。

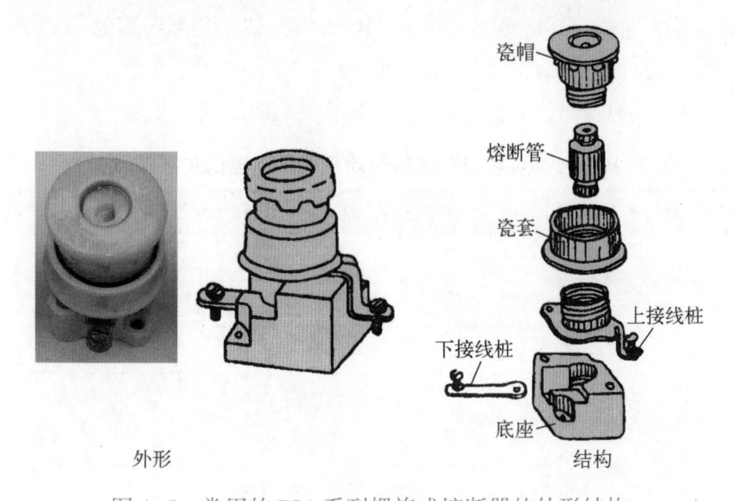

图 4-5　常用的 RL1 系列螺旋式熔断器的外形结构

螺旋式熔断器的熔断管内除装有熔丝外，还填满起灭弧作用的石英砂。熔断管的上盖中心装有带色熔断指示器，一旦熔丝熔断，指示器即从熔断管上盖中跳出，显示熔丝已熔断，并可从瓷盖上的玻璃窗口直接发现，以便拆换熔断管。

使用螺旋式熔断器时，用电设备的连接线应接到金属螺旋壳的上接线桩，电源线应接到底座的下接线桩，使旋出瓷帽更换熔丝时金属壳上不会带电，确保用电安全。

RL1 系列螺旋式熔断器的主要技术参数见表 4-10。

表 4-10　RL1 系列螺旋式熔断器的主要技术参数

型　　号	额定电压（V）	熔断器额定电流（A）	熔断体额定电流（A）	额定分断能力（kA）
RL1－15	500	15	2，4，6，10，15	2
RL1－60	500	60	20，25，30，35，40，50，60	3.5
RL1－100	500	100	60，80，100	20
RL1－200	500	200	100，125，150，200	50
RL2－25	500	25	2，4，6，15，20	1
RL2－60	500	60	25，35，50，60	2
RL2－100	500	100	80，100	3.5
RL6－25	500	25	2，4，6，10，16，20，25	50
RL6－63	500	63	35，50，63	50

3. 无填料封闭管式熔断器

常用的无填料封闭管式熔断器为 RM 系列，主要由熔断管、熔体和静插座等部分组成，具有分断能力强、保护性好、更换熔体方便等优点，但造价较高。无填料封闭管式熔断器适用于额定电压交流为 380V 或直流为 440V 的各电压等级的电力线路及成套配电设备中，作为短路保护或防止连续过载时使用。

为保证这类熔断器的保护功能，当熔断管中的熔体熔断三次后，应更换新的熔断管。

RM 系列无填料封闭管式熔断器有 RM1、RM3、RM7、RM10 等系列产品。RM10 系列无填料封闭管式熔断器的外形和结构如图 4-6 所示。

RM10 系列无填料封闭管式熔断器的主要技术参数见表 4-11。

表 4-11　RM10 系列无填料封闭管式熔断器的主要技术参数

型　　号	额定电流（A）	熔体额定电流（A）	极限分断能力（kA）
RM10－15	15	6，10，15	1，2
RM10－60	60	15，20，25，35，45，60	3，5
RM10－100	100	60，80，100	10
RM10－200	200	100，125，160，200	10
RM10－350	350	200，225，260，300，350	10
RM10－600	600	350，430，500，600	10
RM10－1000	1000	600，700，850，1000	12

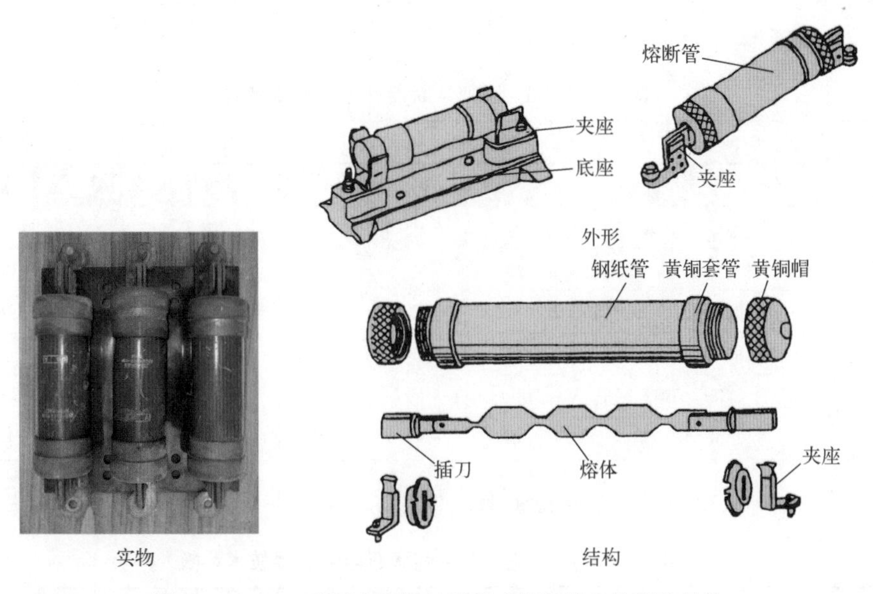

图 4-6　RM10 系列无填料封闭管式熔断器的外形和结构

4. 有填料封闭管式熔断器

使用较多的有填料封闭管式熔断器为 RT 系列，主要由熔管、插刀、熔体、底座等部分组成，如图 4-7 所示。它具有极限断流能力大（可达 50kA）、使用安全、保护特性好、带有明显的熔断指示器等优点；缺点是熔体熔断后不能单独更换，造价较高。有填料封闭管式熔断器适用于交流电压为 380V、额定电流为 1000A 以内的高短路电流的电力网络和配电装置中，作为电路、电动机、变压器及电气设备的过载与短路保护。

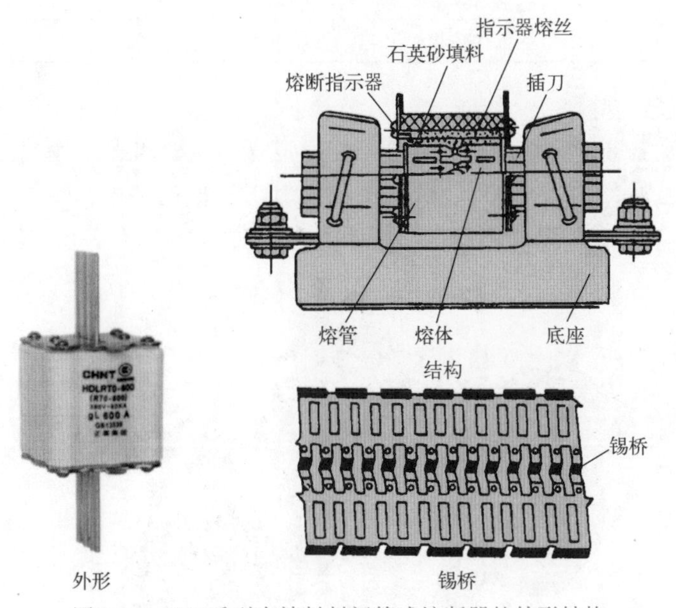

图 4-7　RT0 系列有填料封闭管式熔断器的外形结构

常用的 RT 系列有填料封闭管式熔断器有 RT0 系列熔断器，螺栓连接的 RT12、RT15 系列熔断器，瓷质圆筒结构、两端有帽盖的 RT14、RT19 系列熔断器等。

RT0 系列熔断器的主要技术参数见表 4-12。

表 4-12　RT0 系列熔断器的主要技术参数

<table>
<tr><th rowspan="2">型　号</th><th colspan="3">熔 断 体</th><th>底　座</th></tr>
<tr><th>额定电流（A）</th><th>额定电压（V）</th><th>分断能力（kA）</th><th>额定电流（A）</th></tr>
<tr><td>RT0－50</td><td>5，10，15，20，30，40，50</td><td rowspan="6">380</td><td rowspan="6">50</td><td>50</td></tr>
<tr><td>RT0－100</td><td>30，40，50，60，80，100</td><td>100</td></tr>
<tr><td>RT0－200</td><td>80，100，120，150，200</td><td>200</td></tr>
<tr><td>RT0－400</td><td>150，200，250，300，350，400</td><td>400</td></tr>
<tr><td>RT0－600</td><td>350，400，450，500，550，600</td><td>600</td></tr>
<tr><td>RT0－1000</td><td>700，800，900，1000</td><td>1000</td></tr>
</table>

RT14、RT15 系列熔断器的主要技术参数见表 4-13。

表 4-13　RT14、RT15 系列熔断器的主要技术参数

<table>
<tr><th>型　号</th><th>额定电压（V）</th><th>支持件额定电流（A）</th><th>熔体额定电流（A）</th><th>额定分断能力（kA）</th></tr>
<tr><td rowspan="3">RT14</td><td rowspan="3">380</td><td>20</td><td>2，4，6，10，16，20</td><td rowspan="3">100</td></tr>
<tr><td>32</td><td>2，4，6，10，20，25，32</td></tr>
<tr><td>63</td><td>10，16，25，32，40，50，60</td></tr>
<tr><td rowspan="4">RT15</td><td rowspan="4">415</td><td>100</td><td>40，50，63，100</td><td rowspan="4">80</td></tr>
<tr><td>200</td><td>125，160，200</td></tr>
<tr><td>315</td><td>250，315</td></tr>
<tr><td>400</td><td>350，400</td></tr>
</table>

5. NT 系列低压高分断能力熔断器

NT 系列低压高分断能力熔断器具有分断能力强（可达 100kA）、体积小、质量轻、功耗小等优点，适用于额定电压为 660V、额定电流为 1000A 的电路中，作为工业电气设备过载和短路保护使用。NT2 型熔断器的外形结构如图 4-8 所示。

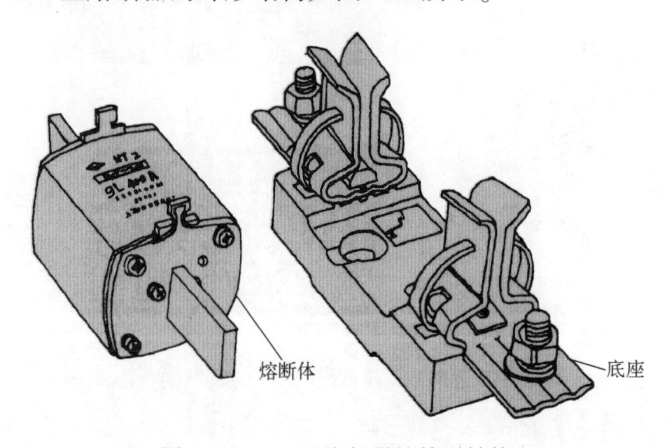

图 4-8　NT2 型熔断器的外形结构

NT 型熔断器的主要技术参数见表 4-14。

表 4-14　NT 型熔断器的主要技术参数

型　号	额定电压（V）	底座额定电流（A）	熔体额定电流等级（A）	额定分断能力（kA）	cosφ	底座型号
NT-00	500	160	4，6，10，16，20，25，32，36，40，50，63，80，100，125，160	120	0.1~0.2	sist101
	660			50		
NT-0	500		6，10，16，20，25，32，36，40，50，63，80，100	120		sist160
	660			50		
	500		125，160	120		
NT-1	500	250	80，100，125，160，200	120		sist201
	660			50		
	500		224，250	120		
NT-2	500	400	125，160，200，224，250，300，315	120		sist401
	660			50		
	500		355，400	120		
NT-3	500	630	315，355，400，425	120		sist601
	660			50		
	500		500，630	120		

4.5.2　熔断器的选用

（1）熔断器的类型应根据使用场合及安装条件进行选择。电网配电一般用管式熔断器；电动机保护一般用螺旋式熔断器；照明电路一般用瓷插式熔断器；保护可控硅则应选择快速熔断器。

（2）熔断器的额定电压必须大于或等于线路的电压。

（3）熔断器的额定电流必须大于或等于所装熔体的额定电流。

（4）合理选择熔体的额定电流：

① 对于变压器、电炉和照明等负载，熔体的额定电流应略大于线路负载的额定电流。

② 对于一台电动机负载的短路保护，熔体的额定电流应大于或等于 1.5～2.5 倍电动机的额定电流。

③ 对几台电动机同时保护，熔体的额定电流应大于或等于其中最大容量一台电动机额定电流的 1.5～2.5 倍，再加上其余电动机额定电流的总和。

④ 对于降压启动的电动机，熔体的额定电流应等于或略大于电动机的额定电流。

4.5.3　熔断器的安装及使用注意事项

（1）安装前，应检查熔断器的型号、额定电流、额定电压、额定分断能力等参数是否符合规定要求。

（2）安装熔断器除保证足够的电气距离外，还应保证足够的间距，以便于拆卸、更换熔体。

（3）安装时，应保证熔体、触刀及触刀和触刀座之间接触紧密可靠，以免由于接触处发热使熔体温度升高，发生误熔断。

（4）安装熔体时，必须保证接触良好，不允许有机械损伤，否则准确性将大大降低。

（5）熔断器应安装在各相线上，三相四线制电源的中性线上不得安装熔断器，而单相两线制的零线上应安装熔断器。

（6）瓷插式熔断器安装熔丝时，熔丝应顺着螺钉旋紧方向绕过去，同时应注意不要划伤熔丝，也不要把熔丝绷紧，以免减小熔丝截面尺寸或绷断熔丝。

（7）安装螺旋式熔断器时，必须注意将电源线接到瓷底座的下接线端（即低进高出的原则），以保证安全。

（8）更换熔丝时，必须先断开电源，一般不应带负载更换熔断器，以免发生危险。

（9）在运行中，应经常注意熔断器的指示器，以便及时发现熔体熔断，防止缺相运行。

（10）更换熔体时，必须注意新熔体的规格尺寸、形状应与原熔体相同，不能随意更换。

4.5.4 熔断器的常见故障及检修方法

熔断器的常见故障及检修方法见表4-15。

表4-15 熔断器的常见故障及检修方法

故障现象	产生原因	检修方法
保险丝或保险管、保险片换上后瞬间全部熔断	（1）电源负载线路短路或线路接线错误 （2）更换的保险丝过小，或负载太大难以承受 （3）电动机负载过重，启动保险熔断，使电动机卡死	（1）接线错误应予更正，查出短路点，修复后再供电 （2）根据线路和负载情况重新计算保险的容量 （3）若查出电动机卡死，则应检修机械部分使其恢复正常
更换保险丝后，在压紧螺钉附近慢慢熔断	（1）接线桩头或压保险丝的螺钉锈死，压不紧保险丝或导线 （2）导线过细或负载过重 （3）铜、铝连接时间过长，引起接触不良 （4）瓷插保险插头与插座间接触不良 （5）熔丝规格过小，负载过重	（1）更换同型号的螺钉及垫片，并重新压紧保险丝 （2）根据负载大小重新计算所用导线截面积，更换新导线 （3）去掉铜、铝接头处氧化层，重新压紧接触点 （4）把瓷插头的触头爪向内扳一点，使其能在插入插座后接触紧密，并且用砂布打磨瓷插保险金属的所有接触面 （5）根据负载情况可更换大一号的熔丝
瓷插保险破损	（1）瓷插保险人为损坏 （2）瓷插保险因电流过大引起发热，自身烧坏	更换瓷插保险
更换螺旋保险后不通电	（1）螺旋保险未旋紧，引起接触不良 （2）螺旋保险外壳底面接触不良，里面有尘屑或金属皮因熔断器熔断时熔坏脱落	（1）重新旋紧新换的保险管 （2）更换同型号的保险外壳后装入适当保险心重新旋紧

4.6 低压断路器

低压断路器又称自动空气开关或自动空气断路器，主要用于低压动力线路中，当电路发生过载、短路、失压等故障时，电磁脱扣器自动脱扣进行短路保护，直接将三相电源同时切断，保护电路和用电设备的安全，在正常情况下，也可用作不频繁接通和断开电路或控制电动机。

低压断路器具有多种保护功能，动作后不需要更换元件，其动作电流可按需要方便地调整，工作可靠、安装方便、分断能力较强，因而在电路中得到广泛应用。

低压断路器按结构形式可分为塑壳式（又称装置式）和框架式（又称万能式）两大类。常用的 DZ5－20 型塑壳式和 DW10 型万能式低压断路器的外形结构如图 4-9 所示。框架式断路器为敞开式结构，适用于大容量配电装置；塑壳式断路器的特点是外壳用绝缘材料制作，具有良好的安全性，广泛用于电气控制设备及建筑物内作为电源线路保护，以及对电动机进行过载和短路保护。

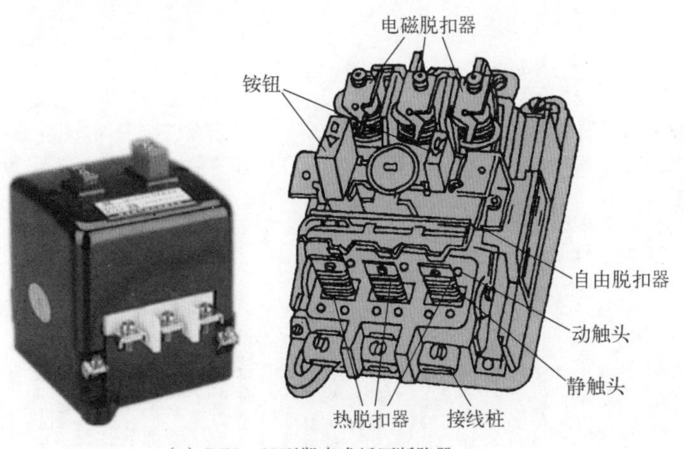

（a）DZ5—20型塑壳式低压断路器

（b）DW10型万能式低压断路器

图 4-9　低压断路器的外形结构

4.6.1　低压断路器的型号

低压断路器的型号含义如下：

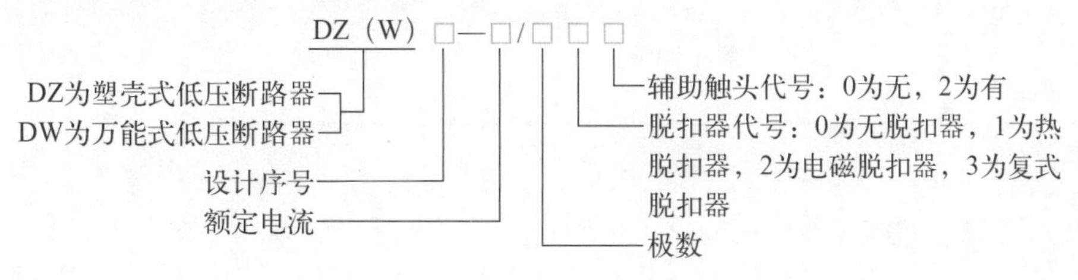

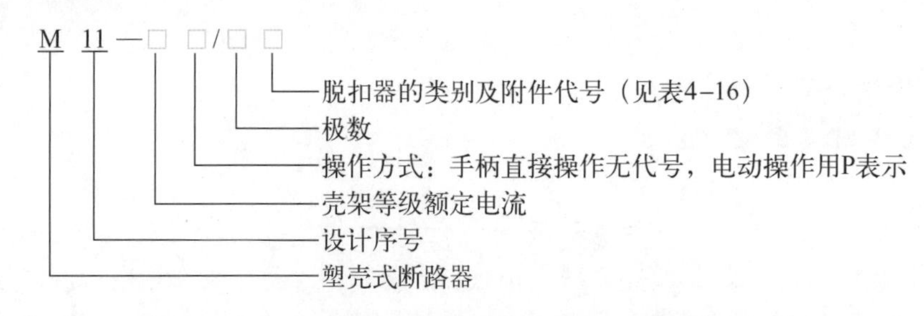

表 4–16 脱扣器的类别及附件代号

类别 \ 代号	不带附件	分励脱扣器	辅助触头	欠电压脱扣器	分励脱扣器辅助触头	分励脱扣器欠电压脱扣器	二组辅助触头	辅助触头失电压脱扣器
无脱扣器	00		02				06	
热脱扣器	10	11	12	13	14	15	16	17
电磁脱扣器	20	21	22	23	24	25	26	27
复式脱扣器	30	31	32	33	34	35	36	37

4.6.2 低压断路器的主要技术参数

DZ5－20 系列断路器的主要技术参数见表 4–17。

表 4–17 DZ5－20 系列断路器的主要技术参数

型　　号	额定电压（V）	额定电流（A）	极数	脱扣器类别	热脱扣器额定电流（括号内为整定电流调节范围）（A）	电磁脱扣器瞬时动作整定值（A）
DZ5－20/200	交流 380 直流 220	20	2	无脱扣器	—	—
DZ5－20/300			3			
DZ5－20/210			2	热脱扣器	0.15（0.10～0.15） 0.20（0.15～0.20） 0.30（0.20～0.30） 0.45（0.30～0.45） 0.65（0.45～0.65） 1（0.65～1） 1.5（1～1.5） 2（1.5～2） 3（2～3） 4.5（3～4.5） 6.5（4.5～6.5） 10（6.5～10） 15（10～15） 20（15～20）	为热脱扣器额定电流的 8～12 倍（出厂时整定于 10 倍）
DZ5－20/310			3			
DZ5－20/220			2	电磁脱扣器		
DZ5－20/320			3			
DZ5－20/230			2	复式脱扣器		
DZ5－20/330			3			

DZ20 系列断路器按其极限分断故障电流的能力分为一般型（Y 型）、较高型（J 型）、最高型（G 型）。J 型是利用短路电流的巨大电动斥力将触头斥开，紧接着脱扣器动作，故分断时间在 14ms 以内，G 型可在 8～10ms 以内分断短路电流。DZ20 系列断路器的主要技术参数见表 4–18。

表 4–18　DZ20 系列断路器的主要技术参数

型　号	额定电压（V）	壳架额定电流（A）	断路器额定电流 I_N（A）	瞬时脱扣器整定电流倍数
DZ20Y－100	~380	100	16，20，25，32，40，50，63，80，100	配电用 $10I_N$，保护电动机用 $12I_N$
DZ20J－100				
DZ20G－100				
DZ20Y－225		225	100，125，160，180，200，225	配电用 $5I_N$，$10I_N$ 保护电动机用 $12I_N$
DZ20J－225				
DZ20G－225				
DZ20Y－400	~220	400	250，315，350，400	配电用 $10I_N$，保护电动机用 $12I_N$
DZ20J－400				
DZ20G－400				
DZ20Y－630		630	400，500，630	配电用 $5I_N$，$10I_N$
DZ20J－630				

DW16 系列断路器的主要技术参数见表 4–19。

表 4–19　DW16 系列断路器的主要技术参数

型　号		DW16－315	DW16－400	DW16－630
额定电流（A）		315	400	630
额定电压（V）		380		
额定频率（Hz）		50		
额定短路分断能力	在 O－CO－CO 试验程序下短路分断能力（kA）	25	25	25
	极限短路分断能力（kA）	30	30	30
	飞弧距离（mm）	<250	<250	<250
瞬时过电流脱扣器电流整定值（A）		945～1890	1200～2400	1890～3790
额定接地动作电流（A）		158	200	315
额定接地不动作电流（A）		79	100	158

M11 系列塑壳式断路器主要适用于不频繁操作的交流 50Hz、电压为 380V，直流电压为 220V 及以下的电路中用作接通和分断电路，主要技术参数见表 4–20。

表 4–20　M11 系列塑壳式断路器的主要技术参数

型　号	壳架等级额定电流（A）	额定绝缘电压（V）	额定工作电压（V）	额定频率（Hz）	额定极限短路分断能力				极限短路分断试验程序	额定电流（A）
					DC		AC			
					220V	T_{ms}	380V	cosφ		
M11－100	100	380	交流 380 直流 220	50	10	5	6	0.7	3 分	15、20
							10	0.5		25、30、40、50
							12	0.3		60、80、100
M11－250	250				20	10	20	0.3	O－CO	100、120、140、170、200、（225）、250
M11－600	600				25	15	25	0.25		200、250、300、350、400、500、600

注：O 表示分断操作；CO 表示接通操作后，紧接着分断。

4.6.3 低压断路器的选用

（1）根据电气装置的要求选定断路器的类型、极数及脱扣器的类型、附件的种类和规格。

（2）断路器的额定工作电压应大于或等于线路或设备的额定工作电压。对于配电电路来说，应注意区别是电源端保护还是负载保护，电源端电压比负载端电压高出5%左右。

（3）热脱扣器的额定电流应等于或稍大于电路的工作电流。

（4）根据实际需要，确定电磁脱扣器的额定电流和瞬时动作整定电流。

① 电磁脱扣器的额定电流只要等于或稍大于电路工作电流即可。

② 电磁脱扣器的瞬时动作整定电流为：作为单台电动机的短路保护时，电磁脱扣器的整定电流为电动机启动电流的1.35倍（DW系列断路器）或1.7倍（DZ系列断路器）；作为多台电动机的短路保护时，电磁脱扣器的整定电流为1.3倍最大一台电动机启动电流再加上其余电动机的工作电流。

4.6.4 低压断路器的安装、使用和维护

（1）安装前，核实装箱单上的内容，核对铭牌上的参数与实际需要是否相符，再用螺钉（或螺栓）将断路器垂直固定在安装板上。

（2）板前接线的断路器允许安装在金属支架或金属底板上，把铜导线剥去适量长度的绝缘外层，插入线箍的孔内，将线箍的外包层压紧，包牢导线，然后将线箍的连接孔与断路器接线端用螺钉紧固；对于铜排，先把接线板在断路器上固定，再与铜排固定。

（3）板后接线的断路器必须安装在绝缘底板上。固定断路器的支架或底板必须平坦。

（4）为防止相间电弧短路，进线端应安装隔弧板，隔弧板安装时应紧贴在外壳上，不可留有缝隙，或在进线端包扎200mm黄蜡带。

（5）断路器的上接线端为进线端，下接线端为出线端，“N”极为中性板，不允许倒装。

（6）断路器在工作前，应对照安装要求进行检查，其固定连接部分应可靠；反复操作断路器几次，其操作机构应灵活、可靠；用500V兆欧表检查断路器的极与极、极与安装面（金属板）的绝缘电阻应不小于1MΩ，如低于1MΩ，则该产品不能使用。

（7）当低压断路器作为总开关或电动机的控制开关时，在断路器的电源进线侧必须加装隔离开关、刀开关或熔断器作为明显的断开点。凡设有接地螺钉的产品，均应可靠接地。

（8）断路器各种特性与附件由制造厂整定，使用中不可任意调节。

（9）断路器在过载或短路保护后，应先排除故障，再进行合闸操作。

（10）断路器的手柄在自由脱扣或分闸位置时，断路器应处于断开状态，不能对负载起保护作用。

（11）断路器承载的电流过大，手柄已处于脱扣位置而断路器的触头并没有完全断开，此时负载端处于非正常运行，需人为切断电流，更换断路器。

（12）断路器在使用或储存、运输过程中，不得受雨水侵袭和跌落。

(13) 断路器断开短路电流后，应打开断路器检查触头、操作机构。如触头完好，操作机构灵活，试验按钮操作可靠，则允许继续使用。若发现有弧烟痕迹，则可用干布抹净；若弧触头已烧毛，则可用细锉小心修整；若烧毛严重，则应更换断路器以避免发生事故。

(14) 对于用电动机操作的断路器，如要拆卸电动机，一定要在原处先做标记，然后再拆，从而可保证再将电动机装上时不会错位，影响性能。

(15) 长期使用后，可清除触头表面的毛刺和金属颗粒，保持良好的电接触。

(16) 断路器应做周期性的检查和维护，检查时应切断电源。

周期性检查项目：

① 在传动部位加润滑油。

② 清除外壳表层尘埃，保持良好的绝缘。

③ 清除灭弧室内壁和栅片上的金属颗粒和黑烟灰，保持良好的灭弧效果。如灭弧室损坏，则断路器不能继续使用。

4.6.5　低压断路器的常见故障及检修方法

低压断路器的常见故障及检修方法见表 4-21。

表 4-21　低压断路器的常见故障及检修方法

故障现象	产生原因	检修方法
电动操作的断路器触头不能闭合	(1) 电源电压与断路器所需电压不一致 (2) 电动机操作定位开关不灵，操作机构损坏 (3) 电磁铁拉杆行程不到位 (4) 控制设备线路断路或元件损坏	(1) 应重新通入一致的电压 (2) 重新校正定位机构，更换损坏机构 (3) 更换拉杆 (4) 重新接线，更换损坏的元器件
手动操作的断路器触头不能闭合	(1) 断路器机械机构复位不好 (2) 失压脱扣器无电压或线圈烧毁 (3) 储能弹簧变形，导致闭合力减弱 (4) 弹簧的反作用力过大	(1) 调整机械机构 (2) 无电压时应通入电压，线圈烧毁应更换同型号线圈 (3) 更换储能弹簧 (4) 调整弹簧，减少反作用力
断路器有一相触头接触不上	(1) 断路器一相连杆断裂 (2) 操作机构一相卡死或损坏 (3) 断路器连杆之间角度变大	(1) 更换其中一相连杆 (2) 检查操作机构卡死原因，更换损坏器件 (3) 把连杆之间的角度调整至 170° 为宜
断路器失压脱扣器不能自动开关分断	(1) 断路器机械机构卡死不灵活 (2) 反力弹簧作用力变小	(1) 重新装配断路器，使其机构灵活 (2) 调整反力弹簧，使反作用力及储能力增大
断路器分励脱扣器不能使断路器分断	(1) 电源电压与线圈电压不一致 (2) 线圈烧毁 (3) 脱扣器整定值不对 (4) 电动开关机构螺钉未拧紧	(1) 重新通入合适的电压 (2) 更换线圈 (3) 重新整定脱扣器的整定值，使其动作准确 (4) 紧固螺钉

续表

故障现象	产生原因	检修方法
在启动电动机时，断路器立刻分断	（1）负荷电流瞬时过大 （2）过流脱扣器瞬时整定值过小 （3）橡皮膜损坏	（1）处理负荷超载的问题，然后恢复供电 （2）重新调整过流脱扣器瞬时整定弹簧及螺钉，使其整定到合适的位置 （3）更换橡皮膜
断路器在运行一段时间后自动分断	（1）较大容量的断路器电源进、出线接头连接处松动，接触电阻大，在运行中发热，引起电流脱扣器动作 （2）过流脱扣器延时整定值过小 （3）热元件损坏	（1）对于较大负荷的断路器，要松开电源进、出线的固定螺钉，去掉接触杂质，把接线鼻重新压紧 （2）重新整定过流值 （3）更换热元件，严重时要更换断路器
断路器噪声较大	（1）失压脱扣器反力弹簧作用力过大 （2）线圈铁心接触面不洁或生锈 （3）短路环断裂或脱落	（1）重新调整失压脱扣器弹簧压力 （2）用细砂纸打磨铁心接触面，涂上少许机油 （3）重新加装短路环
断路器辅助触头不通	（1）辅助触头卡死或脱落 （2）辅助触头不洁或接触不良 （3）辅助触头传动杆断裂或滚轮脱落	（1）重新拨正装好辅助触头机构 （2）把辅助触头清擦一次或用细砂纸打磨触头 （3）更换同型号的传动杆或滚轮
断路器在运行中温度过高	（1）通入断路器的主导线接触处未接紧，接触电阻过大 （2）断路器触头表面磨损严重或有杂质，接触面积减小 （3）触头压力降低	（1）重新检查主导线的接线鼻，并使导线在断路器上压紧 （2）用锉刀把触头打磨平整 （3）调整触头压力或更换弹簧
带半导体过流脱扣的断路器，在正常运行时误动作	（1）周围有大型设备的磁场影响半导体脱扣开关，使其误动作 （2）半导体元器件损坏	（1）仔细检查周围的大型电磁铁分断时磁场产生的影响，并尽可能使两者距离远些 （2）更换损坏的元器件

4.7 交流接触器

交流接触器是通过电磁机构动作频繁地接通和分断主电路的远距离操纵器件，具有动作迅速、操作安全方便、便于远距离控制及具有欠电压、零电压保护作用等优点，广泛用于电动机、电焊机、小型发电机、电热设备和机床电路上。由于它只能接通和分断负荷电流，不具备短路保护作用，因此常与熔断器、热继电器等配合使用。

交流接触器主要由电磁机构、触头系统、灭弧装置及辅助部件等组成。图4-10是CJ10-20型交流接触器的外形结构。

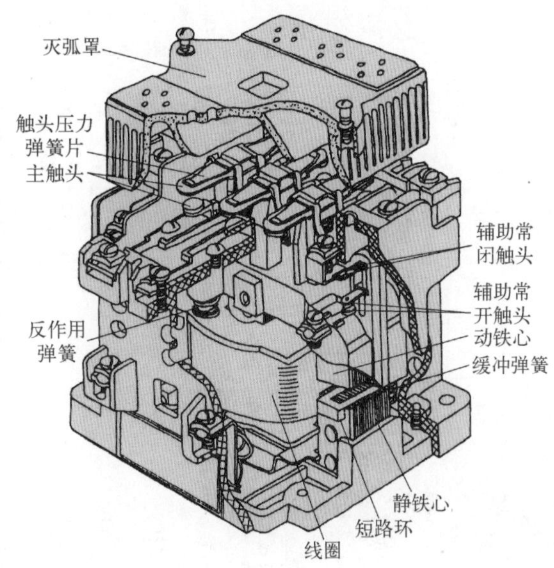

图4-10　CJ10－20型交流接触器的外形结构

4.7.1　交流接触器的型号

常用的交流接触器有CJ0、CJ10、CJ12、CJ20和CJT1系列及B系列等。

CJ20系列交流接触器的型号含义如下：

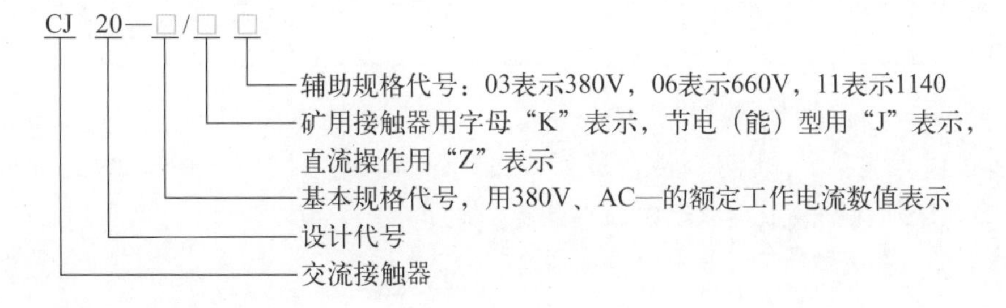

CJT1系列接触器的型号含义如下：

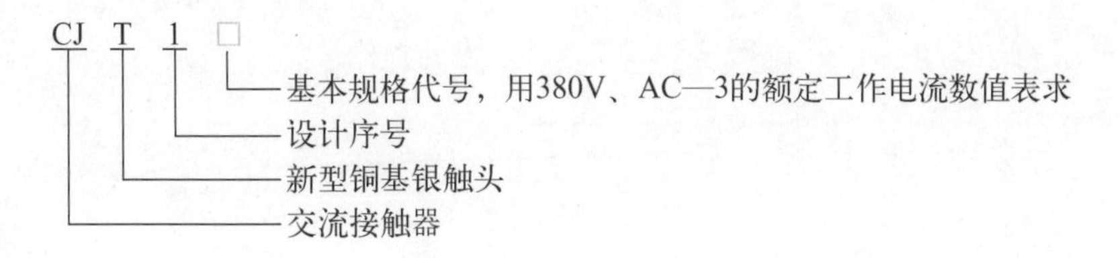

接触器按AC－3额定工作电流等级分为10种，即10、16、25、40、63、100、160、250、400、630。其中，CJ20－40、CJ20－63、CJ20－100、CJ20－160、CJ20－250、CJ20－630带纵缝灭弧罩；CJ20－160/11、CJ20－250/06、CJ20－400、CJ20－630/06、CJ20－630/11带栅片灭弧罩。

4.7.2 交流接触器的主要技术参数

CJ0、CJ10、CJ12 系列交流接触器的主要技术参数见表 4-22。

表 4-22 CJ0、CJ10、CJ12 系列交流接触器的主要技术参数

型 号	主触头额定电流（A）	辅助触头额定电流（A）	可控制电动机的最大功率（kW）		吸引线圈电压（V）	额定操作频率（次/h）
			220V	380V		
CJ0-10	10	5	2.5	4	36，110，127，220，380，440	1200
CJ0-20	20		5.5	10		
CJ0-40	40		11	20		
CJ0-75	75	10	22	40	110，127，220，380	600
CJ10-10	10	5	2.2	4	36，110，220，380	600
CJ10-20	20		5.5	10		
CJ10-40	40		11	20		
CJ10-60	60		17	30		
CJ10-100	100		30	50		
CJ10-150	150		43	75		
CJ12-100 CJ12B-100	100	10		50	36，127，220，380	600
CJ12-150 CJ12B-150	150			75		
CJ12-250 CJ12B-250	250			125		
CJ12-400 CJ12B-400	400			200		300
CJ12-600 CJ12B-600	600			300		

CJ20 系列交流接触器主要用于交流 50Hz、额定电压为 660V（个别等级为 1140V）、电流为 630A 的电力线路中，用于远距离频繁接通和分断电路及控制交流电动机，并适用于与热继电器或电子式保护装置组成电磁启动器，以保护电路。

CJ20 系列交流接触器的主要技术参数见表 4-23。

表 4-23 CJ20 系列交流接触器的主要技术参数

型 号	额定绝缘电压（V）	额定发热电流（A）	AC-3 使用类别下可控制的三相鼠笼形电动机的最大功率（kW）			每小时操作循环数（次/h）（AC-3）	AC-3 电寿命（万次）	线圈功率启动/保持（VA/W）	选用的熔断器型号
			220V	380V	660V				
CJ20-10	660	10	2.2	4	4	1200	100	65/8.3	RT16-20
CJ20-16		16	4.5	7.5	11			62/8.5	RT16-32
CJ20-25		32	5.5	11	13			93/14	RT16-50
CJ20-40		55	11	22	22			175/19	RT16-80
CJ20-63		80	18	30	35		120	480/57	RT16-160
CJ20-100		125	28	50	50			570/61	RT16-250
CJ20-160		200	48	85	85			855/85.5	RT16-315

续表

型号	额定绝缘电压（V）	额定发热电流（A）	AC-3使用类别下可控制的三相鼠笼形电动机的最大功率（kW）			每小时操作循环数（次/h）（AC-3）	AC-3电寿命（万次）	线圈功率启动/保持（VA/W）	选用的熔断器型号
			220V	380V	660V				
CJ20-250	660	315	80	132	-	600	60	1710/152	RT16-400
CJ20-250/06		315	-	-	190			1710/152	RT16-400
CJ20-400		400	115	200	220			1710/152	RT16-500
CJ20-630		630	175	300	-			3578/250	RT16-630
CJ20-630/06		630	-	-	350			3578/250	RT16-630

CJT1系列交流接触器主要用于交流50Hz、额定电压为380V、电流为150A的电力线路中作为远距离频繁接通与分断线路，并与适当的热继电器或电子式保护装置组合成电动机启动器，以保护可能发生过载的电路。

CJT1系列接触器的主要参数和技术性能见表4-24。

表4-24 CJT1系列接触器的主要参数和技术性能

型号		CJT1-10	CJT1-20	CJT1-40	CJT1-60	CJT1-100	CJT1-150
额定工作电压（V）		380					
额定工作电流（A）（AC-1-AC-4，380V）		10	20	40	60	100	150
控制电动机功率（kW）	220V	2.2	5.8	11	17	28	43
	380V	4	10	20	30	50	75
每小时操作循环数（次/h）		AC-1，AC-3为600，AC-2，AC-4为300，CJT1-150 AC-4为120					
电寿命（万次）	AC-3	60					
	AC-4	2			1		0.6
机械寿命（万次）		300					
辅助触头		2常开2常闭，AC-15 180VA；DC-13 60W I_{th}:5A					
配用熔断器		RT16-20	RT16-50	RT16-80	RT16-160	RT16-250	RT16-315
吸引线圈消耗功率（VA）	闭合前瞬间	65	140	245	485	760	1100
	闭合后吸持	11	22	30	95	105	116
吸合功率（W）		5	6	12	26	27	28

4.7.3 交流接触器的选用

（1）接触器类型的选择。根据电路中负载电流的种类来选择，即交流负载应选用交流接触器，直流负载应选用直流接触器。

（2）主触头额定电压和额定电流的选择。接触器主触头的额定电压应大于或等于负载电路的额定电压。主触头的额定电流应大于负载电路的额定电流。

（3）线圈电压的选择。交流线圈电压：36V、110V、127V、220V、380V；直流线圈电压：24V、48V、110V、220V、440V；从人身和设备安全角度考虑，线圈电压可选择低一些，但当控制线路简单、线圈功率较小时，为了节省变压器，可选 220V 或 380V。

（4）触头数量及触头类型的选择。通常接触器的触头数量应满足控制回路数的要求，触头类型应满足控制线路的功能要求。

（5）接触器主触头额定电流的选择。主触头额定电流应满足下面的条件，即

$$I_{N主触头} \geq P_{N电动机}/[(1\sim1.4)U_{N电动机}]$$

若接触器控制的电动机启动或正、反转频繁，则一般将接触器主触头的额定电流降一级使用。

（6）接触器主触头额定电压的选择。使用时，要求接触器主触头额定电压大于或等于负载的额定电压。

（7）接触器操作频率的选择。操作频率是指接触器每小时的通、断次数。当通、断电流较大或通、断频率过高时，会引起触头过热，甚至熔焊。操作频率若超过规定值，则应选用额定电流大一级的接触器。

（8）接触器线圈额定电压的选择。接触器线圈的额定电压不一定等于主触头的额定电压，当线路简单、使用电器少时，可直接选用 380V 或 220V 电压的线圈，如线路较复杂、使用电器超过 5 个时，则可选用 24V、48V 或 110V 电压的线圈。

4.7.4 交流接触器的安装、使用和维护

（1）接触器安装前，应核对线圈额定电压和控制容量等是否与选用的要求相符合。

（2）接触器应垂直安装于直立的平面上，与垂直面的倾斜不超过 5°。

（3）金属底座的接触器上备有接地螺钉，绝缘底座的接触器安装在金属底板或金属外壳中时，亦须备有可靠的接地装置和明显的接地符号。

（4）主回路接线时，应使接触器的下部触头接到负荷侧，控制回路接线时，用导线的直线头插入瓦形垫圈，旋紧螺钉即可。未接线的螺钉亦须旋紧，以防失落。

（5）接触器在主回路不通电的情况下，通电操作数次确认无不正常现象后，方可投入运行。接触器的灭弧罩未装好之前，不得操作接触器。

（6）接触器使用时，应进行经常和定期的检查与维修，经常清除表面污垢，尤其是进出线端相间的污垢。

（7）接触器工作时，如发出较大的噪声，则可用压缩空气或小毛刷清除衔铁极面上的尘垢。

（8）使用中，如发现接触器在切除控制电源后，衔铁有显著的释放延迟现象时，则可将衔铁极面上的油垢擦净，即可恢复正常。

（9）接触器的触头如受电弧烧黑或烧毛时，并不影响其性能，可以不必进行修理，否则，反而可能促使其提前损坏。但触头和灭弧罩如有松散的金属小颗粒时，则应清除。

（10）接触器的触头如因电弧烧损，以致厚薄不均时，可将桥形触头调换方向或相别，以延长其使用寿命。此时，应注意调整触头使之接触良好，每相下断点不同接触的最大偏差不应超过 0.3mm，并使每相触头的下断点较上断点滞后接触约为 0.5mm。

(11) 接触器主触头的银接点厚度磨损至不足 0.5mm 时，应更换新触头；主触头弹簧的压缩超程小于 0.5mm 时，应进行调整或更换新触头。

(12) 对灭弧电阻和软连接，应特别注意检查，如有损坏等情况时，应立即进行修理或更换新件。

(13) 接触器如出现异常现象，则应立即切断电源，查明原因，排除故障后方可再次投入使用。

(14) 在更换 CJT1－60、CJT1－100、CJT1－150 接触器线圈时，应先将静铁心外间的缓冲钢丝取下，然后用力将线圈骨架向底部压下，使线圈骨架相的缺口脱离线圈左右两侧的支架，静铁心即随同线圈往上方抽出，当线圈从静铁心上取下时，应防止其中的缓冲弹簧失落。

4.7.5　接触器的常见故障及检修方法

接触器的常见故障及检修方法见表 4-25。

表 4-25　接触器的常见故障及检修方法

故障现象	产生原因	检修方法
接触器线圈过热或烧毁	(1) 电源电压过高或过低 (2) 操作接触器过于频繁 (3) 环境温度过高使接触器难以散热或线圈在有腐蚀性气体或潮湿环境下工作 (4) 接触器铁心端面不平，消除剩磁气隙过大或有污垢 (5) 接触器动铁心机械故障使其通电后不能吸上 (6) 线圈有机械损伤或中间短路	(1) 调整电压到正常值 (2) 改变操作接触器的频率或更换合适的接触器 (3) 改善工作环境 (4) 清理擦拭接触器铁心端面，严重时更换铁心 (5) 检查接触器机械部分动作不灵或卡死的原因，修复后，如线圈被烧毁，则应更换同型号的线圈 (6) 更换接触器线圈，排除造成接触器线圈机械损伤的故障
接触器触头熔焊	(1) 接触器负载侧短路 (2) 接触器触头超负载使用 (3) 接触器触头质量太差发生熔焊 (4) 触头表面有异物或有金属颗粒突起 (5) 触头弹簧压力过小 (6) 接触器线圈与通入线圈的电压线路接触不良，造成高频率的通、断，使接触器瞬间多次吸合释放	(1) 首先断电，用螺丝刀把熔焊的触头分开，修整触头接触面，并排除短路故障 (2) 更换容量大一级的接触器 (3) 更换合格的高质量接触器 (4) 清理触头表面 (5) 重新调整好弹簧压力 (6) 检查接触器线圈控制回路接触不良处，并修复
接触器铁心吸合不上或不能完全吸合	(1) 电源电压过低 (2) 接触器控制线路有误或接不通电源 (3) 接触器线圈断线或烧坏 (4) 接触器衔铁机械部分不灵活或动触头卡住 (5) 触头弹簧压力过大或超程过大	(1) 调整电压达正常值 (2) 更正接触器控制线路，更换损坏的电气元器件 (3) 更换线圈 (4) 修理接触器机械故障，去除生锈，并在机械动作机构处加些润滑油，更换损坏的零件 (5) 按技术要求重新调整触头弹簧压力

续表

故障现象	产生原因	检修方法
接触器铁心释放缓慢或不能释放	（1）接触器铁心端面有油污造成释放缓慢 （2）反作用弹簧损坏，造成释放慢 （3）接触器铁心机械动作机构被卡住或生锈动作不灵活 （4）接触器触头熔焊造成不能释放	（1）取出动铁心，用棉布把两铁心端面的油污擦净，重新装配好 （2）更换新的反作用弹簧 （3）修理或更换损坏的零件，清除杂物与除锈 （4）用螺丝刀把动、静触头分开，并用钢锉修整触头表面
接触器相间短路	（1）接触器工作环境极差 （2）接触器灭弧罩损坏或脱落 （3）负载短路 （4）正、反转接触器操作不当，加上联锁互锁不可靠，造成换向时两只接触器同时吸合	（1）改善工作环境 （2）重新选配接触器灭弧罩 （3）处理负载短路故障 （4）重新联锁换向接触器互锁电路，并改变操作方式，不能同时按下两只换向接触器启动按钮
接触器触头过热或灼伤	（1）接触器在环境温度过高的地方长期工作 （2）操作过于频繁或触头容量不够 （3）触头超程太小 （4）触头表面有杂质或不平 （5）触头弹簧压力过小 （6）三相触头不能同步接触 （7）负载侧短路	（1）改善工作环境 （2）尽可能减少操作频率或更换大一级容量的接触器 （3）重新调整触头超程或更换触头 （4）清理触头表面 （5）重新调整弹簧压力或更换新弹簧 （6）调整接触器三相动触头，使其同步接触静触头 （7）排除负载短路故障
接触器工作时噪声过大	（1）通入接触器线圈的电源电压过低 （2）铁心端面生锈或有杂物 （3）铁心吸合时歪斜或机械有卡住故障 （4）接触器铁心短路环断裂或脱掉 （5）铁心端面不平，磨损严重 （6）接触器触头压力过大	（1）调整电压 （2）清理铁心端面 （3）重新装配、修理接触器机械动作机构 （4）焊接短路环并重新装上 （5）更换接触器铁心 （6）重新调整接触器弹簧压力，使其适当为止

4.8 热继电器

热继电器是一种电气保护元件。它是利用电流的热效应来推动动作机构使触头闭合或断开的保护器件，广泛用于电动机的过载保护、断相保护、电流不平衡保护及其他电气设备的过载保护。热继电器由热元件、触头、动作机构、复位按钮和整定电流装置等部分组成，如图4-11所示。

热继电器有两相结构、三相结构和三相带断相保护装置等三种类型。三相电压和三相负载平衡的电路可选用两相结构式热继电器作为保护电器；三相电压严重不平衡或三相负载严重不对称的电路不宜选用两相结构式热继电器，而只能选用三相结构式热继电器。

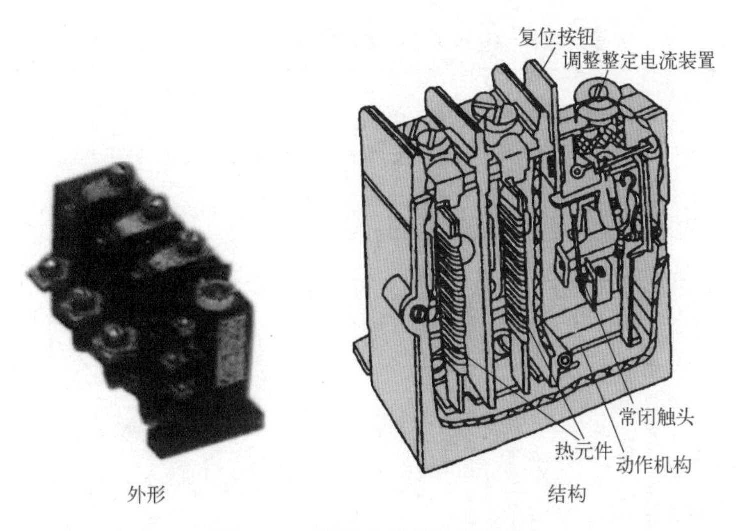

图 4-11　热继电器的外形结构

4.8.1　热继电器的型号

热继电器的型号含义为：

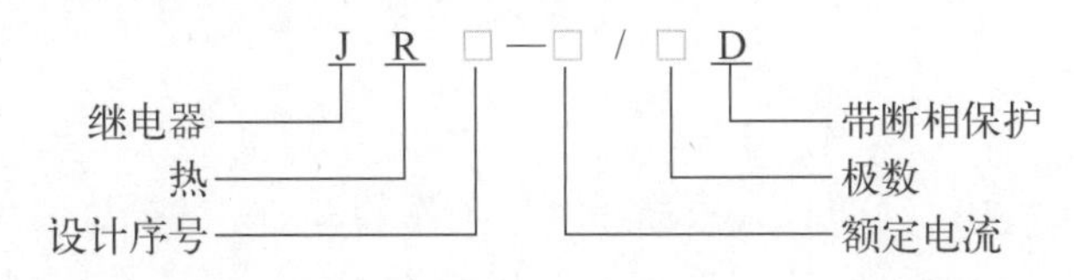

4.8.2　热继电器的主要技术参数

常用的热继电器有 JR0、JR16、JR20、JR36、JRS1、JR16B 和 T 系列等。

JR20 系列热继电器采用立体布置式结构，除具有过载保护、断相保护、温度补偿及手动和自动复位功能外，还具有动作脱扣灵活、动作脱扣指示及断开检验按钮等功能装置。JR20 系列热继电器的主要技术参数见表 4-26。

表 4-26　JR20 系列热继电器的主要技术参数

型　　号	额定电流（A）	热 元 件 号	整定电流调节范围
JR20 - 10	10	1 ~ 15R	0. 1 ~ 11. 6
JR20 - 16	16	1 ~ 6S	3. 6 ~ 18
JR20 - 25	25	1 ~ 4T	7. 8 ~ 29
JR20 - 63	63	1 ~ 6U	16 ~ 71
JR20 - 160	160	1 ~ 9W	33 ~ 176

JR36 系列双金属片热过载继电器主要用于交流 50Hz、额定电压为 690V、电流从 0. 25 ~ 160A 的长期工作或间断长期工作的三相交流电动机的过载保护和断相保护。JR36 系列热继电器的主要技术参数见表 4-27。

表 4-27　JR36 系列热继电器的主要技术参数

			JR36－20	JR36－63	JR36－160
额定工作电流（A）			20	63	160
额定绝缘电压（V）			690	690	690
断相保护			有	有	有
手动与自动复位			有	有	有
温度补偿			有	有	有
测试按钮			有	有	有
安装方式			独立式	独立式	独立式
辅助触头			1NO＋1NC	1NO＋1NC	1NO＋1NC
AC－15　380V　额定电流（A）			0.47	0.47	0.47
AC－15　220V　额定电流（A）			0.15	0.15	0.15
导线截面积（mm^2）	主回路	单心或绞合线	1.0～4.0	6.0～16	16～70
		接线螺钉	M5	M6	M8
	辅助回路	单心或绞合线	2×(0.5～1)	2×(0.5～1)	2×(0.5～1)
		接线螺钉	M3	M3	M3

4.8.3　热继电器的选用

（1）热继电器的类型选用：一般轻载启动、长期工作的电动机或间断长期工作的电动机选择二相结构的热继电器；电源电压的均衡性和工作环境较差或较少有人照管的电动机或多台电动机的功率差别较大可选择三相结构的热继电器；三角形连接的电动机应选用带断相保护装置的热继电器。

（2）热继电器的额定电流选用：热继电器的额定电流应略大于电动机的额定电流。

（3）热继电器的型号选用：根据热继电器的额定电流应大于电动机的额定电流原则，查表确定热继电器的型号。

（4）热继电器的整定电流选用：一般将热继电器的整定电流调整到等于电动机的额定电流；对过载能力差的电动机，可将热元件整定值调整到电动机额定电流的0.6～0.8倍；对启动时间较长，拖动冲击性负载或不允许停车的电动机，热继电器的整定电流应调整到电动机额定电流的1.1～1.15倍。

4.8.4　热继电器的安装、使用和维护

（1）热继电器安装接线时，应清除触头表面的污垢，以避免电路不通或因接触电阻太大而影响热继电器的动作特性。

（2）热继电器进线端子标识为1/L1、3/L2、5/L3，与其对应的出线端子标识为2/T1、4/T2、6/T3，常闭触头接线端子标识为95、96，常开触头接线端子标识为97、98。

（3）必须选用与所保护的电动机额定电流相同的热继电器，如不符合，则将失去保护作用。

（4）热继电器除了接线螺钉外，其余螺钉均不得拧动，否则其保护特性即行改变。

（5）安装热继电器接线时，必须切断电源。

（6）当热继电器与其他电器安装在一起时，应将它安装在其他电器的下方，以免其动作特性受到其他电器发热的影响。

（7）热继电器的主回路连接导线不宜太粗，也不宜太细。如连接导线过细，则轴向导热性差，热继电器可能提前动作；反之，连接导线太粗，轴向导热快，热继电器可能滞后动作。

（8）当电动机启动时间过长或操作次数过于频繁时，会使热继电器误动作或烧坏电器，故在这种情况下一般不用热继电器做过载保护。

（9）若热继电器双金属片出现锈斑，则可用棉布蘸上汽油轻轻揩拭，切忌用砂纸打磨。

（10）当主电路发生短路事故后，应检查发热元件和双金属片是否已经发生永久变形，若已变形，则应更换。

（11）热继电器在出厂时均调整为自动复位形式。如欲调为手动复位，则可将热继电器侧面孔内螺钉倒退三四圈即可。

（12）热继电器脱扣动作后，若要再次启动电动机，则必须待热元件冷却后，才能使热继电器复位。一般自动复位需待 5min，手动复位需待 2min。

（13）热继电器的整定电流必须按电动机的额定电流进行调整，做调整时，绝对不允许弯折双金属片。

（14）为使热继电器的整定电流与负荷的额定电流相符，可以旋动调节旋钮使所需的电流值对准白色箭头，旋钮上的电流值与整定电流值之间可能有误差，可在实际使用时按情况稍偏转。如需用两刻度之间整定电流值，则可按比例转动调节旋钮，并在实际使用时适当调整。

4.8.5　热继电器的常见故障及检修方法

热继电器的常见故障及检修方法见表 4-28。

表 4-28　热继电器的常见故障及检修方法

故障现象	产生原因	检修方法
热继电器误动作	（1）选用热继电器规格不当或大负载选用热继电器电流值太小 （2）整定热继电器电流值偏低 （3）电动机启动电流过大，电动机启动时间过长 （4）反复在短时间内启动电动机，操作过于频繁 （5）连接热继电器主回路的导线过细、接触不良或主导线在热继电器接线端子上未压紧 （6）热继电器受到强烈的冲击振动	（1）更换热继电器，使其额定值与电动机额定值相符 （2）调整热继电器整定值，使其正好与电动机的额定电流值相符合并对应 （3）减轻启动负载；电动机启动时间过长时，应将时间继电器调整的时间稍短些 （4）减少电动机启动次数 （5）更换连接热继电器主回路的导线，使其横截面积符合电流要求；重新压紧热继电器主回路的导线端子 （6）改善热继电器使用环境

续表

故障现象	产生原因	检修方法
热继电器在超负载电流值时不动作	(1) 热继电器动作电流值整定得过高 (2) 动作二次接点有污垢造成短路 (3) 热继电器被烧坏 (4) 热继电器动作机构卡死或导板脱出 (5) 连接热继电器的主回路导线过粗	(1) 重新调整热继电器电流值 (2) 用酒精清洗热继电器的动作触头，更换损坏的部件 (3) 更换同型号的热继电器 (4) 调整热继电器的动作机构，并加以修理。如导板脱出，要重新放入并调整好 (5) 更换成符合标准的导线
热继电器烧坏	(1) 热继电器在选择的规格上与实际负载电流不相配 (2) 流过热继电器的电流严重超载或负载短路 (3) 可能是操作电动机过于频繁 (4) 热继电器动作机构不灵，使热元件长期超载而不能保护热继电器 (5) 热继电器的主接线端子与电源线连接时有松动现象或氧化，线头接触不良引起发热烧坏	(1) 热继电器的规格要选择适当 (2) 检查电路故障，在排除短路故障后，更换合适的热继电器 (3) 改变操作电动机方式，减少启动电动机次数 (4) 更换动作灵敏的合格热继电器 (5) 设法去掉接线头与热继电器接线端子的氧化层，并重新压紧热继电器的主接线

4.9 时间继电器

时间继电器是一种利用电磁原理或机械动作原理来延迟触头闭合或分断的自动控制器件。它的种类很多，有电磁式、电动式、空气阻尼式和晶体管式等。在交流电路中应用较广泛的是空气阻尼式时间继电器。它是利用气囊中的空气通过小孔节流的原理来获得延时动作的，外形结构如图 4-12 所示。

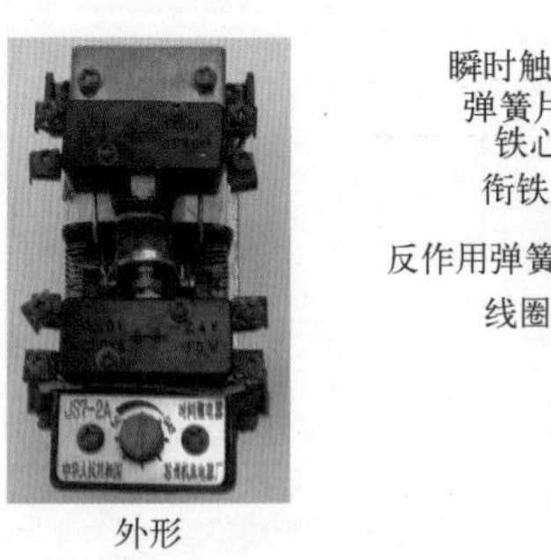

外形

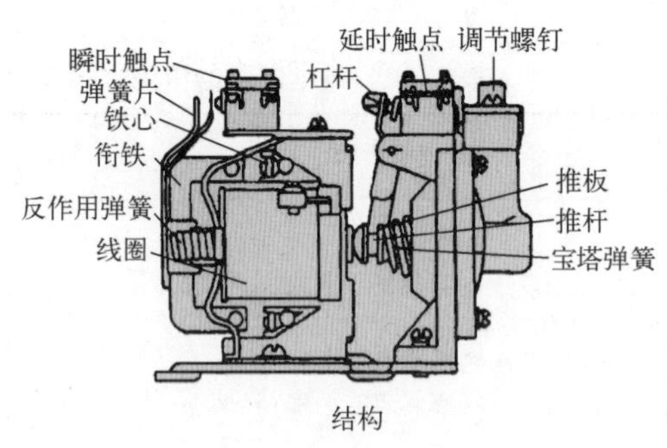

结构

图 4-12　空气阻尼式时间继电器的外形结构

4.9.1 时间继电器的型号

常用的 JS7 - A 系列时间继电器的型号含义为：

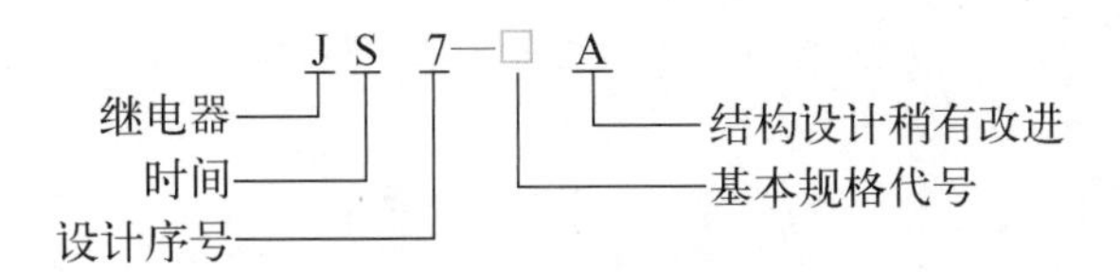

常用的 JS14A 系列晶体管时间继电器的型号含义为：

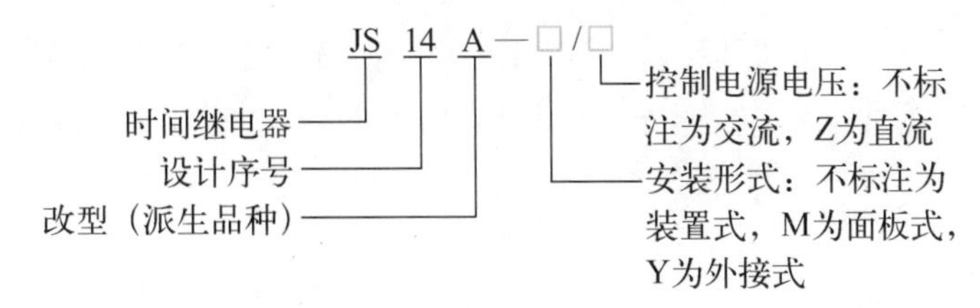

4.9.2 时间继电器的主要技术参数

JS7—A 系列空气阻尼式时间继电器的优点是结构简单、寿命长、价格低，还附有不延时的触头，应用较为广泛；缺点是准确度低、延时误差大，在要求延时精度高的场合不宜采用。其主要技术参数见表 4-29。

表 4-29　JS7—A 系列空气阻尼式时间继电器的主要技术参数

型号	瞬时动作触头数量		延时动作触头数量				触头额定电压（V）	触头额定电流（A）	线圈电压（V）	延时范围（s）	额定操作频率（次/h）
			通电延时		断电延时						
	常开	常闭	常开	常闭	常开	常闭					
JS7-1A	–	–	1	1	–	–	380	5	24，36，110，127，220，380，420	0.4～60 及 0.4～180	600
JS7-2A	1	1	1	1	–	–					
JS7-3A	–	–	–	–	1	1					
JS7-4A	1	1	–	–	1	1					

JS14A 系列继电器为通电延时型的时间继电器，用于控制电路中做延时元件，按规定的时间接通或分断电路，起自动控制作用，主要技术参数见表 4-30。

表 4-30　JS14A 系列时间继电器的主要技术参数

工作方式	通电延时						
工作电压	AC50Hz　36V、110V、127V、220V、380V，DC24V						
重复误差	≤2.5%						
触头数量	延时 2 转换						
触头容量	AC　220V　5A　$\cos\varphi=1$，DC28V　5A						
电寿命	1×10^5次						
机械寿命	1×10^6次						
安装方式	装置式，面板式，外接式						
延时范围代号	1	5	10	30	60	120	180
延时范围	0.1～1s	0.5～5s	1～10s	3～30s	6～60s	12～120s	18～180s
延时范围代号	300	600	900	1200	1800	3600	
延时范围	30～300s	60～600s	90～900s	120～1200s	180～1800s	360～3600s	

4.9.3 时间继电器的选用

（1）类型的选择。在要求延时范围大、延时准确度较高的场合，应选用电动式或电子式时间继电器。在延时精度要求不高、电源电压波动大的场合，可选用价格较低的电磁式或气囊式时间继电器。

（2）线圈电压的选择。根据控制线路电压来选择时间继电器吸引线圈的电压。

（3）延时方式的选择。时间继电器有通电延时和断电延时两种，应根据控制线路的要求来选择哪一种延时方式的时间继电器。

4.9.4 时间继电器的安装、使用和维护

（1）必须按接线端子图正确接线，核对继电器额定电压与准备连接的电源电压是否相符，直流型的要注意电源极性。

（2）对于晶体管时间继电器，延时刻度不表示实际延时值，仅供调整参考。若需精确的延时值，则需在使用时先核对延时数值。

（3）JS7－A 系列时间继电器由于无刻度，故不能准确地调整延时时间，同时气室的进排气孔也有可能被尘埃堵住而影响延时的准确性，应经常清除灰尘及油污。

（4）JS7－1A、JS7－2A 系列时间继电器只要将线圈及铁心部分整体转动 180°，即可将通电延时改为断电延时方式。

（5）JS11－□1 系列通电延时继电器，必须在分断离合器电磁铁线圈电源时才能调节延时值；JS11－□2 系列断电延时继电器，必须在接通离合器电磁铁线圈电源时才能调整延时值。

（6）JS20 系列时间继电器与底座间有扣襻锁紧，在拔出继电器本体前先要扳开扣襻，然后缓缓拔出继电器。

4.9.5 时间继电器的常见故障及检修方法

时间继电器的常见故障及检修方法见表 4–31。

表 4–31 时间继电器的常见故障及检修方法

故障现象	产生原因	检修方法
延时触头不动作	（1）电磁铁线圈断线 （2）电源电压低于线圈额定电压很多 （3）电动式时间继电器的同步电动机线圈断线 （4）电动式时间继电器的棘爪无弹性，不能刹住棘齿 （5）电动式时间继电器游丝断裂	（1）更换线圈 （2）更换线圈或调高电源电压 （3）重绕电动机线圈，或调换同步电动机 （4）更换新的合格的棘爪 （5）更换游丝
延时时间缩短	（1）空气阻尼式时间继电器的气室装配不严，漏气 （2）空气阻尼式时间继电器的气室内橡皮薄膜损坏	（1）修理或调换气室 （2）更换橡皮薄膜
延时时间变长	（1）空气阻尼式时间继电器的气室内有灰尘，使气道阻塞 （2）电动式时间继电器的传动机构缺润滑油	（1）清除气室内灰尘，使气道畅通 （2）加入适量的润滑油

4.10 中间继电器

中间继电器是用来转换控制信号的中间元件。其输入是线圈的通电或断电信号，输出信号是触头的动作。其主要用途是当其他继电器的触头数或触头容量不够时，可借助中间继电器扩大触头数或触头容量。

中间继电器的基本结构和工作原理与小型交流接触器基本相同，由电磁线圈、动铁心、静铁心、触头系统、反作用弹簧和复位弹簧等组成，如图 4-13 所示。

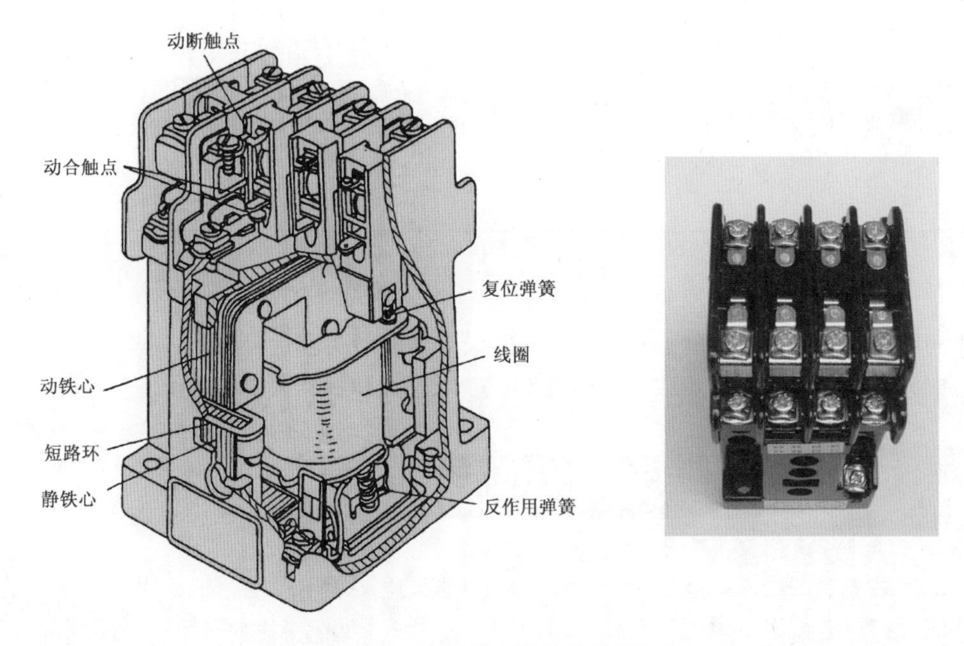

图 4-13　中间继电器的外形结构

中间继电器的触头数量较多，并且无主、辅触头之分。各对触头允许通过的电流大小也是相同的，额定电流约为5A。在控制电动机额定电流不超过5A 时，也可用中间继电器来代替接触器。

4.10.1　中间继电器的型号

常用的 JZ 系列中间继电器的型号含义为：

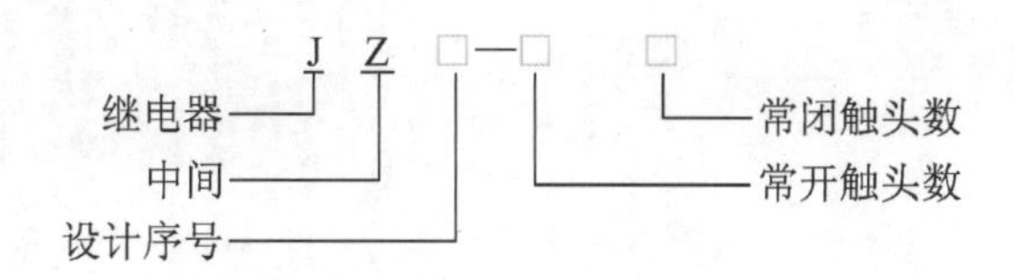

4.10.2 中间继电器的主要技术参数

中间继电器种类很多，常用的为 JZ7 系列，适用于交流 50Hz、电压为 500V、电流为 5A 的控制电路，以控制各种电磁线圈。JZ7 系列中间继电器的主要技术参数见表 4-32。

表 4-32 JZ7 系列中间继电器的主要技术参数

型 号	触头额定电压（V）	触头额定电流（A）	触头数量		吸引线圈电压（V）		操作频率（次/h）	通电持续率（%）	电寿命（万次）
			常开	常闭	50Hz	60Hz			
JZ7-22	交流 50Hz 或 60Hz 380 直流 440	5	2	2	12，24，36，48，110，127，220，380，420，440，500	12，36，110，127，220，380，440	1200	40	100
JZ7-41			4	1					
JZ7-42			4	2					
JZ7-44			4	4					
JZ7-53			5	1 或 3					
JZ7-62			6	2					
JZ7-80			8	0					

4.10.3 中间继电器的选用

中间继电器的使用与接触器相似，但中间继电器的触头容量较小，一般不能在主电路中应用。中间继电器一般根据负载电流的类型、电压等级和触头数量来选择。

4.11 过电流继电器

过电流继电器的线圈串联在主电路中，常闭触头串接于辅助电路中，当主电路的电流高于容许值时，过电流继电器吸合动作，常闭触头断开，切断控制回路。过电流继电器主要用于重载或频繁启动的场合作为电动机和主电路的过载和短路保护，常用的有 JT4、JL12 和 JL14 等系列过电流继电器。JT4 和 JL12 系列过电流继电器的外形结构如图 4-14 所示。

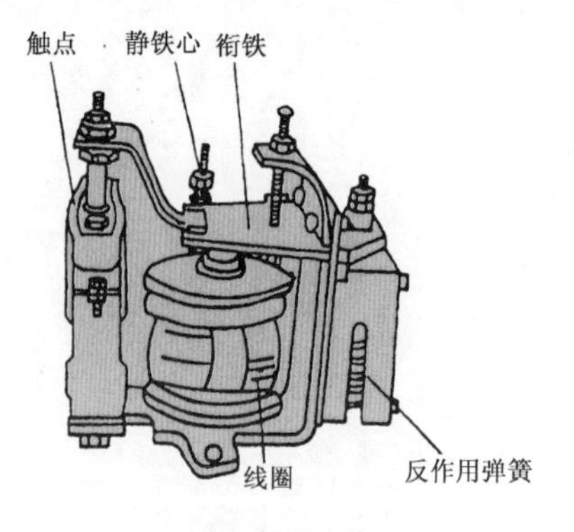

JT4 系列过电流继电器

JL12 系列过电流继电器

图 4-14 JT4、JL12 系列过电流继电器的外形结构

4.11.1　过电流继电器的型号

常用的 JT4 系列过电流继电器的型号含义为：

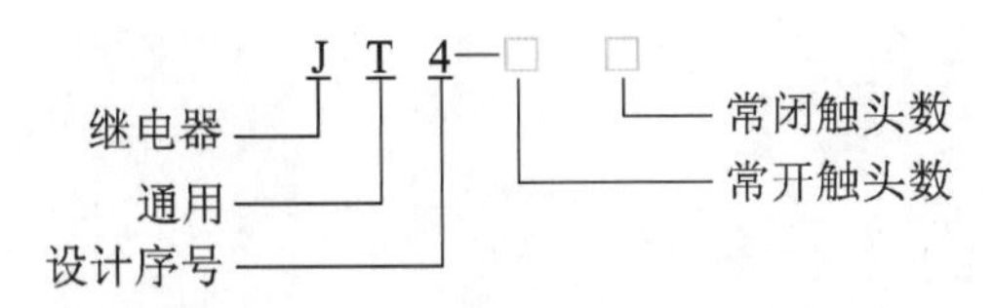

4.11.2　过电流继电器的主要技术参数

JT4 系列过电流继电器的主要技术参数见表 4-33。

表 4-33　JT4 系列过电流继电器的主要技术参数

型　号	吸引线圈规格（A）	消耗功率（W）	触头数目（副）	复位方式		动作电流	返回系数
				自动	手动		
JT4 - □□L	5，10，15，20，40，80，150，300，600	5	2 常开，2 常闭或 1 常开，1 常闭	自动		吸引电流在线圈额定电流的 110% ~350% 范围内调节	0.1 ~0.3
JT4 - □□S				—	手动		—

4.11.3　过电流继电器的选用

（1）过电流继电器线圈的额定电流一般可按电动机长期工作的额定电流来选择，对于频繁启动的电动机，考虑启动电流在继电器中的热效应，额定电流可选大一级。

（2）过电流继电器的整定值一般为电动机额定电流的 1.7 ~2 倍，频繁启动场合可取 2.25 ~2.5 倍。

4.11.4　过电流继电器的安装、使用和维护

（1）安装前，先检查额定电流及整定值是否与实际要求相符。

（2）安装时，需将电磁线圈串联于主电路中，常闭触头串联于控制电路中，与接触器线圈连接。

（3）安装后，在主触头不带电的情况下，使吸引线圈带电操作几次，检查继电器动作是否可靠。

（4）定期检查各部件有否松动及损坏现象，并保持触头的清洁和可靠。

4.12　速度继电器

速度继电器是一种可以按照被控电动机转速的大小使控制电路接通或断开的器件，通常

与接触器配合，实现对电动机的反接制动。速度继电器主要由转子、定子和触头组成。其外形结构如图 4-15 所示。

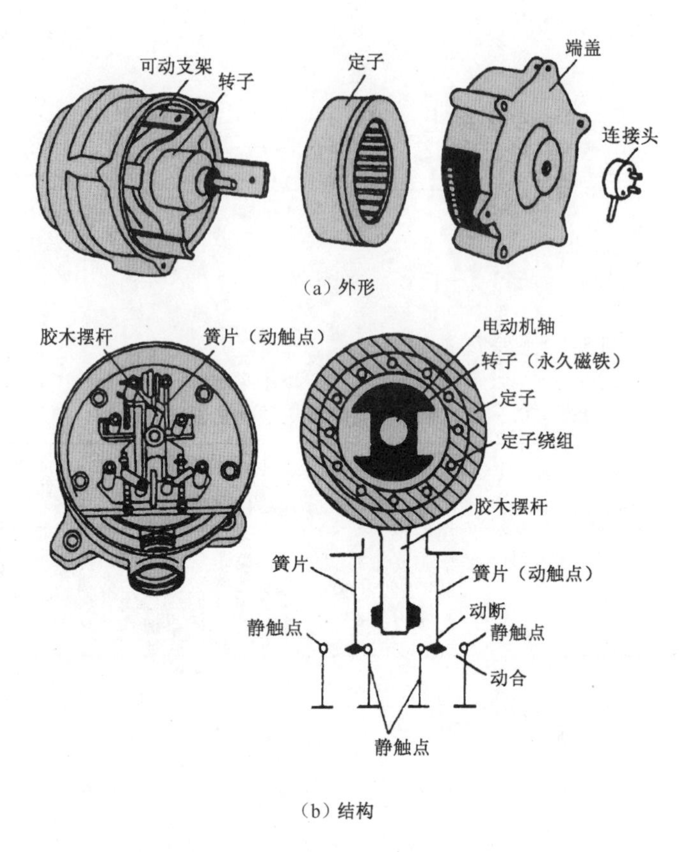

图 4-15　JY1 速度继电器的外形结构

4.12.1　速度继电器的型号

JFZ0 系列速度继电器的型号含义为：

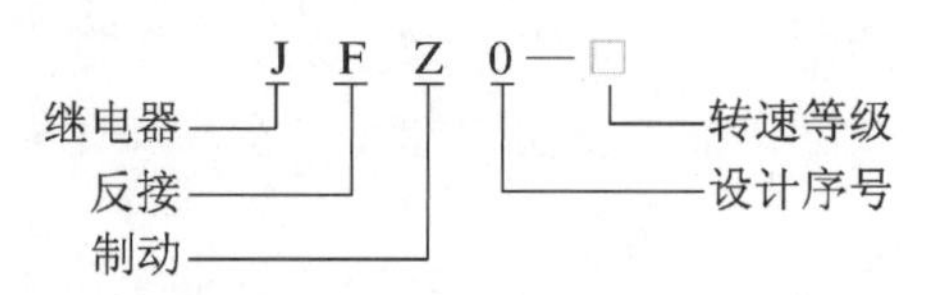

4.12.2　速度继电器的主要技术参数

常用的速度继电器有 JY1 型和 JFZ0 型。JY1 型能在 3000r/min 以下可靠工作；JFZ0 - 1 型适用于 300 ~ 1000r/min，JFZ0 - 2 型适用于 1000 ~ 3600r/min；JFZ0 型有两对动合、动断触头。一般速度继电器转速在 120r/min 左右即能动作，在 100r/min 以下触头复位。

JY1 型和 JFZ0 型速度继电器的主要技术参数见表 4-34。

表 4-34　JY1 型和 JFZ0 型速度继电器的主要技术参数

型　号	触头容量		触头数量		额定工作转速（r/min）	允许操作频率（次/h）
	额定电压（V）	额定电流（A）	正转时动作	反转时动作		
JY1	380	2	1 组转换触头	1 组转换触头	100 ~ 3600	<30
JFZ0					300 ~ 3600	

4.12.3　速度继电器的选用及使用

（1）速度继电器主要根据电动机的额定转速来选择。

（2）速度继电器的转轴应与电动机同轴连接。安装接线时，正、反向的触头不能接错，否则不能起到反接制动时接通和断开反向电源的作用。

4.13　预置数数显计数继电器

DH 14J 预置数数显计数继电器通常被称为计数器，适用于交流为 50Hz，额定工作电压为 24V、36V、110V、127V、220V、380V 或直流工作电压为 24V。DH14J 预置数数显计数继电器可按预置的数字接通或分断电路。

此计数器采用专用计数芯片、计数信号光电隔离及 4 位 LED 数字显示，计数范围为 1 ~ 9999（×1、×10、×100 倍率转换开关预置），具有计数范围广、多种计数信号输入及计数性能稳定可靠等优点。

4.13.1　计数方式

（1）触头信号输入计数：继电器、行程开关等。

（2）电平信号输入计数：正脉冲电平（DC4 ~ 30V）最小计数脉不小于 15ms。

（3）传感器信号输入计数：a 光电开关；b 接近开关；c 霍尔开关。

4.13.2　其他参数

计数速度：30 次/秒。

功耗：≤3W。

复位方式：按钮开关复零和接线端子⑧与⑪短接复零。

显示器件：LED 数字显示屏。

触头容量：AC 220V，3A　$\cos\varphi = 1$；DC 24V，5A。

DH 14J 预置数数显计数继电器的外形及接线线路如图 4-16 所示。

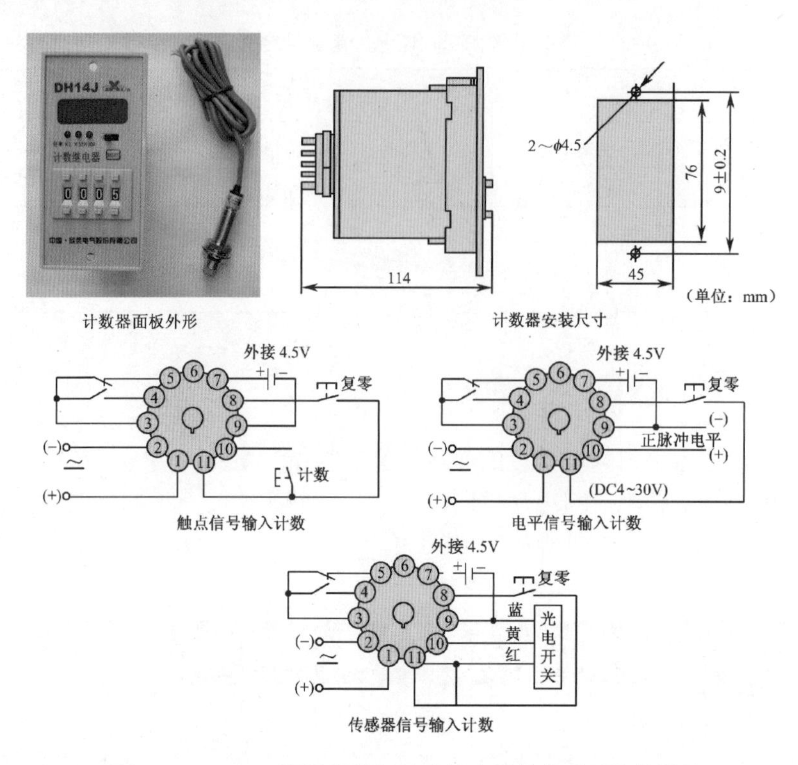

图 4-16 DH 14J 预置数数显计数继电器的外形及接线线路

4.13.3 使用注意事项

（1）计数器因有记忆功能，需在通电前预置好数字和倍率关系，通电后预置的数字无效。如需重新预置数字，则应在预置好后按复位按钮或断电时间大于 0.5s 后再接通电源。

（2）接线端子①与②为电源，③、④、⑤为一组转换触头，且③、④为常开触头，③、⑤为常闭触头；⑦、⑨为外接 4.5V 电池，且⑦为正极，⑨为负极（如不需停电记忆功能，则不需在⑦、⑨端子之间外接 4.5V 电池），⑧与⑪为复零输入端，⑩为计数信号输入。

（3）触头信号输入计数时，如因输入触头接触不良或回跳导致误计数时，请在计数信号输入端⑨、⑩之间加 1 个 1～4.7μF/50V 的电容器，⑩接电容器的正极，⑨接电容器的负极。

（4）在强电场环境或复位导线较长时，应使用屏蔽导线，且复零端（⑧、⑪）切勿输入电压或接地，以免损坏继电器。

4.14 控制按钮

控制按钮又叫按钮或按钮开关，是一种短时接通或断开小电流电路的器件。它不直接控制主电路的通、断，而在控制电路中发出“指令”去控制接触器、继电器等电器，再由它们去控制主电气回路。控制按钮的触头允许通过的电流一般不超过 5A。

控制按钮按用途和触头的结构不同可分为停止按钮（常闭按钮）、启动按钮（常开按钮）和复合按钮（常开和常闭组合按钮）。控制按钮的种类很多，常用的有 LA2、LA18、LA19 和 LA20 等系列。LA18、LA19 系列按钮的外形如图 4-17 所示。

LA18系列紧急式　　LA19系列

图 4-17　LA18、LA19 系列按钮的外形

4.14.1　控制按钮的型号

常用控制按钮的型号含义为：

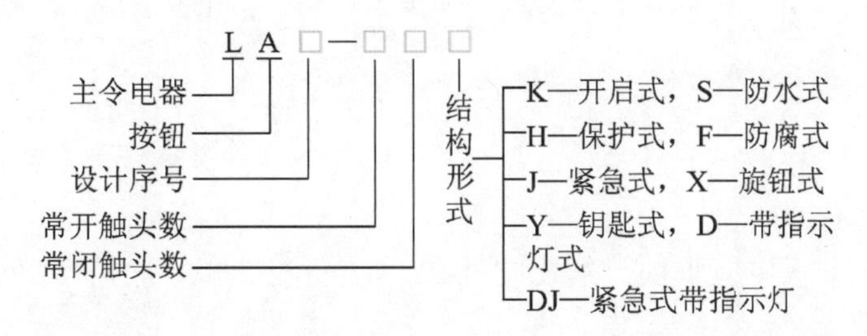

4.14.2　控制按钮的主要技术参数

常用控制按钮的主要技术参数见表 4-35。

表 4-35　常用控制按钮的主要技术参数

型　号	额定电压（V）	额定电流（A）	结构形式	触头对数（副）		按钮数	按钮颜色
				常开	常闭		
LA2	交流 500 直流 440	5	元件	1	1	1	黑、绿、红
LA10-2K			开启式	2	2	2	黑、绿、红
LA10-3K			开启式	3	3	3	黑、绿、红
LA10-2H			保护式	2	2	2	黑、绿、红
LA10-3H			保护式	3	3	3	红、绿、红
LA18-22J			元件（紧急式）	2	2	1	红

续表

型　号	额定电压（V）	额定电流（A）	结构形式	触头对数（副）		按钮数	按钮颜色
				常开	常闭		
LA18－44J	交流500 直流440	5	元件（紧急式）	4	4	1	红
LA18－66J			元件（紧急式）	6	6	1	红
LA18－22Y			元件（钥匙式）	2	2	1	本色
LA18－44Y			元件（钥匙式）	4	4	1	本色
LA18－22X			元件（旋钮式）	2	2	1	黑
LA18－44X			元件（旋钮式）	4	4	1	黑
LA18－66X			元件（旋钮式）	6	6	1	黑
LA19－11J			元件（紧急式）	1	1	1	红
LA19－11D			元件（带指示灯）	1	1	1	红、绿、黄、蓝、白

4.14.3　控制按钮的选用

（1）根据使用场合选择按钮的种类。

（2）根据用途选择合适的形式。

（3）根据控制回路的需要确定按钮数。

（4）按工作状态指示和工作情况要求选择按钮和指示灯的颜色。

4.14.4　控制按钮的安装和使用

（1）将按钮安装在面板上时，应布置整齐，排列合理，可根据电动机启动的先后次序，从上到下或从左到右排列。

（2）按钮的安装固定应牢固，接线应可靠，红色按钮表示停止，绿色或黑色表示启动或通电，不要搞错。

（3）由于按钮触头间距离较小，如有油污等容易发生短路故障，因此应保持触头的清洁。

（4）安装按钮的按钮板和按钮盒必须是金属的，并设法使它们与机床总接地母线相连接，对于悬挂式按钮必须设有专用接地线，不得借用金属管作为地线。

（5）按钮用于高温场合时，易使塑料变形老化而导致松动，引起接线螺钉间相碰短路，可在接线螺钉处加套绝缘塑料管来防止短路。

（6）带指示灯的按钮因灯泡发热，长期使用易使塑料灯罩变形，应降低灯泡电压，延长使用寿命。

（7）“停止”按钮必须是红色的；“急停”按钮必须是红色蘑菇头式的；“启动”按钮必须有防护挡圈，防护挡圈应高于按钮头，以防意外触动使电气设备误动作。

4.14.5　控制按钮的常见故障及检修方法

控制按钮的常见故障及检修方法见表4-36。

表 4-36　控制按钮的常见故障及检修方法

故障现象	产生原因	检修方法
按下启动按钮时有触电感觉	(1) 按钮的防护金属外壳与连接导线接触 (2) 按钮帽的缝隙间充满铁屑，使其与导电部分形成通路	(1) 检查按钮内连接导线，排除故障 (2) 清理按钮及触头，使其保持清洁
按下启动按钮，不能接通电路，控制失灵	(1) 接线头脱落 (2) 触头磨损松动，接触不良 (3) 动触头弹簧失效，使触头接触不良	(1) 重新连接接线 (2) 检修触头或调换按钮 (3) 更换按钮
按下停止按钮，不能断开电路	(1) 接线错误 (2) 尘埃或机油、乳化液等流入按钮形成短路 (3) 绝缘击穿短路	(1) 更正错误接线 (2) 清扫按钮并采取相应密封措施 (3) 更换按钮

4.15 行程开关

行程开关又叫限位开关或位置开关。其作用与按钮开关相同，只是触头的动作不靠手动操作，而是用生产机械运动部件的碰撞使触头动作来实现接通或分断控制电路，从而达到一定的控制目的。通常，这类开关被用来限制机械运动的位置或行程，使运动机械按一定的位置或行程自动停止、反向运动、变速运动或自动往返运动等。

行程开关由操作头、触头系统和外壳组成，可分为按钮式（直动式）、旋转式（滚动式）和微动式三种。其外形结构如图 4-18 所示。

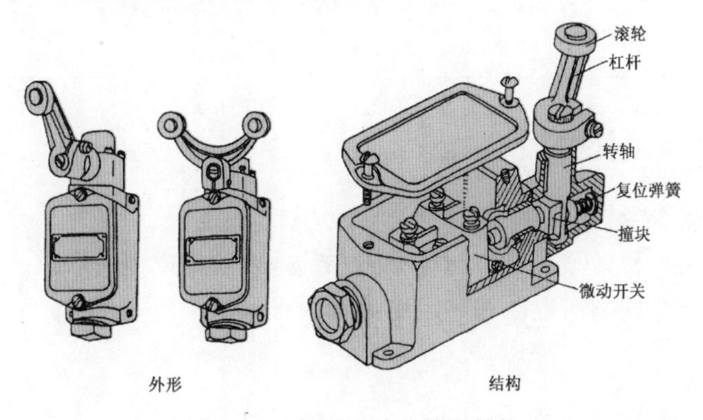

图 4-18　行程开关的外形结构

4.15.1　行程开关的型号

LX 系列行程开关的型号含义为：

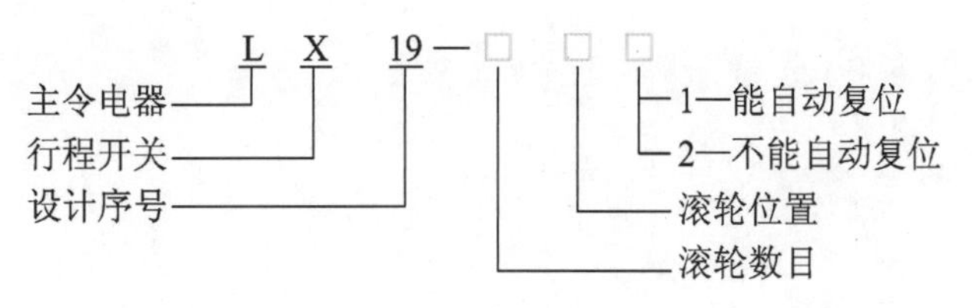

4.15.2 行程开关的主要技术参数

LX19 和 JLXK1 系列行程开关的主要技术参数见表 4-37。

表 4-37 LX19 和 JLXK1 系列行程开关的主要技术参数

型号	额定电压（V）	额定电流（A）	结构形式	触头对数		工作行程	超行程
				常开	常闭		
LX19K	交流 380 直流 220	5	元件	1	1	3mm	1mm
LX19－001			无滚轮，仅用传动杆，能自动复位	1	1	<4mm	>3mm
LX19－111			单轮，滚轮装在传动杆内侧，能自动复位	1	1	~30°	~20°
LX19－121			单轮，滚轮装在传动杆外侧，能自动复位	1	1	~30°	~20°
LX19－131			单轮，滚轮装在传动杆凹槽内	1	1	~30°	~20°
LX19－212			双轮，滚轮装在 U 形传动杆内侧，不能自动复位	1	1	~30°	~15°
LX19－222			双轮，滚轮装在 U 形传动杆外侧，不能自动复位	1	1	~60°	~15°
LX19－232			双轮，滚轮装在 U 形传动杆内外侧各一，不能自动复位	1	1	~60°	~15°
JLXK1－111	交流 380	5	单轮防护式	1	1	12°~15°	≤30°
JLXK1－211			双轮防护式	1	1	~45°	≤45°
JLXK1－311			直动防护式	1	1	1~3mm	2~4mm
JLXK1－411			直动滚轮防护式	1	1	1~3mm	2~4mm

4.15.3 行程开关的选用

（1）根据应用场合及控制对象选择种类。

（2）根据机械与行程开关的传力与位移关系选择合适的操作头形式。

（3）根据控制回路的额定电压和额定电流选择系列。

（4）根据安装环境选择防护形式。

4.15.4 行程开关的安装和使用

（1）行程开关应紧固在安装板和机械设备上，不得有晃动现象。

（2）行程开关安装时位置要准确，否则不能达到位置控制和限位的目的。

（3）定期检查行程开关，以免因触头接触不良而达不到行程和限位控制的目的。

4.15.5 行程开关的常见故障及检修方法

行程开关的常见故障及检修方法见表 4-38。

表 4-38　行程开关的常见故障及检修方法

故障现象	产生原因	检修方法
挡铁碰撞开关，触头不动作	（1）开关位置安装不当 （2）触头接触不良 （3）触头连接线脱落	（1）调整开关的位置 （2）清洁触头，并保持清洁 （3）重新紧固接线
行程开关复位后，常闭触头不能闭合	（1）触杆被杂物卡住 （2）动触头脱落 （3）弹簧弹力减退或被卡住 （4）触头偏斜	（1）打开开关，清除杂物 （2）重新调整动触头 （3）更换弹簧 （4）更换触头
杠杆偏转后触头未动	（1）行程开关位置太低 （2）机械卡阻	（1）上调开关到合适位置 （2）清扫开关内部

4.16 凸轮控制器

凸轮控制器主要用于起重设备中控制中、小型绕线转子异步电动机的启动、停止、调速、换向和制动，也适用于有相同要求的其他电力拖动场合，如卷扬机等。凸轮控制器的外形和接线原理如图 4-19 所示。

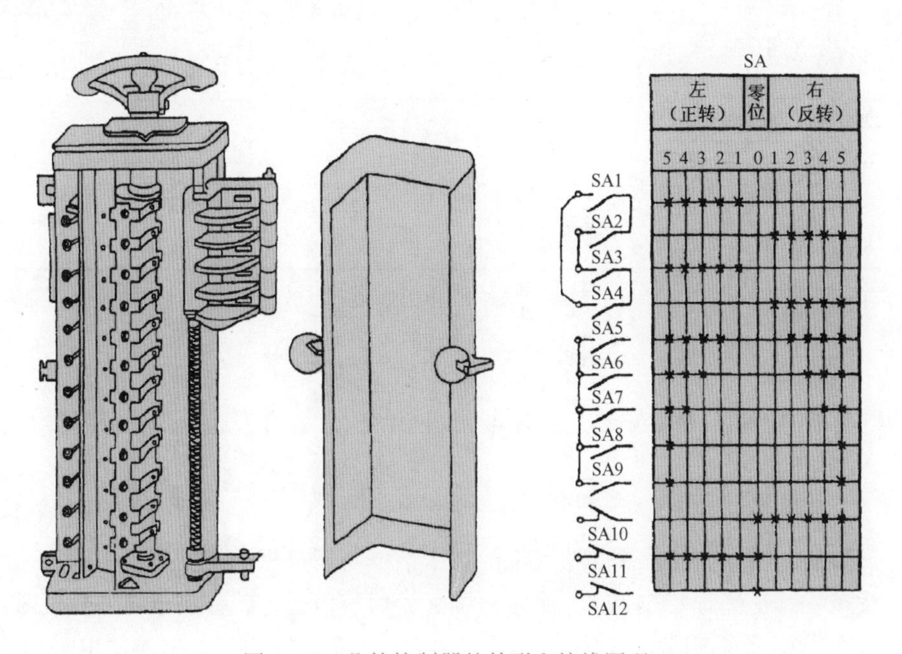

图 4-19　凸轮控制器的外形和接线原理

当手轮向左旋转时，电动机正转；手轮向右旋转时，电动机反转。图中，每一条横线代表一对触头，每一条竖线代表一个挡次，左右各有 5 挡，中间为零位。横线和竖线交叉处的“×”符号表示触头接通。例如，当凸轮控制器手轮由零位向左旋转一个挡次时，在标明 1

数字的竖线与横线之间交叉点上有“×”符号，从这三条横线看过去，即表示触头SA1、SA3、SA11接通，SA10、SA12则由接通状态变为断开状态。由于凸轮控制器的触头具有这样的组合功能，因此不但能控制电动机的正、反转及启动、停止，还可通过手轮的转动，逐一短接一部分电阻，以至于最后全部切除电阻，达到调整电动机转速的目的。

4.16.1 凸轮控制器的型号

凸轮控制器的型号含义为：

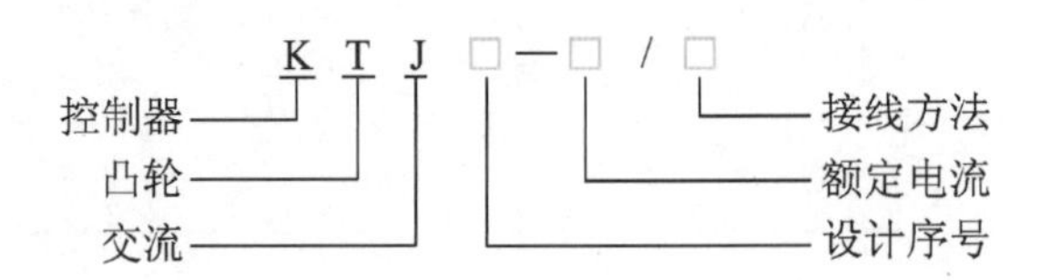

4.16.2 凸轮控制器的主要技术参数

常用凸轮控制器的主要技术参数见表4-39。

表4-39 常用凸轮控制器的主要技术参数

型　号	额定电流（A）	位置数		转子最大电流（A）	最大功率（kW）	额定操作频率（次/h）
		左	右			
KT14－25J/1	25	5	5	32	11	600
KT14－25J/2		5	5	2×32	2×5.5	
KT14－25J/3		1	1	32	5.5	
KT14－60J/1	60	5	5	80	30	600
KT14－60J/2		5	5	2×32	2×11	
KT14－60J/4		5	5	2×80	2×30	

4.16.3 凸轮控制器的选用

根据电动机的容量、额定电压、额定电流和控制位置数目来选择凸轮控制器。

4.16.4 凸轮控制器的安装和使用

（1）安装前，检查凸轮控制器铭牌上的技术数据与所选择的规格是否相符。

（2）按接线图正确安装控制器，确定正确无误后方可通电，并将金属外壳可靠接地。

（3）首次操作或检查后试运行时，如控制器转到第2位置后，仍未使电动机转动，则应停止启动，查明原因，检查线路并检查制动部分及机构有无卡住等现象。

（4）试运行时，转动手轮不能太快，当转到第1位置时，使电动机转速达到稳定后，经过一定的时间间隔（约1s），再使控制器转到另一位置，以后逐级启动，防止电动机的冲击电流超过电流继电器的整定值。

（5）使用中，当降落重负荷时，在控制器的最后位置可得到最低速度，如不是非对称线路的控制器，则不可长时间停在下降第 1 位置，否则载荷超速下降或发生电动机转子“飞车”的事故。

（6）不使用控制器时，手轮应准确地停在零位。

（7）凸轮控制器在使用中，应定期检查触头接触面的状况，经常保持触头表面清洁、无油污。

（8）触头表面因电弧作用而形成的金属小珠应及时去除，当触头严重磨损使厚度仅剩下原厚度的 1/3 时，应及时更换触头。

4.17 电压换相开关和电流换相开关

4.17.1 旋转式电压换相开关

电工为了工作方便，有时应用一只电压表通过电压换相开关分别测得三相线间电压，以监视三相电压值是否平衡，使用起来极为方便，外形如图 4-20 所示。

旋转式电压换相开关的接线如图 4-21 所示。当 M1 与黄、M2 与红接触时，可测得 CA 两线间的电压为 U_{CA}；当 M1 与黄、M2 与绿接通时，可测量 AB 两线间的电压为 U_{AB}；当 M1 与绿、M2 与红接通时，可测量 BC 两线间的电压为 U_{BC}。

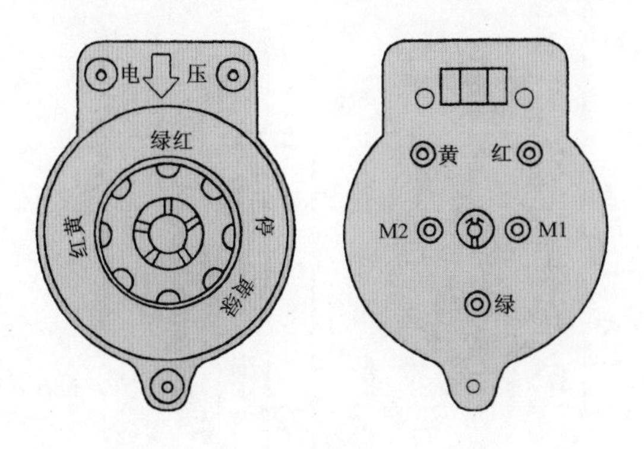

图 4-20　旋转式电压换相开关的外形

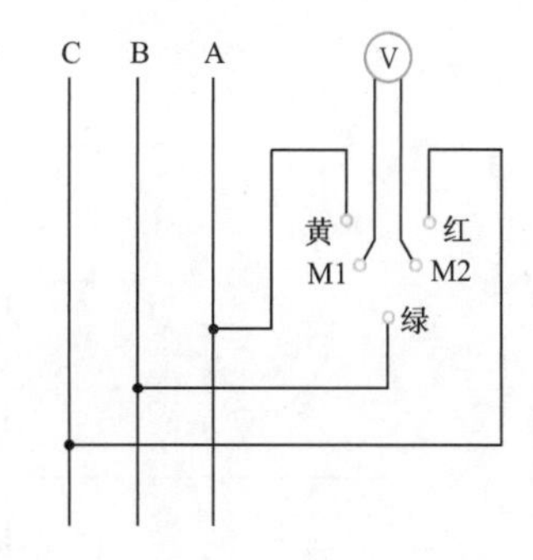

图 4-21　旋转式电压换相开关的接线

使用旋转式电压换相开关要注意以下几点。

（1）这种换相开关适用于测量 380V 的三相交流电压，与 380V 的交流电压表配套使用，切勿用于直流上。

（2）旋转式电压换相开关应安装在配电柜操作台上方，竖直安装，以便操作。

4.17.2 旋转式电流换相开关

在配电装置上，常用一只电流表配接两只与电流表配套的电流互感器，再接到旋转式电流转换开关上，便具有能分别测量三相电流的功能，使用起来非常方便，可监视三相电流是否平衡，特别是对大容量的电动机，可用一只电流表监视三相电流。其外形与电压换相开关相似，如图4-22所示。

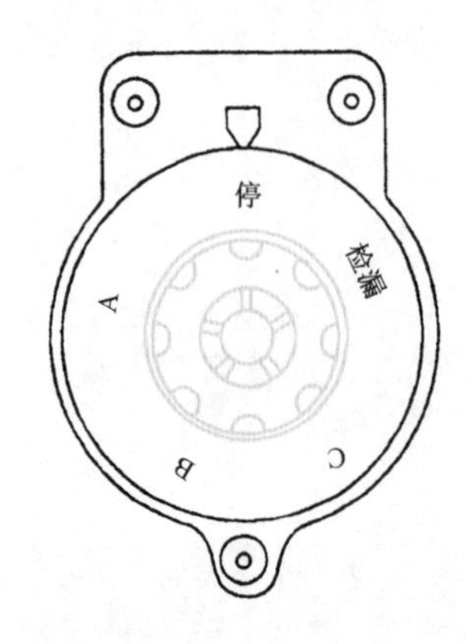

图4-22 旋转式电流换相开关的外形

旋转式电流换相开关接线一般有两种方式，如图4-23所示。图（a）所示电路的工作原理是：当旋转开关旋到黄与M1接通，绿与红接通时，测量A相电流；当旋转到黄与绿接通，红与M1接通时，测量C相电流；当旋转到黄与M1、红共同接通时，测量B相电流。图（b）所示电路的工作原理是：当开关旋转到红、绿与N接通，黄与M接通时，测量A相电流；当开关旋转到绿、黄与N接通，红与M接通时，测量C相电流；当红、黄、M与N互相接通时，测量B相电流；当红、黄、绿与N接通时，开关处于空挡位置。

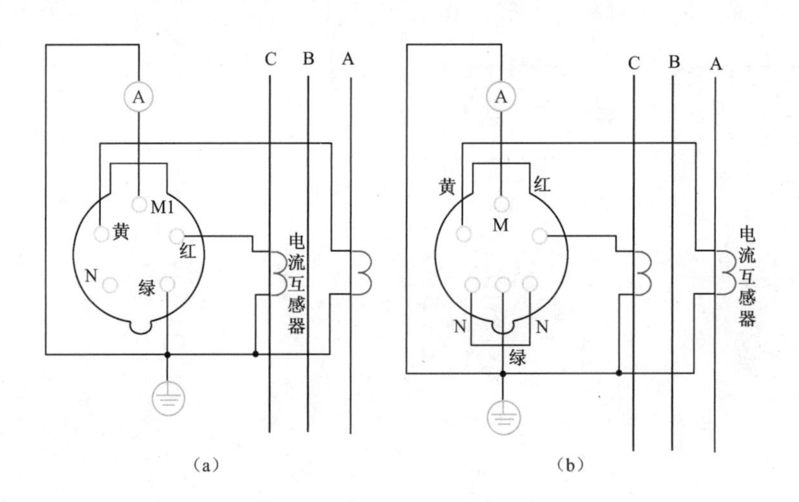

图4-23 旋转式电流换相开关接线

在使用旋转式电流换相开关时要注意以下几点：

(1) 旋转式电流转换开关在安装接线时，互感器一端必须可靠接地，以防产生高压。

(2) 利用这种旋转开关只用两只电流互感器便可测得三相电流。

(3) 在接旋转式电流换相开关时，必须接线可靠，在接线前还应检查换相开关的内部触头，必须接触良好方能接线。

4.18 星—三角启动器

星—三角启动器是一种减压启动设备，适用于运行时启动三角形接法的三相笼形感应电动机。电动机启动时将定子绕组接成星形，使加在每相绕组上的电压降到额定电压的 $1/\sqrt{3}$，电流降为三角形直接启动的1/3；待转速接近额定值时，将绕组换接成三角形，使电动机在额定电压下运行。常用的QX1系列星—三角启动器的外形及接线如图4-24所示。

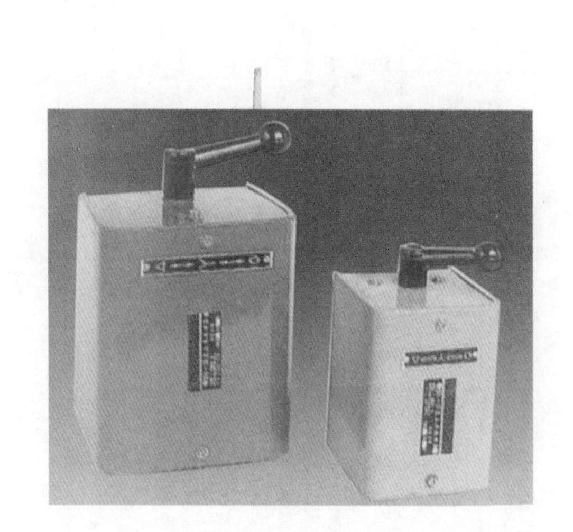

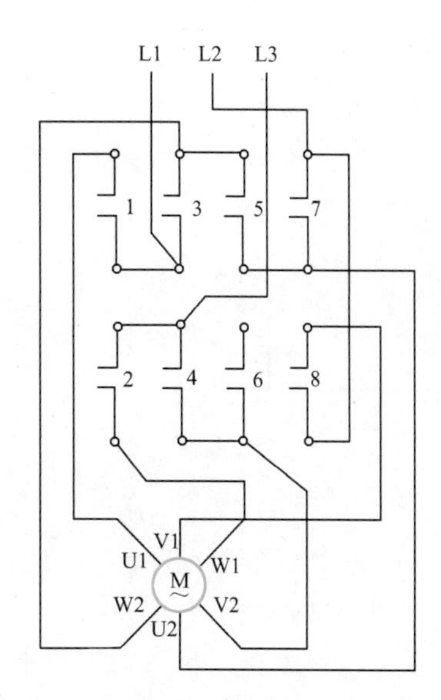

图4-24 常用的QX1系列星—三角启动器的外形及接线

4.18.1 星—三角启动器的型号

星—三角启动器的型号含义为：

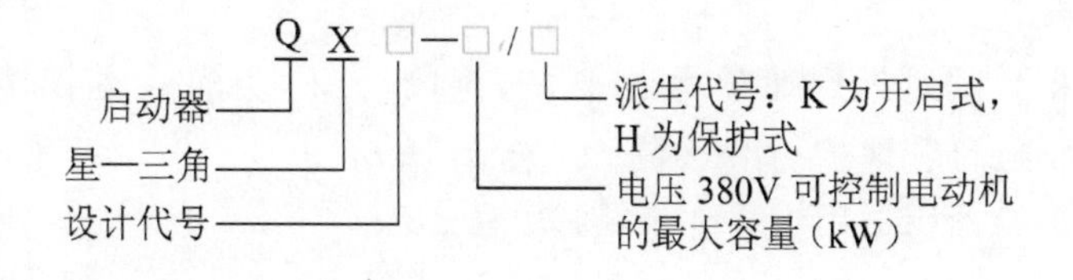

4.18.2 星—三角启动器的主要技术参数

常用的启动器有QX1、QX2、QX3、QX4等系列。QX1、QX2为手动式，QX3、QX4为自动式。QX1、QX3系列星—三角启动器的主要技术参数见表4-40、表4-41。

表 4-40　QX1 系列星—三角启动器的主要技术参数

型号	额定电流（A）	被控电动机最大功率（kW）		启动时间（s）			正常操作频率（次/h）
		220V	380V	最短	最长	每次间隔时间	
QX1—13	16	7.5	13	11	15	120	30
QX1—30	40	17	30	15	25	120	30

表 4-41　QX3 系列星—三角启动器的主要技术参数

型　号	被控电动机最大功率（kW）			热继电器电流（A）		启动延时时间（s）	最高操作频率（次/h）
	220V	380V	500V	额定电流	整定电流调节范围		
QX3—13	7.5	13	13	11	6.8～11	4～16	30 两次启动间隔大于 90s
				16	10～16		
				22	14～22		
QX3—30	17	30	30	32	20～32		
				45	28～45		

4.18.3　星—三角启动器的安装和使用

（1）QX1 启动器的启动时间，用于 13kW 以下电动机时为 11～15s，每次启动完毕到下一次启动的间歇时间不得小于 2min。

（2）QX1 系列星—三角启动器可以水平或垂直安装，但不得倒装。

（3）启动器金属外壳必须接地，并注意防潮。

（4）QX1 系列为手动空气式星—三角启动器，当需操作电动机启动时，将手柄扳到“Y”位置，电动机接成星形启动，待转速正常后，将手柄迅速扳到“△”位置，电动机接成三角形运行。停机时，将手柄扳到“0”位置即可。

（5）QX1 系列启动器没有保护装置，应配以保护电器使用。

（6）QX3 和 QX4 系列为自动星—三角启动器，由三个交流接触器、一个三相热继电器和一个时间继电器组成，外配一个启动按钮和一个停止按钮。操作时，只按动一次启动按钮，便由时间继电器自动延迟启动时间到事先规定的时间，从而自动换接成三角形正常运行。热继电器做电动机过载保护，接触器兼做失压保护。

（7）星—三角启动器仅适用于空载或轻载启动。

4.19　自耦减压启动器

自耦减压启动器又叫补偿器，是一种减压启动设备，常用来启动额定电压为 220V/380V

的三相笼形感应电动机。自耦减压启动器采用抽头式自耦变压器做减压启动，既能适应不同负载的启动需要，又能得到比星—三角启动时更大的启动转矩，并附有热继电器和失压脱扣器，具有完善的过载和失电压保护，应用非常广泛。

自耦减压启动器有手动和自动两种。手动自耦减压启动器由外壳、自耦变压器、触头、保护装置及操作机构等部分组成。常用的 QJ3 系列手动自耦减压启动器的外形结构如图 4-25 所示。

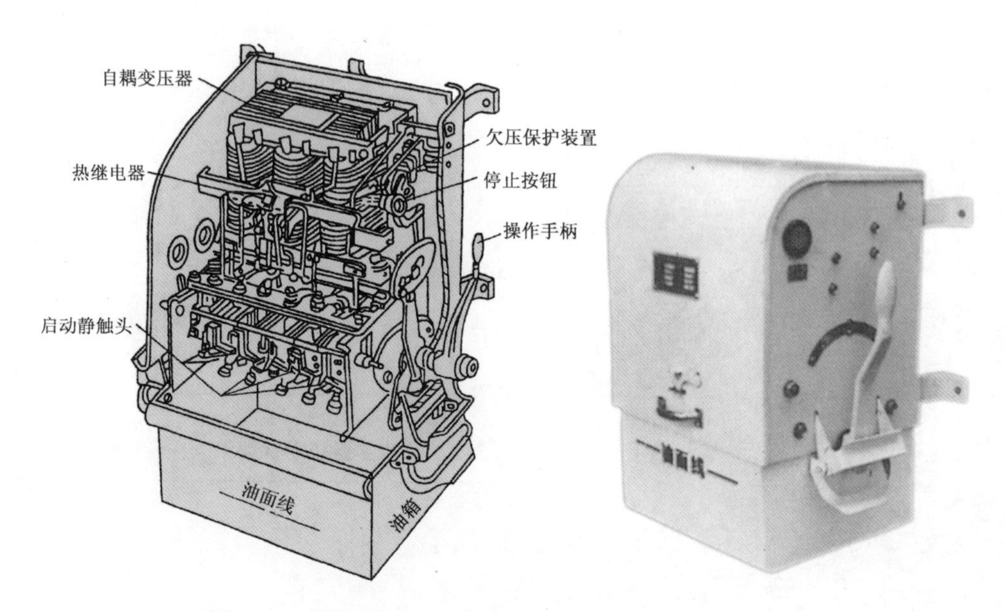

图 4-25　常用的 QJ3 系列手动自耦减压启动器的外形结构

4.19.1　自耦减压启动器的型号

自耦减压启动器的型号含义为：

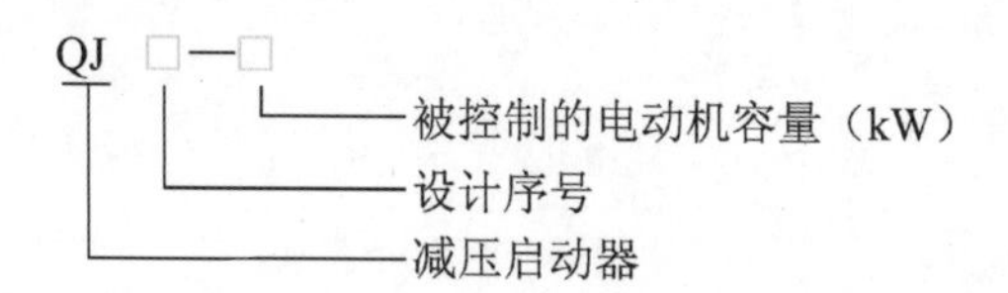

4.19.2　自耦减压启动器的主要技术参数

QJ3 系列充油式手动自耦减压启动器和 QJ10 系列空气式手动自耦减压启动器适用于电压为 380V、功率在 75kW 以下的 Y/△系列三相感应电动机做不频繁的降压启动开关。它们的主要技术参数见表 4-42、表 4-43。

表 4-42　QJ3 系列自耦减压启动器的主要技术参数

型号	电压 220V　50（60）Hz				电压 380V　50（60）Hz			
	控制电动机功率（kW）	额定工作电流（A）	热保护额定电流（A）	最大启动时间（s）	控制电动机功率（kW）	额定工作电流（A）	热保护额定电流（A）	最大启动时间（s）
QJ3—Ⅰ				30	10	22	20	30
	8	29	32		14	30	32	
	10	37	45	40	17	38	45	40
	11	40	45		20	40	45	
QJ3—Ⅱ	14	51	63		22	48	63	
	15	54	63		28	59	63	
					30	63	63	
	20	72	85	60	40	85	85	60
QJ3—Ⅲ	25	91	120		45	100	120	
	30	108	120		55	120	160	
	40	145	160		75	145	160	

表 4-43　QJ10 系列自耦减压启动器的主要技术参数

项目	参数
额定电压 U_N（V）	380
控制电动机功率（kW）	10，13，17，22，30，40，55，75
通断能力	$1.05U_N$，$\cos\varphi=0.4$，$8I_N$20 次
过载保护整流电流（A）	20.5，25.7，34，43，58，77，105，142
最大启动时间（s）	30，40，60
电寿命（次）	接通 U_N，$4.5I_N$，$\cos\varphi=0.4$，分断 $1/6U_N$，I_N，$\cos\varphi=0.4$ 条件下：5000 次
机械寿命（万次）	1
操作力（N）	150，250
接线	自耦变压器有 65% U_N 及 80% U_N 二挡抽头
失电压保护特性	≥75% U_N 启动器能可靠工作，≤35% U_N 启动器保证脱扣，切断电源
过载及断相保护	120% U_N 不大于 20min 动作，断相时，另两相电流达 115% I_N 时在 20min 内动作

4.19.3　自耦减压启动器的选用

（1）额定电压≥工作电压。

（2）工作电压下所控制的电动机最大功率≥实际安装的电动机的功率。

4.19.4　自耦减压启动器的操作

自耦减压启动器具有结构紧凑、不受电动机绕组接线方式限制、价格低廉等优点。QJ3

系列自耦减压补偿启动器的线路如图 4–26 所示。当启动电动机时，将刀柄推向“启动”位置，此时，三相交流电源通过自耦变压器减压后与电动机相连接。待启动完毕后，把刀柄打向“运行”位置，切除自耦变压器，使电动机直接接到三相电源上，电动机正常运转。此时，吸合线圈 KV 得电吸合，通过连锁机构保持刀柄在运行位置。停转时，按下 SB 按钮，即可停止电动机运行。

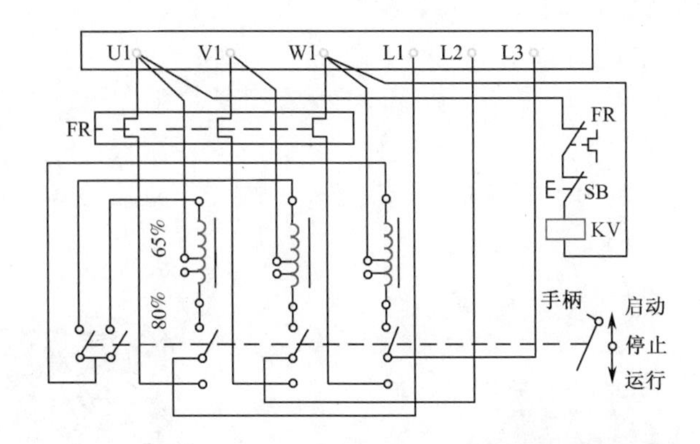

图 4–26　QJ3 系列自耦减压补偿启动器的线路

4.19.5　自耦减压启动器的安装和使用注意事项

(1) 使用前，启动器油箱内必须灌注绝缘油，油加至规定的油面线高度，以保证触头浸没于油中。启动器油箱安装不得倾斜，以防绝缘油外溢。要经常注意变压器油的清洁，以保持绝缘和灭弧性能良好。

(2) 启动器的金属外壳必须可靠接地，并经常检查接地线，以保障电气操作人员的安全。

(3) 使用启动器前，应先把失压脱扣器铁心主极面上涂有的凡士林或其他油用棉布擦去，以免造成因油的黏度太大而使脱扣器失灵的事故。

(4) 使用时，应在操作机构的滑动部分添加润滑油，使操作灵活方便，保护零件不致生锈。

(5) 启动器内的热继电器不能当作短路保护装置，因此应在启动器进线前的主回路上串装三只熔断器进行短路保护。

(6) 自耦减压启动器里的自耦变压器可输出不同的电压，如因负荷太重造成启动困难时，则可将自耦变压器抽头换接到输出电压较高的抽头上面使用。

(7) 电动机如要停止运行时，则可按停止按钮 SB；如需远距离控制电动机停止时，则可在线路控制回路中串接一个常闭按钮。

(8) 启动器的功率必须与所控制电动机的功率相当。遇到过流使热继电器动作后，应先排除故障，再将热继电器手动复位，以备下次启动电动机时使用。有的热继电器调到了自动复位，就不必用手动复位，只需等数分钟后再启动电动机。

(9) 自耦减压补偿启动器在安装时，如果配用电动机的电流与补偿器上的热继电器调节的不一致，则可旋动热继电器上的调节旋钮做适当调节。

(10) 要定期检查触头表面，发现触头烧毛时，应用细锉刀锉光。如果触头严重烧坏，则应更换同型号的触头。

4.20 磁力启动器

磁力启动器是一种全压启动设备，由交流接触器和热继电器组装在铁壳内，与控制按钮配套使用，用来对三相鼠笼形电动机做直接启动或正、反转控制。磁力启动器具有失压和过载保护功能，如果在电动机的主回路中加装带熔丝的闸刀开关做隔离开关，则还具有短路保护功能。磁力启动器的外形如图 4-27 所示。

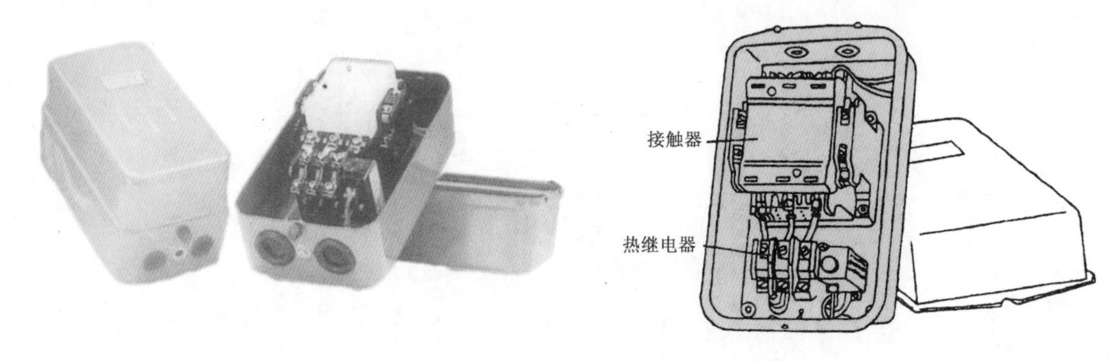

图 4-27 磁力启动器的外形

磁力启动器可以控制 75kW 及以下的电动机做频繁直接启动，操作安全方便，可远距离操作，应用广泛。磁力启动器分为可逆启动器和不可逆启动器两种。可逆启动器一般具有电气及机械连锁机构，以防止误操作或机械撞击引起相间短路，同时，正、反向接触器的可逆转换时间应大于燃弧时间，保证转换过程的可靠进行。

4.20.1 磁力启动器的型号

常用的磁力启动器有 QC8、QC10、QC12 和 QC13 等系列。它们的型号含义为：

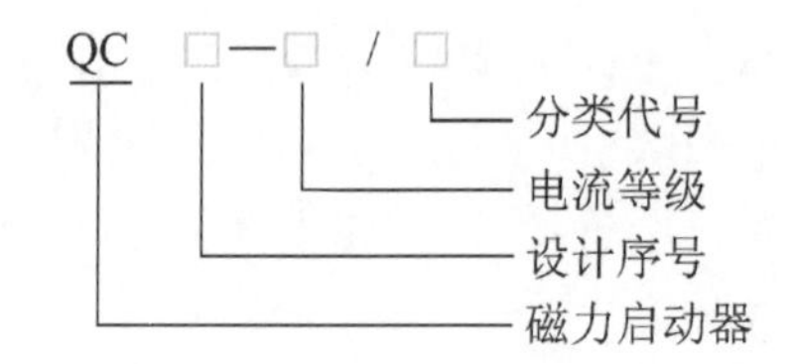

4.20.2 磁力启动器的主要技术参数

常用 QC10 系列磁力启动器的主要技术参数见表 4-44。

表 4-44　常用 QC10 系列磁力启动器的主要技术参数

型号	额定电流（A）	配用接触器型号 CJ10 系列	配用热继电器型号 JR15 系列	额定电压（V）	辅助触头		可控电动机最大功率（kW）	
					额定电流（A）	数量	220V	380V
QC10—1	5	5	10	交流 36、110、127、220、380，直流 48、110、220	5	不可逆 2 常开 2 常闭 可逆 4 常开 4 常闭	1. 2	2. 2
QC10—2	10	10	20				2. 2	4
QC10—3	20	20	40				5. 5	10
QC10—4	40	40	40				11	20
QC10—5	60	60	100				17	30
QC10—6	100	100	100				29	50
QC10—7	150	150	150				47	75

4. 20. 3　磁力启动器的选用

（1）磁力启动器的选择主要是额定电流的选择和热继电器整定电流的调节，即磁力启动器的额定电流（也是接触器的额定电流）和热继电器热元件的额定电流应略大于电动机的额定电流。

（2）磁力启动器的额定电压应等于或大于工作电压。

（3）工作电压下所控制的电动机最大功率大于或等于实际安装的电动机功率。

4. 20. 4　磁力启动器的安装和使用

（1）磁力启动器应垂直安装，倾斜角不应大于 5°。磁力启动器的按钮距地面以 1. 5m 为宜。

（2）检查磁力启动器内热继电器热元件的额定电流是否与电动机的额定电流相符，并将热继电器电流调整至被保护电动机的额定电流。

（3）磁力启动器所有接线螺钉及安装螺钉都应紧固，并注意外壳应有良好接地。

（4）启动器上热继电器热元件的额定工作电流大于启动器的额定工作电流时，其整定电流的调节不得超过启动器的额定工作电流。

（5）启动器的热继电器动作后，必须进行手动复位。

（6）磁力启动器使用日久会由于积尘发出噪声，可断电后，用压缩空气或小毛刷将衔铁极面的灰尘清除干净。

（7）未将灭弧罩装在接触器上时，严禁带负荷启动综合启动器开关，以防弧光短路。

4. 21　电磁调速控制器

电磁调速控制器用于电磁调速电动机（滑差电动机）的速度控制，实现恒转矩无级调速。

4.21.1 电磁调速控制器的工作原理

常用的 JD1A 系列电磁调速控制器由速度调节器、移相触发器、可控硅整流电路及速度负反馈等环节所组成。

图 4-28 是 JD1A 型电磁调速控制器的外形及原理方框图。图 4-29 为 JD1A 型电磁调速控制器的电气原理图。图 4-30 为 JD1A 型电磁调速控制器的移相触发各点波形图。

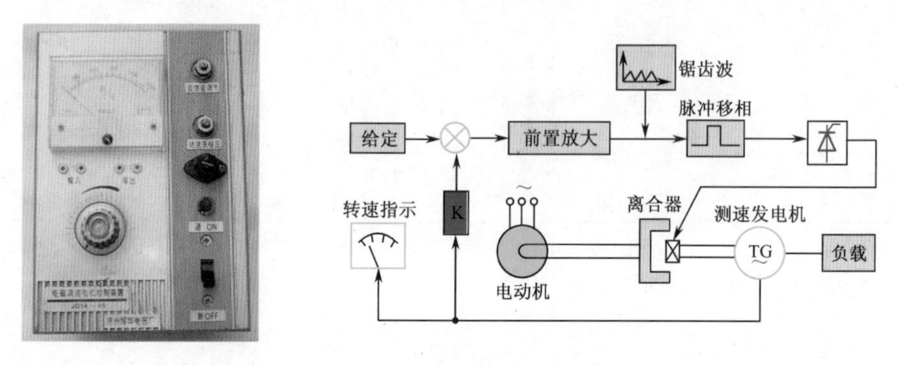

图 4-28 JD1A 型电磁调速控制器的外形及原理方框图

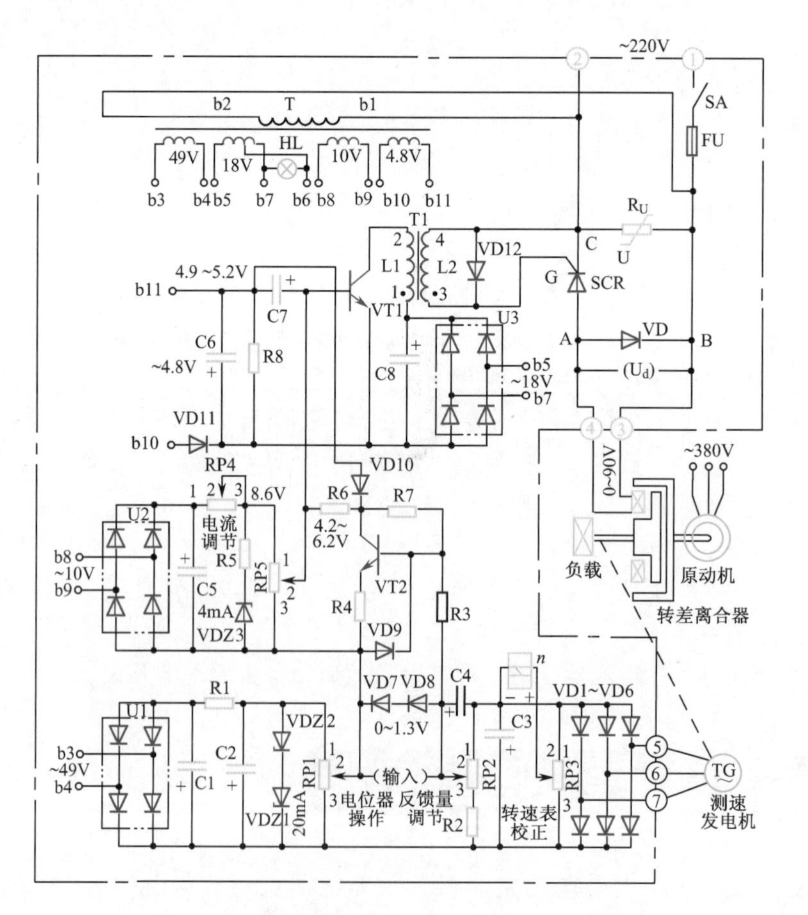

图 4-29 JD1A 型电磁调速控制器的电气原理图

从图 4-28 ~ 图 4-30 可知：速度指令信号电压与速度负反馈信号电压比较后，其差值信号被送入速度调节器进行放大，放大后的信号电压与锯齿波相叠加，控制晶体管的导通时间，产生随着差值信号电压改变而移动的脉冲，从而控制可控硅的导通角，使滑差离合器的励磁电流得到控制，即滑差离合器的转速随着励磁电流的改变而改变。由于速度负反馈的作用，故使滑差转速电动机实现恒转矩无级调速。

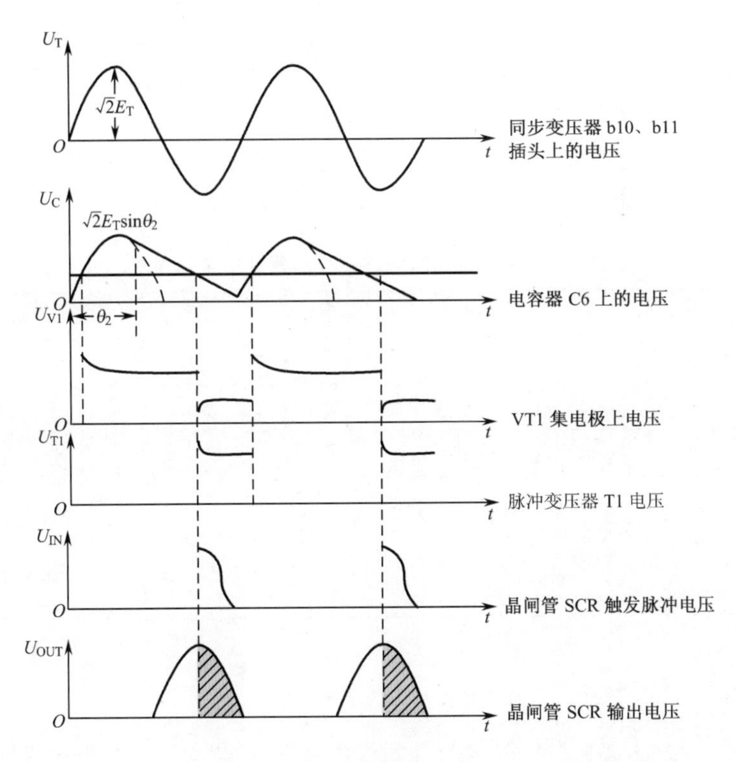

图 4-30　JD1A 型电磁调速控制器的移相触发各点波形图

4.21.2　JD1 系列电磁调速控制器型号

JD1 系列电磁调速控制器的型号含义为：

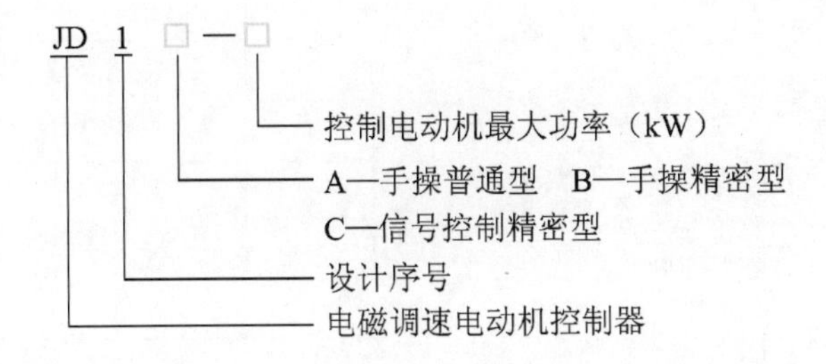

4.21.3　电磁调速控制器的主要技术参数

JD1A 系列电磁调速控制器的主要技术参数见表 4-45。JZT 系列电磁调速控制器的主要技术参数见表 4-46。

表 4-45 JD1A 系列电磁调速控制器的主要技术参数

型 号	JD1A—11	JD1A—40	JD1A—90
电源电压	~220V ±10% 50 ~60Hz		
最大输出定额（直流 90V）	3. 15A	5A	8A
可控电动机功率（kW）	0. 55 ~11	11 ~40	40 ~90
测速发电机	单相或三相中频电压转速比为≥2V/100（r/min）		
转速变化率	≤3%		
稳速精度	≤1%		
调速范围	10∶1	3∶1	

表 4-46 JZT 系列电磁调速控制器的主要技术参数

型 号	JZT	ZLK	ZTK
电源电压	~220V ±10% 50 ~60Hz		
最大输出定额（直流 90V）	5A	5A	3. 15 ~8A
可控制电动机功率（kW）	0. 55 ~30	0. 55 ~40	0. 6 ~40
测速发电机	单相或三相中频电压转速比为≥2V/100（r/min）		
额定转速时的转速变化率	≤3%		
稳速精度	≤1%		

4. 21. 4 JD1A、JD1B 型电磁调速控制器的接线

JD1A、JD1B 型电磁调速控制器的接线非常方便，所有输入、输出线都通过面板下方的 7 心航空插座进行连接，插座各心与相应各线的连接如图 4-31 所示。

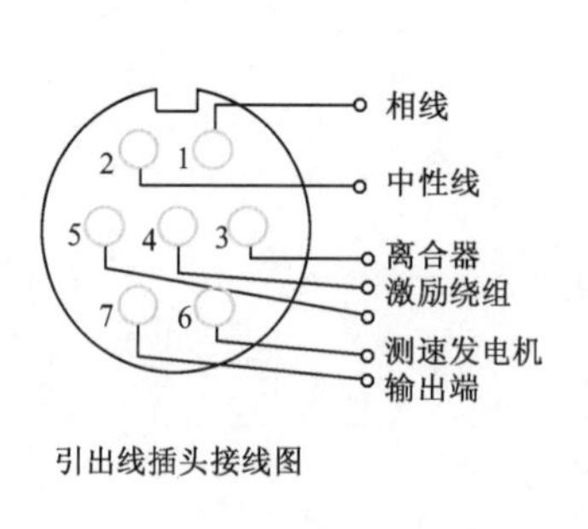

插头号码	连接对应的名称
1	电源 ~220V
2	
3	离合器励磁绕组 F_1 F_2
4	
5	测速发电机输出端 U V W
6	
7	

图 4-31 电磁调速控制器引出线插头接线

4. 21. 5 JD1A、JD1B 型电磁调速控制器的试运行

（1）JDlA、JD1B 型电磁调速控制器应按如图 4-32 所示的线路图正确接线。

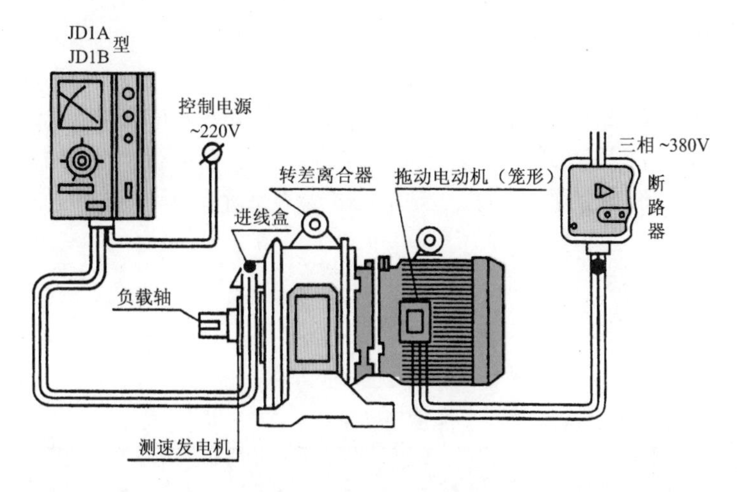

图 4-32　电磁调速控制器与电磁调速电动机的连接

（2）接通电源，合上面板上的主令开关，当转动面板上的转速指令电位器时，用 100V 以上的直流电压表测量面板上的输出量测点应有 0～90V 的突跳电压（因测速反馈未加入时的开环放大倍数很大），则认为开环时工作基本正常。

（3）启动交流异步电动机（原动机）使系统闭环工作，此时电动机的输出转速应随面板上转速指令电位器的转动而变化。

4.21.6　JD1A、JD1B 型电磁调速控制器的调整

（1）转速表的校正：面板上转速表的指示值正比于测速发电机的输出电压；由于每台测速发电机的输出电压有差异，故必须根据电磁调速电动机的实际输出转速对转速表进行校正。调节转速指令电位器，使电动机运转到某一转速时，用轴测试转速表或数字转速表测量电动机的实际输出转速。如果面板上的转速表所指示的值与实际转速不一致，则可以调整面板上的“转速表校正”电位器，使其一致。

（2）最高转速整定：此种整定方法就是对速度反馈量的调节，将速度指令电位器顺时针方向转至最大，并调节“反馈量调节”电位器，使其转速达到电磁调速电动机的最高额定转速（≤15kW 为 1250r/min，≥15kW 为 1320r/min）。

4.21.7　JD1A、JD1B 型电磁调速控制器的安装、使用和维护

（1）在测试开环工作状况时，7 心航空插座的 3、4 心接入负载后，输出才是 0～90V 的突跳电压；如果不接负载，则输出电压可能不在上述范围内。

（2）面板上的反馈量调节电位器应根据所控制的电动机进行适当的调节。反馈量调节过小，会使电动机失控；反馈量调节过大，会使电动机只能低速运行，不能升速。

（3）面板上的转速表校准电位器在校正好后应将其锁定。否则，如果其逆时针转到底时，会使转速表不指示。

（4）运行中，若发现电动机输出转速有周期性地摆动，则可将 7 心插头上接到励磁线圈的 3、4 线对调，对 JD1B 型，应调节电路板上的“比例”电位器，使其与机械惯性协调，

以达到更进一步的稳定。

（5）周围环境须保持清洁，防止油污及水渍滴入控制器内，并避免剧烈振动。

（6）在停放时间过长或发现控制器内部受潮后，应低温烘干并检查电气性能及绝缘性能。

（7）元件损坏时，应及时更换。在更换元件时，须小心进行，使用的电烙铁不得大于45W，焊接时间不得超过5s，注意防止印制电路板铜箔脱落。元件修补完毕后，应用酒精清洁一下，然后敷一层稀薄的万用胶。

4.21.8 电磁调速控制器的常见故障及检修方法

电磁调速控制器的常见故障及检修方法见表4–47。

表4–47 电磁调速控制器的常见故障及检修方法

故障现象	产生原因	检修方法
转速不能调节，仅能高速运行不能低速运行	（1）转子有相擦现象 （2）反馈量未加入，反馈量调节电位器在极限位置 （3）晶闸管供电电压与同步信号电压极性接错，触发信号不同步	（1）检查电动机，重新装配 （2）检查反馈量调节电位器，必要时更换 （3）改变同步信号电压极性，将b10、b11抽头接线互换
电网电压波动严重影响转速稳定	速度指令信号电压波动大，稳压管VDZ1、VDZ2损坏	更换VDZ1、VDZ2，调节R1的阻值，使电流不致过大或过小，输出电压达16V
某一转速运行时，周期性摆动现象严重	（1）励磁绕组接线接反 （2）加速电容C4、C7损坏	（1）改变励磁绕组接线头3、4的极性 （2）更换电容C4、C7
接通电源后，保险丝熔断	（1）引出线接错 （2）续流二极管VD接反或击穿 （3）变压器短路 （4）压敏电阻R_U被击穿短路	（1）检查及整理各引出线 （2）检查VD及晶闸管SCR，若损坏，则应调换 （3）检查、修理变压器 （4）更换R_U
接通电源指示灯亮，但电动机不运转	（1）印制电路板上没有工作电源 （2）速度指令电位器RP1断路 （3）励磁回路3、4断开 （4）晶体管VT1、VT2损坏 （5）晶闸管SCR开路 （6）脉冲变压器T1无输出 （7）印制电路板插脚接触不良	（1）检测变压器 （2）测量RP1输出电压，在VD7、VD8两端应测得电压变化为0～1.3V （3）检查励磁回路接线 （4）检测VT1、VT2、若损坏，则应调换 （5）检查SCR （6）检查T1，测量R6两端电压应在4.2～6.2V间变化，用示波器观察VD12两端为能够移动的脉冲波 （7）重新接插
当快速调节时，电动机不转动，而在极缓慢转动调速电位器时，电动机才能转动或动一下，随即就停止了	由于前置放大输出电压过高，即“移相过头”，故使晶闸管导通角过大而关闭。其原因是晶闸管温度升高或R4、R7损坏	更换R4使其阻值增大，直至晶闸管导通角恢复为止。如还不行，则调换正向阻值较大的VT2
特性硬度下降，调速电位器已到零位，仍有励磁输出	（1）起始零位调节不当 （2）使用环境温度过高	（1）调节R7的阻值，使调速电位器在零位时晶闸管无励磁输出 （2）改善环境

续表

故障现象	产生原因	检修方法
表示指示与实际转速不一致或无法调节（过低）	（1）测速发电机退磁 （2）测速发电机有一相断路或短路	（1）调节 RP3 的阻值，使其阻值减小 （2）测量三相测发电压是否平衡
离合器只能低速运行，不能升速	（1）续流二极管 VD 开路 （2）反馈量过大	（1）更换 VD （2）调节“反馈量调节”电位器

4.22 断火限位器和频敏变阻器

4.22.1 断火限位器

断火限位器广泛应用在工矿的起重行车上，在行车上下升降时，限制最高位或最低位的极限，即使接触器的动、静触头熔焊在一起，也能起到保护限位的作用。其外形和接线如图 4-33 所示。

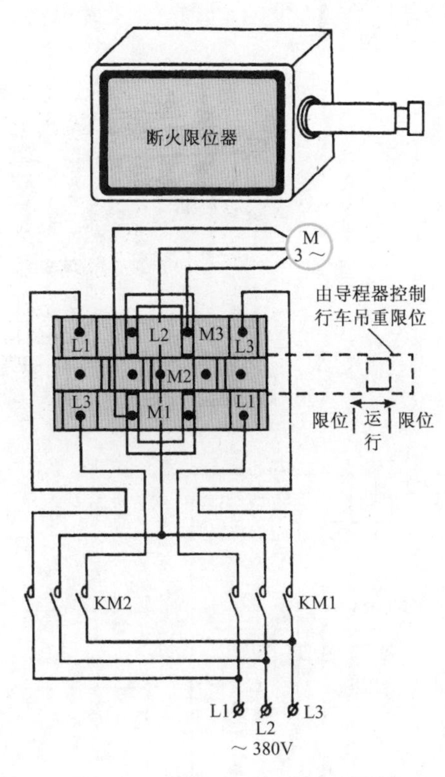

图 4-33　断火限位器外形及接线

断火限位器的工作原理是：上下行程超过限位行程后，由导程器连杆推动断火限位器控制杆，使它向前或向后移动，从而将通入断火限位器的三相电源线断开两根，迫使电动机停转。

使用断火限位器应注意以下几点。

(1) 接线时，按照线路图先接好 5 根电源线，再把电动机负荷线接在断火限位器的接线端子上。

(2) 在使用断火限位器前，要调整导程器的挡板，使行车的吊钩在上到最高位或最低位时都能正好撞击导程器动作（因挡板是固定在导程器连杆上的），从而使导程器在动作后能拉动或推动断火限位器连动杆，最后使断火限位器动作，断开电动机主电源。

(3) 如果导程器在动作后电动机能够停转，但在换相后电动机却不能重新向反方向运转，则说明断火限位器控制点接反，任意换接一下电动机三相电源线中的两根导线即可。

4.22.2 频敏变阻器

频敏变阻器用在绕线式电动机中，与转子绕组串联，可以平稳启动电流。频敏变阻器是一种无触头电磁元件，类似一个铁心损耗特别大的三相电抗器。它的特点是阻抗随通过电流的频率变化而改变。由于频敏变阻器串接在绕线式电动机的转子电路里，故在启动过程中，变阻器的阻抗将随着转子电流频率的降低而自动减小，电动机平稳启动之后，再短接频敏变阻器，使电动机正常运行。频敏变阻器由数片厚钢板和线圈组成，线圈为星形接法。

频敏变阻器的外形及启动控制线路如图 4-34 所示。该线路可以自动控制和手动控制。

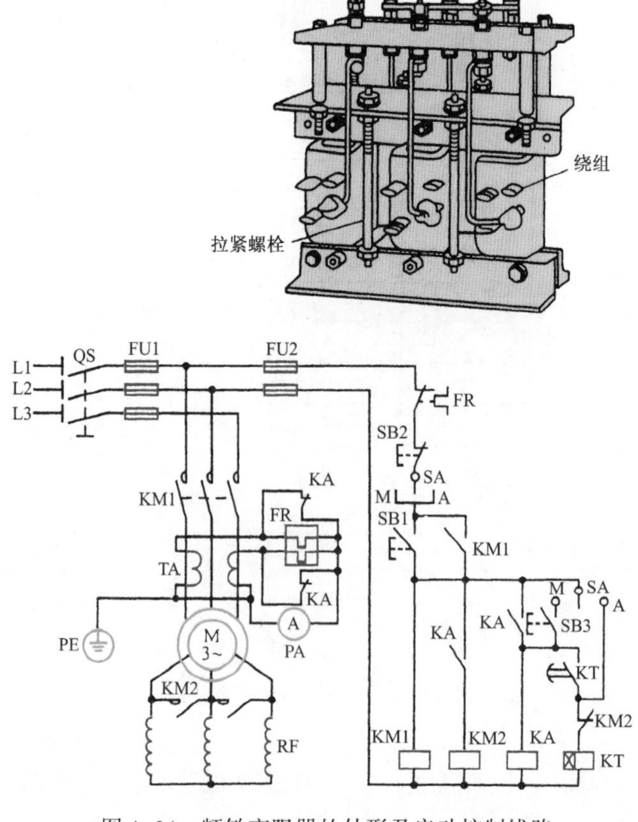

图 4-34 频敏变阻器的外形及启动控制线路

采用自动控制时，将转换开关 SA 扳到自动位置（A），然后按下启动按钮 SB1，KM1 获电动作，其常开辅助触头闭合自锁，电动机转子电路串入频敏变阻器 RF 启动。同时，时间继电器 KT 线圈获电动作，当时间继电器 KT 达到整定时间后，其延时闭合的常开触头闭合，中间继电器 KA 线圈获电动作，常开触头闭合，使接触器 KM2 线圈获电动作，接触器 KM2 的常闭触头断开，使时间继电器 KT 断电，同时 KM2 常开触头闭合，将频敏变阻器 RF 短接，启动过程结束。启动过程中，中间继电器 KA 的两副常闭触头将热继电器 FR 的发热元件短接，以免因启动过程较长而使热继电器过热产生误动作。启动结束后，中间继电器 KA 的线圈获电动作，两副常闭触头分断，热继电器 FR 的热元件又接入主电路工作。图中，TA 为变流器。

采用手动控制时，将转换开关 SA 扳到手动位置（M），时间继电器 KT 就不起作用，用按钮 SB3 手动控制中间继电器 KA 和接触器 KM2 的动作。

在使用频敏变阻器时应注意以下问题。

（1）启动电动机时，启动电流过大或启动太快时，可换接匝数较多的线圈接头，因匝数增多，启动电流和启动转矩便会同时减小。

（2）当启动转速过低，切除频敏变阻器冲击电流过大时，可换接到匝数较少的接线端子上，启动电流和启动转矩就同时增大。

（3）频敏变阻器在使用一段时间后，要检查线圈对金属外壳的绝缘情况，应经常进行表面积尘清除工作。

（4）如果频敏变阻器线圈损坏，则可用 B 级电磁线按原线圈匝数和线径重新绕制。

第5章 电动机的应用

5.1 电动机的分类及结构形式

电动机分为直流电动机和交流电动机。交流电动机又可分为同步电动机和异步电动机。电动机的分类如下：

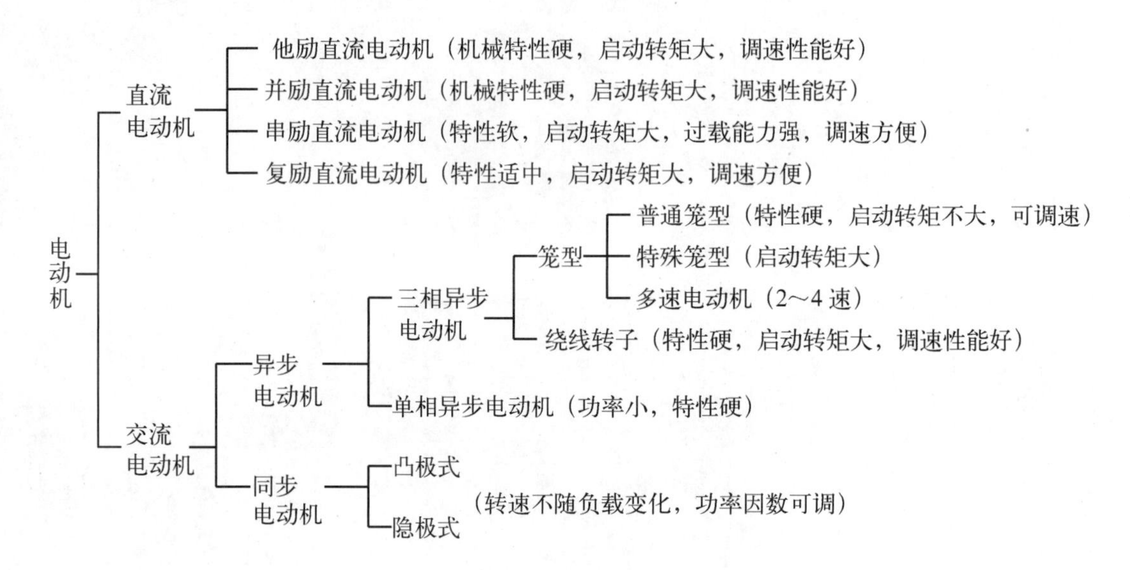

其中，三相笼型异步电动机具有结构简单、价格低廉、坚固耐用、工作可靠、维护方便等优点，在生产和生活中应用比较广泛。近年来又进一步普及应用了 Y 系列节能型电动机，以代替以往的 JO、JO_2、JO_3系列耗电较大的电动机。

电动机常见的结构形式有下列几种：

（1）防护型：这种电动机端盖上有进风孔，机座两侧及底部有出风孔，通风散热条件好，并且能防止垂直下落的水滴及其他杂物进入电动机内部。

（2）封闭型：这种电动机的外壳是封闭的，机座上有散热片，采用自带风扇降温，有一定的防水滴、防杂物飞溅能力，不能受潮和水淋。

在工厂、农村最常见的是以上两种，另外，根据使用场所的环境不同，还有防水式电动机、水密式电动机、潜水式电动机及防爆电动机等。

5.2 电动机的铭牌

要正确应用电动机，必须先要看懂铭牌。能够正确识别电动机铭牌上的数据，会给安装和维修电动机的人员带来很大方便。图 5-1 为 JO_2系列电动机的铭牌。图 5-2 是 Y 系列电动机的铭牌。

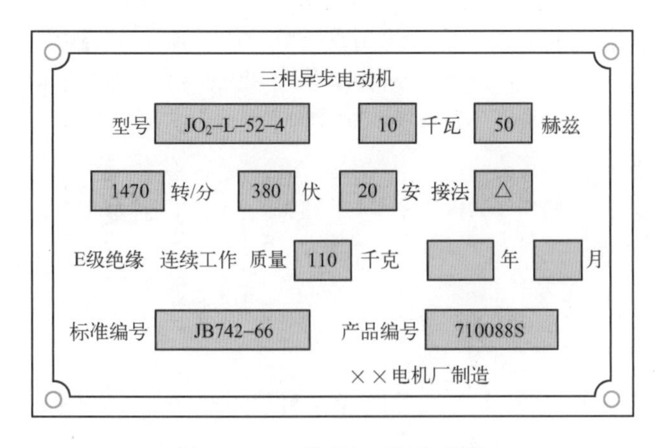

图 5–1 JO_2 系列电动机的铭牌

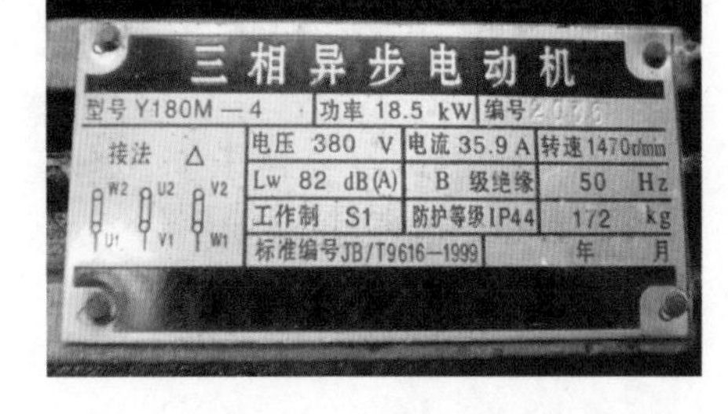

图 5–2 Y 系列电动机的铭牌

电动机铭牌上各个数据的意义为：

（1）型号。下面举例加以说明。

① JO_2—L—52—2：

J 表示三相交流异步电动机；

O 表示封闭式；

2 表示系列设计序号；

L 表示电动机定子绕组材料为铝线；

5 表示机座号；

2 表示铁心长序号；

2 表示电动机的极数。

② Y160M1—2：

Y 表示三相交流异步电动机；

160 表示机座号，表示电动机的高度；

M 表示中机座（另外还有 S 表示短机座，L 表示长机座）；

1 表示铁心长序号；

2 表示电动机的极数。

（2）额定功率。电动机的额定功率是指电动机轴上所输出的机械功率，一般用 kW（千瓦）表示，但也有用 HP（马力）表示的。它们的换算关系为

1kW = 1. 36HP　　1HP = 0. 736kW

（3）频率。频率是指电动机所接交流电源的频率。我国目前采用 50Hz 的频率。

（4）额定转速。电动机在额定电压、额定频率和额定功率下，每分钟的转数为电动机的额定转速。一般电动机 2 极的额定转速为 2 930 转/分左右，4 极为 1 440 转/分左右。

（5）额定电压。电动机的额定电压是指电动机所用的电源电压标准等级，一般国内低压三相交流电源都采用 380V，也有极少数地区采用 220V 的三相交流电源。

（6）额定电流。电动机的额定电流是指电动机在额定电压、额定频率和额定负载下定子绕组的线电流。电动机定子绕组为三角形接法时，线电流是相电流的$\sqrt{3}$倍，为星形接法

时，线电流等于相电流。一般电动机电流受外加电压、负载等因素影响较大，所以了解电动机所允许通过的最大电流对正确选择导线、开关及电动机上所加的熔断器和热继电器提供了依据。

下面举例说明三相异步电动机额定电流的计算方法。

有一台 JO_2—L—51—4 三相异步电动机，额定输出功率为 7.5kW，额定电压为 380V，功率因数为 0.87，效率为 87%，求额定电流。

解：由公式得 $I=\dfrac{1000\times7.5}{\sqrt{3}\times380\times0.87\times0.87}=15.05(A)$

（7）绝缘等级。电动机的绝缘等级是指电动机绕组所用绝缘材料的耐热等级。绝缘材料按耐热能力可分为 Y、A、E、B、F、H、C 7 个等级。例如，J、JO、JQ、JQO 系列的电动机采用 A 级绝缘，极限温度为 105℃；J_2、JO_2、JQ_2系列的电动机采用 E 级绝缘，极限温度为 120℃；Y 系列采用 B 级绝缘，极限温度为 130℃。

（8）定额工作制。电动机的定额工作形式是指在额定情况下，允许连续使用时间的长短，大致分 3 类：电动机连续工作、电动机短时工作和电动机断续工作。

（9）电动机质量。电动机铭牌上一般标有本身的质量，以供起重运输时参考。

（10）防护等级。Y 系列电动机有防护等级的规定。一般防护等级为 IP44，IP 表示外壳防护符号，第 1 个“4”表示防护固体电动机，第 2 个“4”表示防溅电动机。

（11）出厂日期。电动机铭牌上的日期为电动机的出厂时间。

（12）标准编号。标准编号表示电动机执行的技术标准，JO_2系列电动机执行 JB742—66 标准。

（13）出厂编号。电动机标有出厂编号，以便于质量跟踪与查询。

（14）电动机的接法。三相异步电动机一般用星形（Y 形）接法和三角形（△形）接法，内部接线如图 5-3 所示，接线盒引出线的连接方法如图 5-4 所示，其中，D1、D2、D3 为三相电动机绕组的首端，D4、D5、D6 为三相电动机绕组的末端。Y 系列电动机采用的是国家新标准，U1、V1、W1 为电动机绕组的首端，U2、V2、W2 为三相电动机的末端。

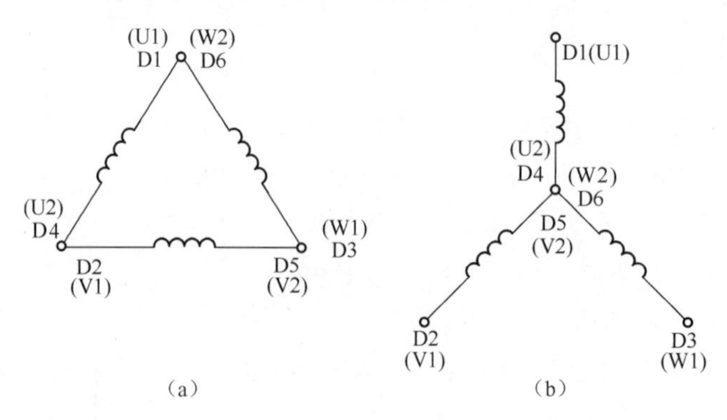

图 5-3 电动机内部接线

J、JO 系列电动机的铭牌上常标有 220/380V、△/Y 接法的字样，表示电源电压如果为 220V 三相交流电时，定子绕组为△形接法，如果接入电源电压为 380V 时，定子绕组为 Y

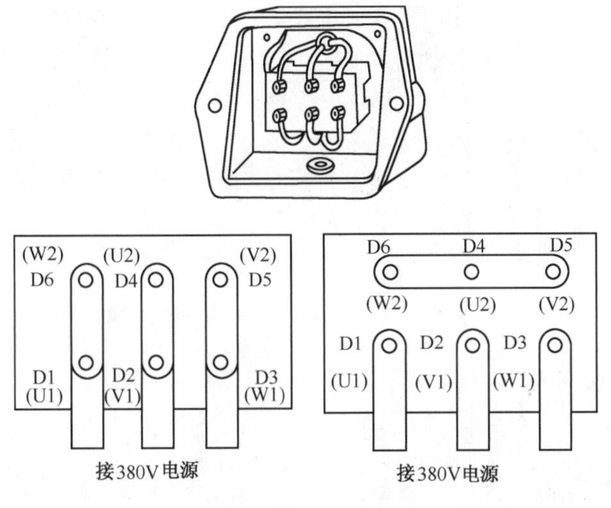

图 5-4　电动机接线盒引出线的连接方法

形接法。目前，Y 系列电动机 3kW 及以下为 Y 形接法，3kW 以上均为△形接法，电动机额定线电压为 380V。

5.3 电动机的星形实际操作接法

一般常用三相电动机的接线架上都引出 6 个接线柱，当电动机铭牌上标注为星形接法时，Y 系列电动机 W2、U2、V2 相连接，W1、U1、V1 接电源，JO_2 系列电动机 D6、D4、D5 相连接，D1、D2、D3 接电源。电动机的星形实际操作接法如图 5-5 所示。

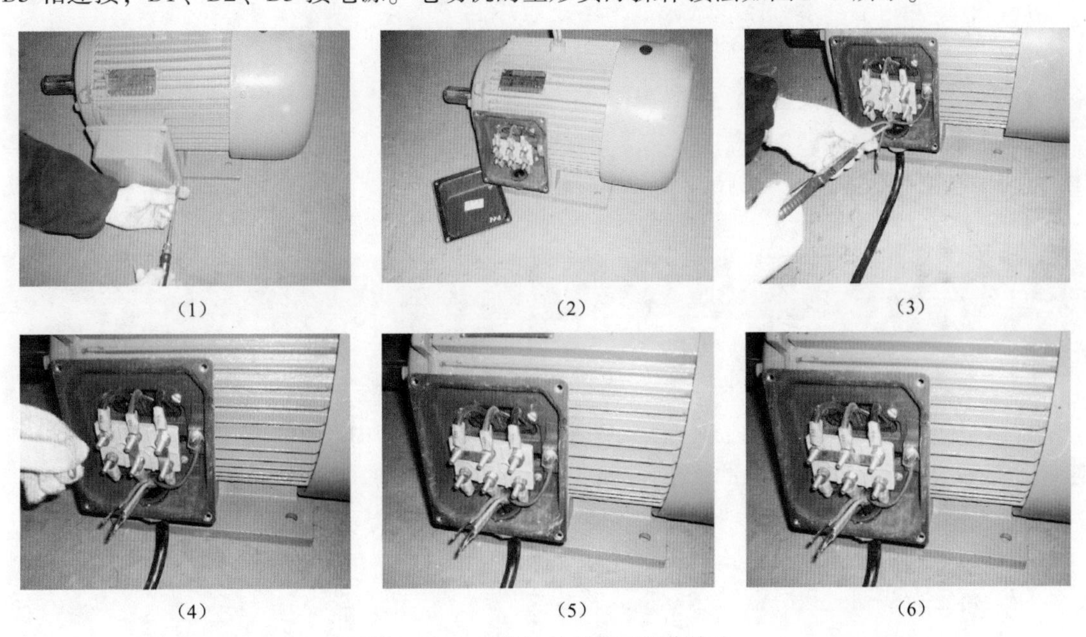

图 5-5　电动机的星形实际操作接法

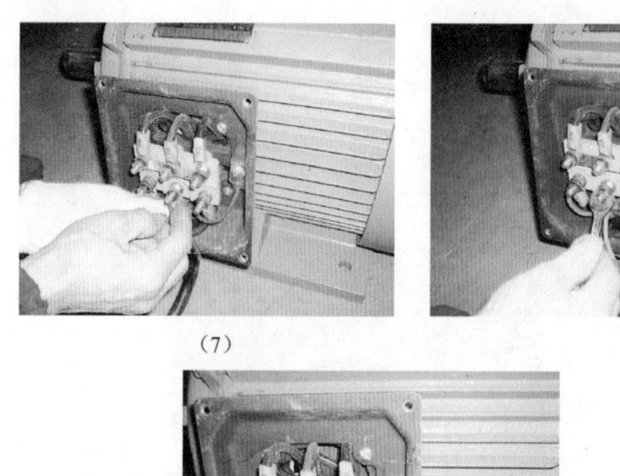

（7）

（8）

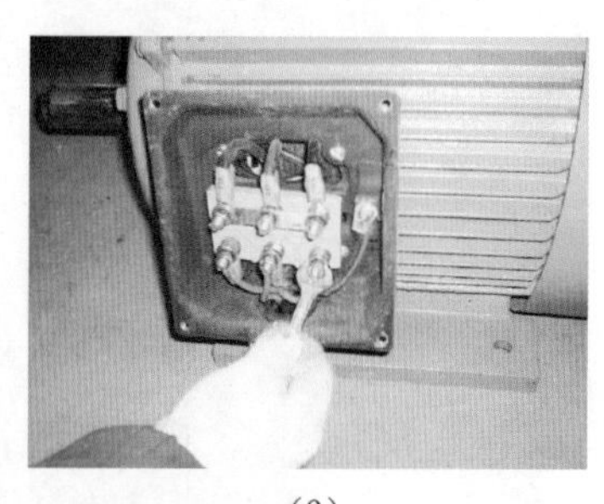

（9）

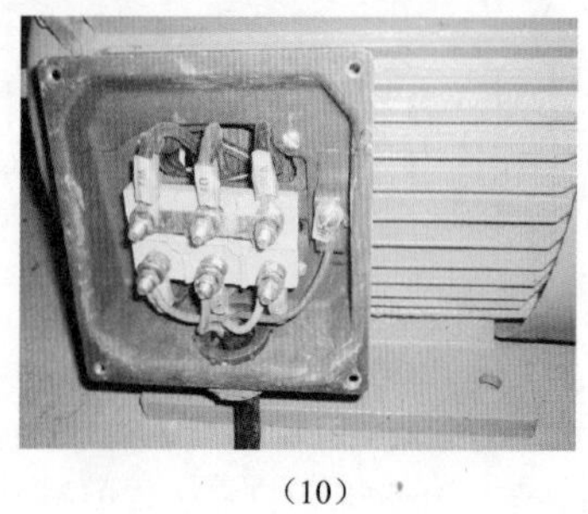

（10）

（11）

图 5-5　电动机的星形实际操作接法（续）

（1）打开电动机接线盒盖。
（2）将电动机 6 个接线柱螺钉的连接片拆下。
（3）将电源线的接地线接在电动机外壳接线柱上。
（4）将连接片拆下后，压紧电动机引出线的接线鼻。
（5）将连接片分别连接在左上方的两个连接柱上。
（6）用连接片连接上端三个接线柱中的中间和右边接线柱。
（7）将三相电源线分别接在下端的三个接线柱上。
（8）用螺钉压紧三相电源线。
（9）接线完成后的效果。
（10）装上接线盒盖，并密封好。
（11）接好电源，经绝缘测试合格后，方能通电运行。

5.4 电动机的三角形实际操作接法

当电动机铭牌上标注为三角形接法时，Y 系列电动机 W2 与 U1、U2 与 V1、V2 与 W1 分别连接，然后 U1、V1、W1 接电源；JO_2系列电动机 D6 与 D1、D4 与 D2、D5 与 D3 分别连接，然后 D1、D2、D3 接电源。电动机的三角形实际操作接法如图 5-6 所示。

（1）打开电动机接线盒盖。
（2）将电动机 6 个接线柱螺钉压接。
（3）将电源线通过接线盒防水圈接入接线盒。
（4）剥开四芯皮线。

(5) 把黑色接地线接在电动机外壳上。
(6) 把三相电源线 L1 相接到最左边接线柱上。
(7) 把三相电源线 L2 相接到中间接线柱上。
(8) 把三相电源 L3 相接到最右边接线柱上。
(9) 接线完成后的效果。
(10) 装上接线盒线，并密封好。
(11) 接好电源，经绝缘测试合格后，方能通电运行。

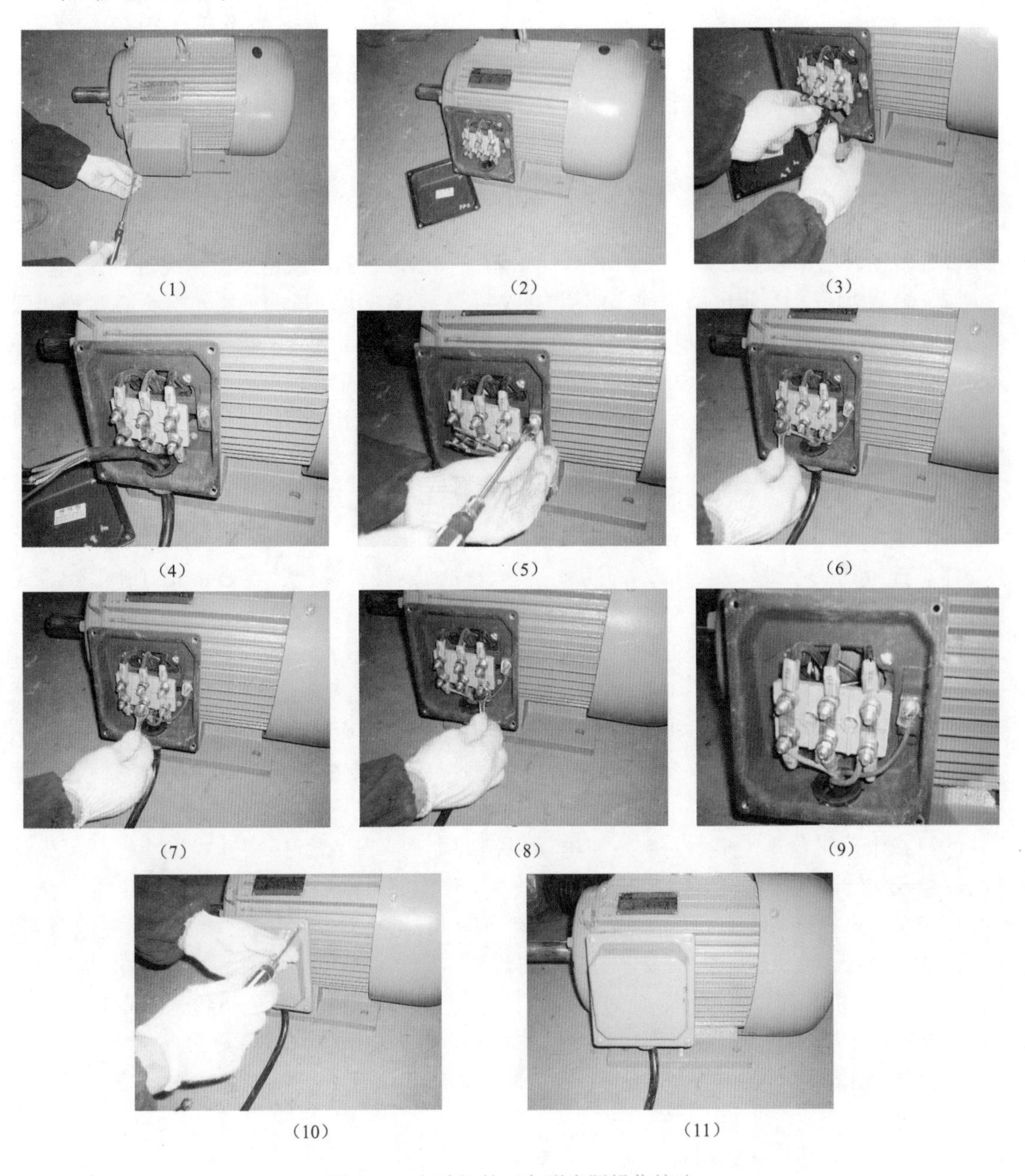

(1)　(2)　(3)　(4)　(5)　(6)　(7)　(8)　(9)　(10)　(11)

图 5-6　电动机的三角形实际操作接法

5.5 JO_2 系列三相异步电动机的使用

JO_2系列三相异步电动机的外形如图 5-7 所示。它是由定子铁心、转子、定子绕组、端盖及轴承、接线盒、螺钉等组成的。它的工作原理是：当通入三相交流电源时，定子绕组产生旋转磁场，使转子在旋转磁场的作用下形成转矩而转动，带动机械负载做功。

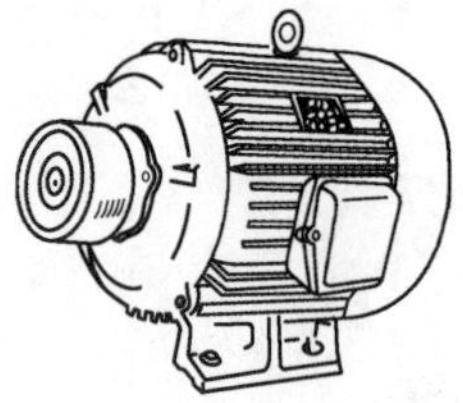

图 5-7 JO_2系列三相异步电动机的外形

使用三相异步电动机时应注意以下几点：

（1）在使用三相异步电动机之前，要详细对照铭牌，按照铭牌所载电压、频率、功率、转速等规格与实际配套使用。

（2）在使用三相异步电动机前要进行外部机械检查，注意各部件是否完好，螺钉是否松动，检查有无杂物，转子是否能转动，可用手轻轻转动转子，检查轴承润滑情况，有无杂音与摩擦，然后根据具体情况进行修配。

（3）在使用三相异步电动机前，应用 500V 兆欧表检查电动机的绝缘情况，在测得电动机绝缘电阻值大于 0.5MΩ 后方能使用，低于 0.5MΩ 要做烘干处理。烘干方法是，如果有烘箱，可将三相异步电动机拆开后放入烘箱中烘烤，无这种条件时，可将转子取出并将其立放（注意不要使硬物损伤线圈），将 150W 的灯泡放进电动机定子中间，并加盖厚布，如果电动机较大，则可增加灯泡的数量。电动机应在温度 70℃ ~80℃ 下烘干 7 ~8h。

（4）检查线路电压与电动机额定电压是否相符，线路电压的变动不应超出电动机额定电压的 ±5%。

（5）检查线路连接是否正确，各接触处是否接触良好，保护装置是否完好，熔丝额定电流应为电动机额定电流的 1.5 ~2.5 倍。

（6）电动机在运行前应装保护接地线或保安接零线。

（7）如果用皮带轮传动，则必须检查两转轴中心线是否平行，皮带松紧要适当，过紧会使电动机轴加快损坏，过松则容易使皮带打滑。

（8）如果用联轴器直接耦合，则应注意两转轴中心线要在一直线上，否则易使轴承损坏或使电动机产生振动。

（9）在电动机检查完毕后，应按照电动机铭牌上的定子绕组接线方式连接好，可先接通电源空载运转，查看旋转方向与实际要求是否一致，如果不一致，可将电源先断开，然后打开接线盒，再将电源引入线的任意两根换接一下，再空载运转 15min，运转中注意观察有无不正常的声音，有无轴承漏油及电动机发热现象。

（10）电动机在使用过程中，应经常注意防潮防尘，保持电动机风道畅通，所有机械连接部分要紧固牢靠，电气接触点要保持清洁、接触良好。

（11）电动机在启动前应尽量减轻负荷，降压启动可采用启动补偿器或自动降压启动器启动电动机。

（12）经常使用的电动机应保持每半年左右进行一次检修，清洗加油，以保证润滑良好。

（13）电动机在仓库存放时，应按原包装储放，仓库内应保持干燥及通风良好。

5.6 Y 系列三相异步电动机的使用

Y 系列三相异步电动机是近年来推广普及的一种新型电动机，将逐步淘汰 JO、JO_2、JO_3 系列的老式电动机，具有体积小、质量轻、节电等优点，现已广泛应用在工业、农业的生产中。其外形如图 5-8 所示。

Y 系列三相异步电动机的接线方法与使用方法基本与普通 JO_2 系列电动机相同，使用时要注意以下几点：

（1）电动机允许用联轴器、正齿轮及皮带轮传动，但对 4kW 以上的 2 极电动机不宜采取皮带传动，如选用小皮带轮，则可扩大三角皮带的传动范围。

（2）对立式安装的电动机，轴伸端除皮带轮外，不允许再带其他任何轴向负荷装置。

（3）电动机应妥善接地，接线盒内右下方有专门的接地螺钉，应把接地线接在此螺钉上。

图 5-8　Y 系列三相异步电动机的外形

（4）连续工作的电动机轴承温度不应超过 95℃，不允许电动机过载运行。

（5）一般电动机在运行 5 000h 左右应补充或更换润滑油脂。

（6）拆卸电动机前，从轴伸端或非轴伸端取出转子较为便利，取转子时，应严防损坏定子绕组的绝缘。

（7）更换绕组时，必须记下原绕组的形式、尺寸、匝数和线径，并按照正规方法更换绕组。

5.7 电动机的安装与校正

安装电动机时要选择尘土较少、通风散热好、无腐蚀性气体侵害、干燥的场所，电动机的安装部位还应利于日常检查，便于搬运。

容量较小、短期使用的电动机可固定在木板上，并固定牢固，把木板埋入地下。长期使用的电动机应采取砖石混凝土基座，尺寸可根据电动机底板尺寸，每边加宽 50 ~ 250mm。做基座时，事先应留有地脚螺钉孔眼，孔眼要比螺钉所占的位置大些，以便调整螺钉位置。

电动机安放在基座上后，要用水平仪进行纵向、横向检查，不平时要用铁片垫平。使用传动带的电动机轴应与负载机械传动带轴平行，在一条直线上。具体方法是：用棉线在传动带轮侧面吊成一直线看电动机正不正，对齐电动机使 A、B、C、D 4 点均与拉直的线接触，如图 5-9（a）所示。靠联轴器传动的电动机应使电动机中心轴线与机械轮的转动轴线重合。对轮与对轮上下一致，左右重合，间隙上下左右一致，不能靠得太紧，也不能使间隙太大，最好为 1 ~ 3mm，如图 5-9（b）所示。

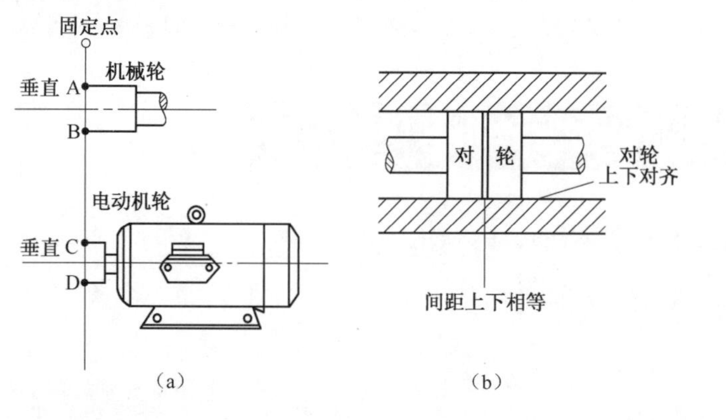

图 5-9 电动机校正示意图

5.8 电动机的定期检查与保养

对常年运行的电动机每年要定期检查和保养，以清理电动机的外部灰尘、油泥及其他杂物。检查接线板螺钉有无松动烧毁现象，有无接触不良部位。拆开电动机清洁内部，观察绕组绝缘是否变色老化，确定是否需要再次浸漆处理并加强绝缘强度。要定期清洗轴承，有条件的半年一次为好，轴承松动要更新。换轴承油时不应太满，为油腔的 2/3 即可，把轴承中的杂质用油挤出来，清洗干净，然后把电动机装配好，最后用 500V 的兆欧表测量电动机的绝缘电阻，绕组对外壳绝缘电阻不应小于 0. 5MΩ。

5.9 电动机运行中的监视

电动机在运行中要经常进行监视，检查运行情况，及时发现问题并及时处理，减少不必要的损失。监视的内容主要有：

（1）经常监视电动机的温度。用手触及外壳，看电动机是否过热烫手，如发现过热，则可用水在电动机外壳上滴几滴，如水急剧汽化，说明电动机显著过热，也可用温度计测量，如发现电动机温度过高，要立即停止运行，查明原因并处理，排除故障后方能继续使用。

（2）用钳形表测量电动机的内部，对较大的电动机还要经常监视运行中电流是否三相平衡或超过允许值。如果三相严重不平衡或超过电动机的额定电流，应立即停机检查，分析原因。若是负载引起的，则应通知有关人员处理；若是电动机本身原因引起的，则应及时处理。

（3）要经常监视运行中电动机的电压是否正常，电动机电源电压过高、过低或严重不平衡都应停机检查原因。

（4）注意电动机有无振动，响声是否正常，电动机是否有焦臭气味，如有异常，应停机检修。

（5）监视传动装置有无松动、过紧和不正常声音，如发现问题，需要及时处理。

（6）注意电动机的轴承运行声音是否正常，监视有无发热现象，润滑情况及摩擦情况是否正常。其简易方法可用长柄螺丝刀头触及电动机轴承外的小油盖，耳朵贴紧螺丝刀柄，细心听轴承运行中有无杂音、振动来判断轴承的运行情况，发现问题及时检修。

5.10 启动电动机时应注意的问题

启动电动机时要注意以下几个问题：

（1）在电动机接通电源后，发现电动机不转，应立即断开电源，查明原因，方能再次启动，不允许带电检查电动机不转的原因。

（2）如果采用补偿器（自耦减压启动器）启动或利用 Y－△转换器启动的电动机，特别要注意应按正确的操作顺序进行操作，用补偿器启动时要先将手柄推到“启动”位置，待电动机转速稳定下来后，再迅速拉到“运转”位置。如果经 Y－△转换器启动，则应先按下“启动”按钮，待启动完毕后再按下“运行”按钮。大型电动机的启动更要严防误操作。

（3）在同一线路上的电动机，特别是容量较大的电动机，不允许同时启动，应按操作顺序启动或是由大到小逐台启动，以免引起多台同时启动使线路电流激增，造成电压过低、启动困难或断路器跳闸等故障。

（4）电动机启动后，要观察电动机的旋转方向是否符合机械负载要求，如水泵、浆泵，上面标有方向铭牌，看看是否一致。如果是其他机械设备，则应注意观察机械传动方向是否正确，如果方向与要求相反，则应立即断开电源，将三相电源线中的任意两根线互相调换一下即可。

（5）电动机的启动次数应尽可能减少，空载连续启动不能超过 3～5 次/分钟，电动机长期运行停机后再启动，其连续次数不应超过 2～3 次/分钟。

（6）电动机在启动后，要注意观察电源电压是否正常，电动机电流是否正常，三相电流是否平衡，传动负载工作是否正常，运行声音是否正常，如发现问题，应及时停机，待查明原因排除故障后方能运行。

为了确保电动机的正常运转，减少不必要的机械电器损坏，使电气设备的故障消除在发生之前，电动机在使用前要做好以下准备工作：

（1）消除电动机及其周围的尘土杂物，用 500V 兆欧表测量电动机相间及三相绕组对地绝缘电阻，测得的电阻值不应小于 0.5MΩ，否则应对电动机进行干燥处理，使绝缘达到要求规定后方能使用。

（2）核对电动机铭牌是否与实际的各项数据配套一致，如接线方法是否正确、功率是否配套、电压是否相符、转速是否符合要求等。

（3）检查电动机各部件是否齐全，装配是否完好。

（4）检查电动机转子并带上机械负载，看其转动是否灵活。

（5）检查电动机及启动设备的金属外壳处接地是否良好。

（6）检查电动机所配的传动带是否过紧或过松，或是联轴器螺钉、销子是否牢固，对于电动机与机械对轮的配合要检查间隙是否合适。

（7）检查电动机接线接头是否有松动现象，有无发热氧化迹象。

（8）检查启动电器的部件是否安全，机械动作结构是否灵活，触头是否接触良好，接线是否牢固正确。

（9）检查电动机所配熔丝规格大小与电动机是否配套，安装接触是否牢固。

（10）检查电动机所配接的过流保护热元件的整定值是否与电动机的额定电流配套。

（11）检查电源是否正常，有无缺相现象，电压是否过高或过低，只有在电源电压符合要求时方能启动电气设备。

（12）检查电动机安装校正是否正确，质量是否可靠。

（13）在准备启动电动机之前还应通知在机械传动部件附近的人员远离，确定电器设备及机械设备无误的情况下，通知操作人员按操作规程启动电动机。

5.11 电动机的保护接地及接零方法

为了防止电动机绕组的保护绝缘层损坏发生漏电，造成人身触电，必须给电动机装设保护接地或保安接零装置以保障人身安全。

电动机接入三相电源时，若电网中性点不直接接地，则应采取保护接地措施。其方法是把电动机外壳用接地线连接起来。一般采用较粗的多股铜线（不小于4mm^2）与接地极可靠连接，这种方法称为保护接地，接地电阻一般不大于4Ω。其原理是：一旦电动机发生漏电现象，人身碰触电动机外壳或是通过金属管道传到其他金属连接体处发生漏电时，由于人体电阻比接地电阻大得多，因此漏电电流主要经接地线流入大地，人体不致通过较大的电流而危及生命，从而保护了人身安全。

在有条件的情况下，如电网中性点直接接地，则可采用保安接零措施。具体方法是将用电器设备的金属外壳（如电动机的外壳）用铜导线与三相四线制电网的中性线相连接。这种保安措施比较安全可靠，一旦发生电器外壳漏电现象，会迅速形成较大的短路电流，把用电器设备中的保险丝熔断或使断路器等过流装置跳闸，从而断开电源，保护人身安全。

值得注意的是，在同一三相四线制系统中，不允许一部分电动机设备的外壳采用保护接地而另一部分电气部分的外壳采用保安接零。

埋设接地装置的接地极可采用较粗的钢管、角钢或铜管等金属物，钢管壁厚最好不少于3.5mm，长度最好为2.5m左右，接地极应垂直埋入地下，上端面的深度不应小于0.6～0.8m，如图5-10所示。为了便于打入地下，接地极前端应做成尖状。为减少接地电阻，接地极的数目要在3个以上，最好埋在地下形成三角形，并将其连为一体，在它们周围加些降阻剂或食盐和木炭混合物，最后把接地体周围保护起来，尽量避免行人触及。

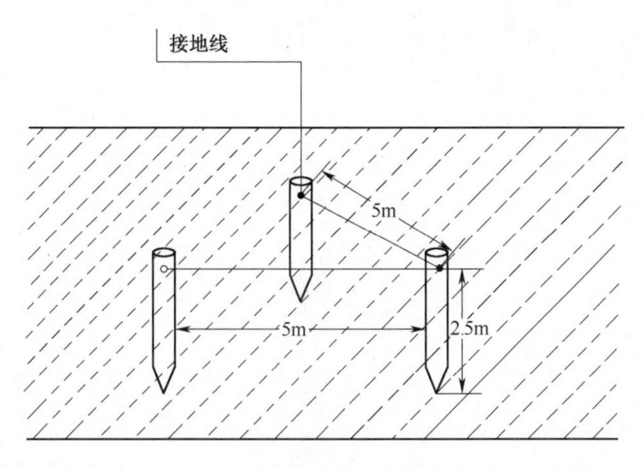

图5-10　接地线的埋设

5.12 电动机故障的检查

电动机内部出现故障，首先要判定故障点在什么地方，以便正确、快速地修复。

1. 机械方面故障的检查

(1) 轴承磨损情况：电动机本身对前后两套轴承的要求是很严格的，轴承质量的好坏直接影响电动机的工作状况。检查时，如果电动机是在运行中，则可用螺丝刀的一端触及轴承盖，耳朵贴紧螺丝刀的手柄，细听轴承运行有无异常声音。如果声音异常，则可判断轴承已有损坏现象，要停止电动机运行，打开电动机检查。检查轴承小环与大环中间的固架是否损坏，轴承是否卡死损坏，电动机大盖与电动机轴承、轴承与电动机轴是否配合适当，有无松动，发现松动时，要用錾子打上痕迹或用铣床在电动机轴上进行辊花处理后再装配轴承，然后检查轴承的缺油情况、轴承装配是否到位、装配的同心度是否良好、电动机大端盖装配是否到位等。

(2) 定子转子摩擦状况：首先用手转动电动机转子，仔细听有无摩擦的声音，或用手轻轻触及电动机轴和周围部位，即可感觉出有无摩擦现象。另外也可拆开电动机，观察定子铁心表面有无摩擦后的痕迹，再观察转子上有无摩擦后的痕迹，根据转子铁心上摩擦痕迹的部位判断造成摩擦的原因。其主要原因是端盖没有上到合适位置、轴承损坏、轴与轴承摩擦、转子与定子间夹有杂物、硅钢片错位窜出、电动机旋转磁场变异等。

2. 电动机定子绕组故障的检查

(1) 电动机绕组发生接地故障的检查

① 用兆欧表查找电动机的接地点。电动机绕组出现接地，首先要查出电动机3个绕组中的哪一组接地或是哪两组接地。先拆除三相绕组的连接片，然后用500V的兆欧表分别对三相绕组进行相间绝缘检测，如果三相绕组之间绝缘良好，再进行对地检测。其检测方法是：兆欧表一端接通三相绕组的出线端，另一端触及电动机金属壳的铭牌或触及电动机不生锈的金属外壳。用兆欧表检查电动机接地点的具体操作方法如图5-11所示。如果兆欧表的

指针为零位，则说明该相绕组有接地短路点。为了进一步查出哪个线圈接地，需再将该线圈绕组中各线圈间的连接过桥线分开，逐步查找。

（1）打开电动机接线盒盖。

（2）去掉电动机 6 个接线柱中的连接片。

（3）用兆欧表摇测电动机两相绝缘情况。

（4）在正常工作状态下，图示两相绕组间的绝缘阻值应为“∞”（无穷大）。

（5）在正常工作状态下，图示两相绕组间的绝缘阻值应为“0”（因为是同一绕组）。

（6）在正常工作状态下，图示两相绕组间的绝缘阻值应为“∞”（无穷大）。

（7）在正常工作状态下，图示两相绕组间的绝缘阻值应为“∞”（无穷大）。

（8）在正常工作状态下，图示三相绕组与电动机间的绝缘阻值应为“∞”（无穷大）。

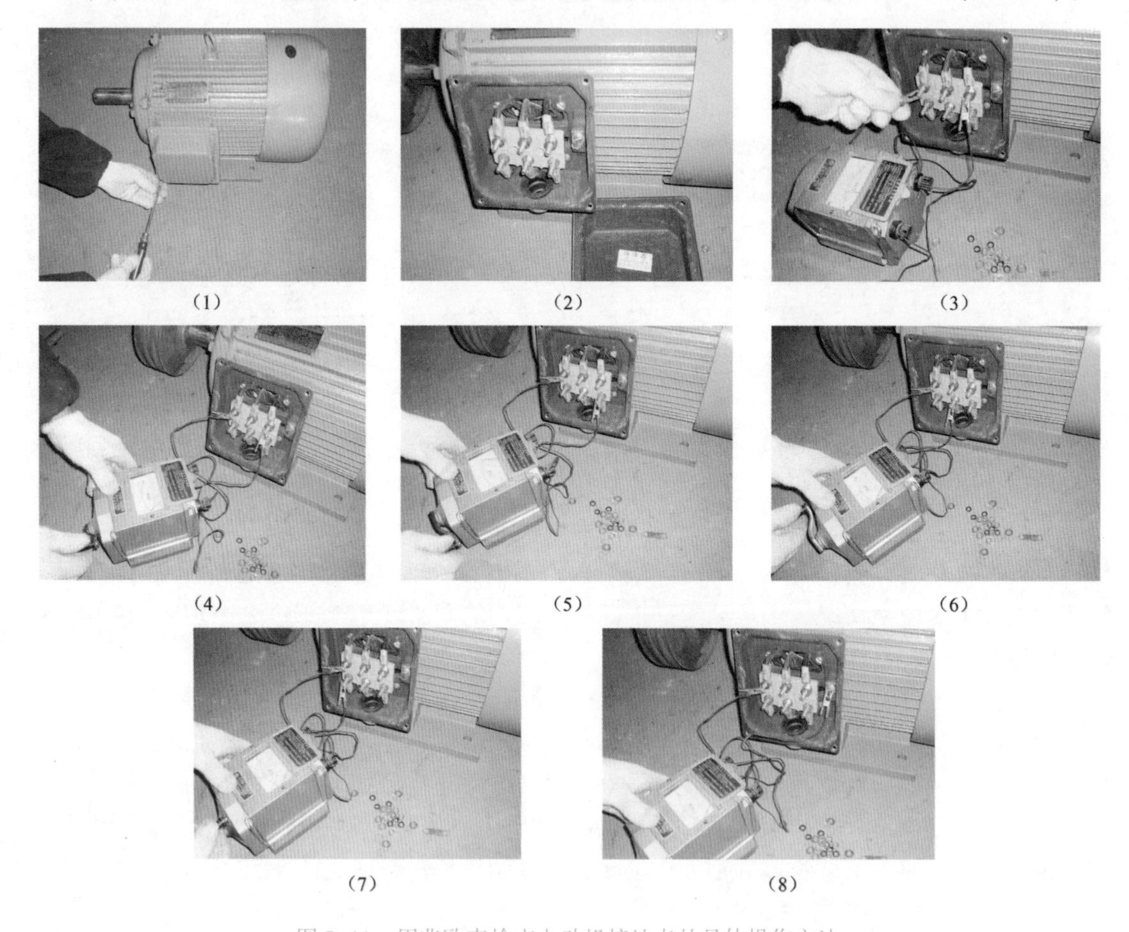

（1）（2）（3）（4）（5）（6）（7）（8）

图 5-11　用兆欧表检查电动机接地点的具体操作方法

② 用灯泡查找电动机的接地点。在农村，有时电工仪表不全，可采用如图 5-12 所示的方法进行检测，把交流电 220V 直接串联灯泡后接在电动机外壳及电动机绕组一端（注意，零线接电动机外壳，并注意人员不要触及带电部分），若三相绕组中某一相在触及时灯泡发亮，则说明该相绕组有接地故障点。

③ 用电池查找电动机的接地点。如图 5-13 所示，用电池作为电源，串联一只手电

筒用的小电珠，分别触及绕组及电动机外壳，若小电珠发亮，则表明该相绕组有接地现象。此方法的缺点是电池电压较低，在接地故障不太严重时或接地电阻较大时，不易查出接地点。

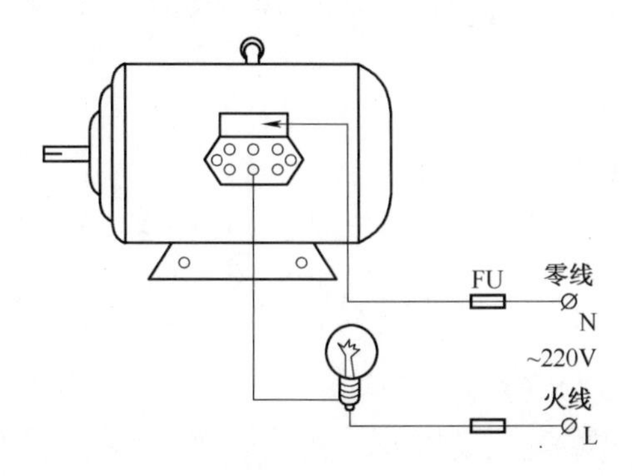

图 5-12　用灯泡查找电动机的接地点

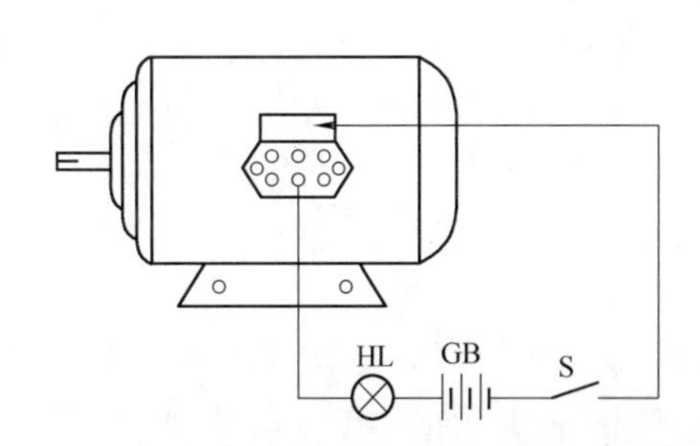

图 5-13　用电池小电珠查找电动机的接地点

④ 用耐压机查找电动机的接地点。用耐压机查找电动机的接地点，可直接观察到接地点的部位，如图 5-14 所示。当耐压机电压逐渐升高时，若绕组线圈有接地故障，线圈接地点便会起弧冒烟，只要仔细观察，就可找出接地点的具体位置。如果接地点在电动机槽内，则先根据打耐压所产生的“吱吱”声判断接地点的大概部位，然后取出槽内的槽楔，重新打耐压，直至查出接地点的部位。在使用耐压机查找电动机的接地点时，一定要注意人身安全。操作时，人和电气设备应保持一定的安全距离，以确保安全。

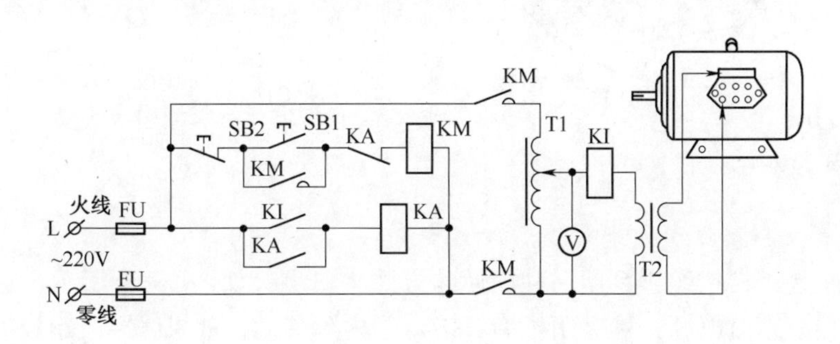

图 5-14　用耐压机查找电动机的接地点

(2) 电动机绕组短路故障的检查

电动机绕组短路会使周围绝缘损坏变色。若是相间短路，则用兆欧表可测出。这种故障所产生的后果较严重，从外表上即可观察到短路部位被烧坏的痕迹。

电动机绕组存在匝间短路的检测方法是用短路侦察器查找。把短路侦察器接于 220V 交流电源上，如图 5-15 所示，然后将铁心开口对准被检查线圈所在的槽，这时短路侦察器和定子的一部分组成一个小型“变压器”，短路侦察器本身的线圈为变压器的初级，而被检测的电动机绕组为变压器的次级，短路侦察器的铁心和定子铁心的一部分组成变压器的磁路。当接上 220V 交流电源后，被检测的定子绕组线圈便会产生感应电动势，若有短路线匝存在，则短路线匝中便会有电流通过，反映到短路侦察器的初级电流也比通常要大，同时会使电动机定子绕组周围的铁心产生磁场，这时在槽口处放一块薄铁片，短路线圈产生的磁通就会通过铁片形成回路，将铁片吸引在铁心上，产生振动，即可判断出电动机匝间短路点的部位。

利用短路侦察器检查电动机匝间短路时，必须将定子绕组多路线圈并联处断开，否则无法判断短路故障点的位置。

检查电动机有无相间短路，首先要将电动机引出线的接线板连接片拆除，然后分别用兆欧表的一端接在某相绕组上，另一端接在另一相绕组上进行测试。在测试中，如果某两相线圈有相间短路点时，则兆欧表指针为零。依次把这两相绕组的各组线圈之间的连接线拆开逐一进行测试，最终查出发生短路的线圈。

(3) 电动机绕组断路故障的检查

检查电动机绕组断路也需将电动机接线端子的连接线断开，然后用万用表的低阻挡分别测试三相线圈绕组的通断。若某相线圈断路，则测得的电阻会很大，说明该相线圈断路。为了进一步查出断路点的部位，可用电池与小灯泡串联，一端接于断线绕组首端，另一端接一根钢针，用钢针从断路相的首端起依次刺破线圈绝缘，观察其灯泡是否发亮，当刺到某点时，灯泡不亮，则说明断路点在该点的前后之间，如图 5-16 所示。

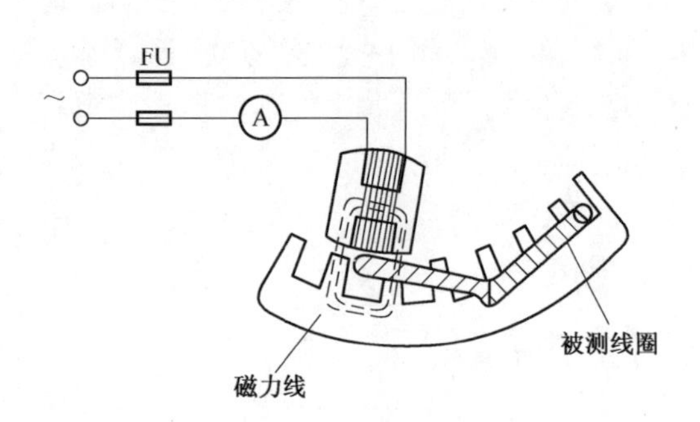

图 5-15 用短路侦察器查找电动机匝间短路

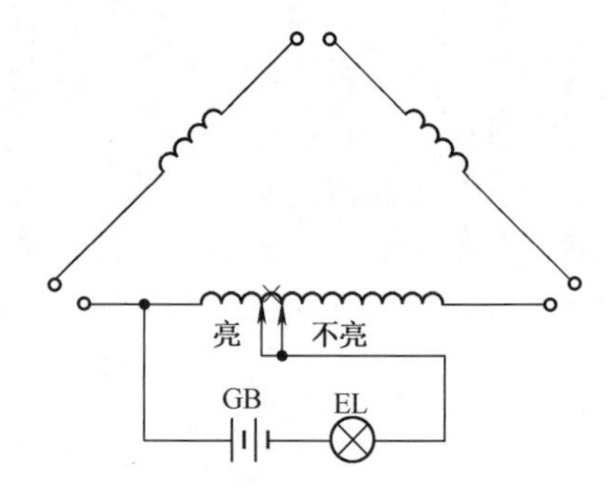

图 5-16 用灯泡查找电动机的断路点

(4) 电动机绕组接错线故障的检查

电动机绕组是否接错线，可用一种简便的方法来检测，如图 5-17 所示。首先将被检查的相绕组两端接上直流电源，然后用指南针沿定子内圈移动，如果线圈绕组没有接错，则每当指南针经过该相绕组的一组线槽时，指向是反向，并且在旋转一周时，方向改变次数正好与极数相等。如果指南针经过某组线槽时，指针不反向，或是指向不定，则说明该组有接错处。

3. 转子故障的检查

电动机转子通常较少会出现故障，但有时也会发生鼠笼转子铝条断裂现象。检查时，打开电动机，抽出电动机转子仔细查看，如果有断裂故障，则会发现断裂处铁心因发热而变成青蓝色。另一种检查方法是在转子两端端环上通入小电流，并在周围表面撒上些铁粉，未断铝条的周围铁心能够吸引铁粉，如果某一根铝条周围铁粉较少，则说明有可能是该铝条断条。其查找方法示意图如图 5-18 所示。

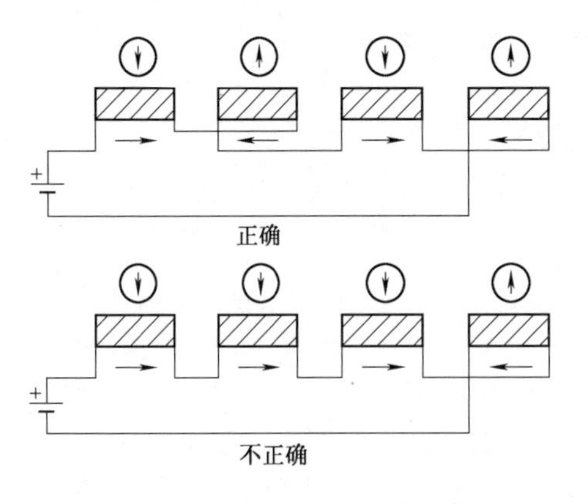

图 5-17 利用指南针检查线圈绕组接线是否正确

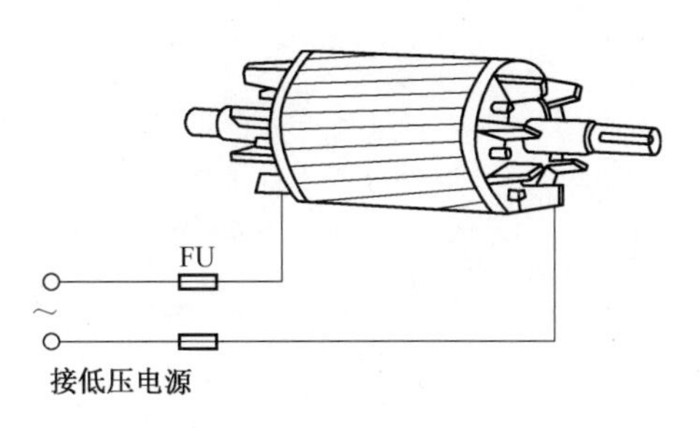

图 5-18 转子笼条断裂查找方法

5.13 电动机工作不正常的原因

1. 电动机电源电压过高或过低

电动机电源电压的波动一般不应超过额定电压的 ±5%，如果电动机的额定电压为 380V，则电压变高不应超过 400V，变低也不应低于 360V。电源电压过高，又是满负荷运转时，很可能会使电动机绕组温升过高，严重时会烧毁电动机。电源电压过低，会使电动机转矩降低、启动困难、运行中的电动机转速变慢、电流增大等。

2. 三相电源电压不平衡

线路上有短路、断路、接地、接触不良或电源变压器本身出现故障都会造成三相电源电压不平衡。如果电动机接入的三相不平衡电压超过平均值偏差的 5%，就会破坏旋转磁场的对称性，使电动机运行声音不正常，有强烈的振动或出现三相电流不平衡等现象。

3. 电动机缺相运行

电动机缺相运行又称断相运行。电源导线断路、保险丝或保险片熔断一相、电气接头烧断一相、开关一相接触不良、电动机接线柱氧化烧断、电动机本身线圈断路和短路等原因都会造成电动机缺相运行。电动机缺相运行时，内部的另一相绕组或另两相绕组电流会大大增加，如图 5-19 所示。电动机会产生噪声（发出“嗡嗡”声响），机身会产生振动，线圈绕组会严重过热，如果不及时停机，将很快烧毁电动机。

4. 电动机负荷过重

如果电动机的工作电流超过额定电流，并且已事先测知电动机空载电流很小，就说明电动机负荷过重。由于温度和电动机电流的平方成正比，因此很快会引起电动机绕组过热。超载严重，时间较长时，会有可能烧坏电动机绕组线圈。

5. 电动机轴承损坏

电动机的轴承质量差、轴承缺油、轴承损坏都会造成电动机在运行中出现不正常的声音，轴承发热，电动机产生振动，严重时会引起定子与转子相互摩擦。

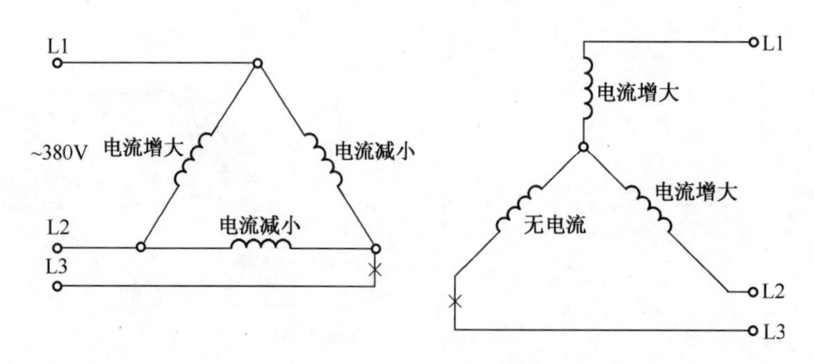

图 5-19　电动机缺相运行电流变化图

第 6 章

电工常用电力配电设备的安装

6.1 单相闸刀手动正转控制电动机线路

当开动单相电动机时，合上胶盖瓷底闸刀开关，单相电动机就能转动，从而带动生产机械旋转。拉闸后，电源断开，控制实例如图 6-1（a）所示，单相闸刀开关内部接线如图 6-1（b）所示，控制线路如图 6-1（c）所示。

（a）单相闸刀手动正转控制实例

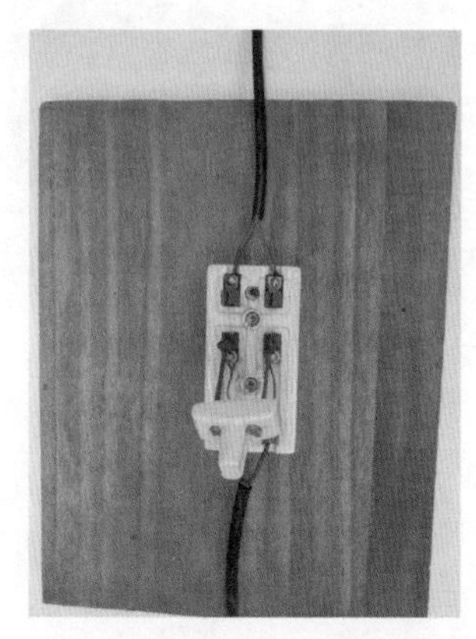

（b）单相闸刀开关内部接线

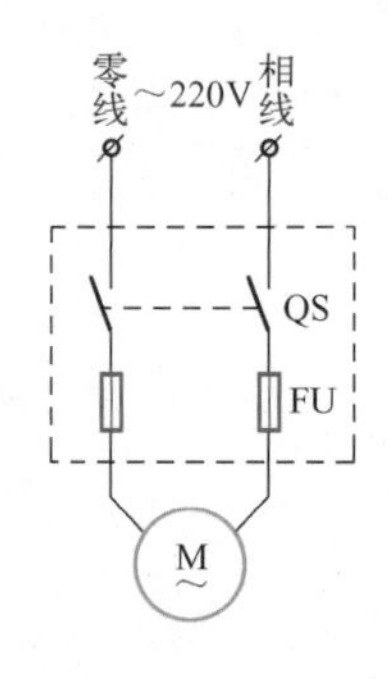

（c）单相闸刀手动正转控制线路

图 6-1

6.2 三相胶盖瓷底闸刀手动正转控制

利用三相胶盖瓷底闸刀开关的控制实例及线路如图 6-2 所示。在一些生产单位中使用的三相电风扇及砂轮机等设备常采用这种控制线路，最简单且非常实用。图中，QS 表示胶盖瓷底闸刀开关。当合上闸刀开关时，电动机就能转动，从而带动生产机械旋转。拉闸后，电动机及熔断器脱离电源，以保证安全。

（a）三相闸刀手动正转控制实例

（b）三相闸刀开关内部接线

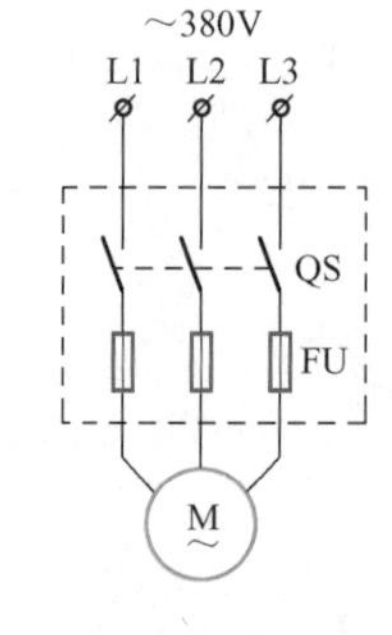

（c）三相手动正转控制线路

图 6-2

6.3 用按钮点动控制电动机启停

在生产过程中，常会见到用按钮点动控制电动机启停，多适用在快速行程及地面操作行车等场合。点动控制实例如图 6-3（a）所示，控制线路如图 6-3（b）所示。当需要电动机工作时，按下按钮 SB，交流接触器 KM 线圈获电吸合，使三相交流电源通过接触器主触点与电动机接通，电动机便启动运行。当放松按钮 SB 时，由于接触器线圈断电，吸力消失，接触器便释放，电动机断电停止运行。

（a）点动控制实例

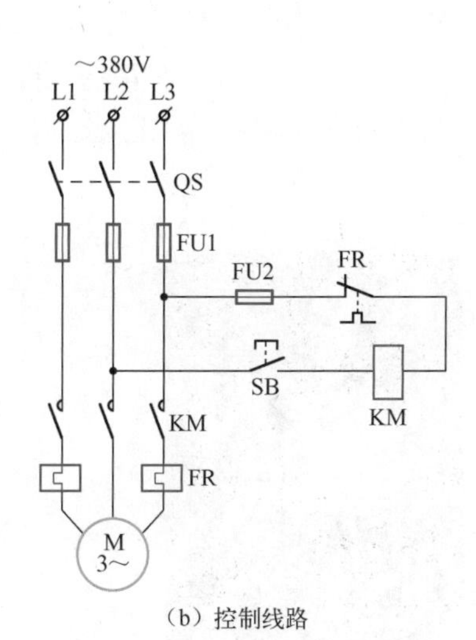

（b）控制线路

图 6-3　用按钮点动控制电动机启停

6.4 农用潜水泵控制线路

农用潜水泵控制线路如图 6-4 所示。当启动电动机时，合上电源开关 QS，按下启动按钮 SB1，接触器 KM 线圈获电，KM 主触点闭合使电动机 M 运转；松开 SB1，由于接触器 KM 常开辅助触点闭合自锁．控制电路仍保持接通，电动机 M 继续运转。停止时，按 SB2，接触器 KM 线圈断电，KM 主触点断开，潜水泵电动机 M 停转。

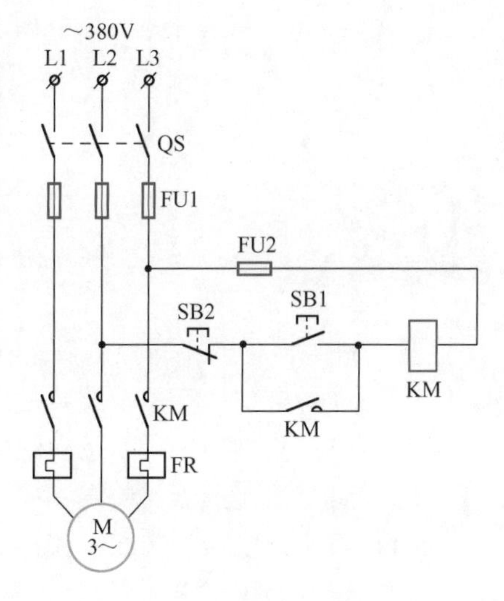

图 6-4　农用潜水泵控制线路

6.5 具有过载保护的正转控制

具有过载保护的正转控制线路应用十分广泛，是电工最常见的线路之一，如在很多生产中，因机械负载过大、操作频繁等原因，使电动机定子绕组中长时间流过较大的电流，有时熔断器在这种情况下未及时熔断，以致引起定子绕组过热，影响电动机的使用寿命，严重时甚至烧坏电动机，因此对电动机必须实行过载保护。

具有过载保护的正转控制实例如图 6-5（a）所示，具有过载保护的正转控制线路如图 6-5（b）所示。当电动机过载时，主回路热继电器 FR 所通过的电流超过额定电流值，使 FR 内部发热，内部金属片弯曲，推动 FR 闭合触点断开，接触器 KM 的线圈断电释放，电动机脱离电源停转，起到过载保护作用。

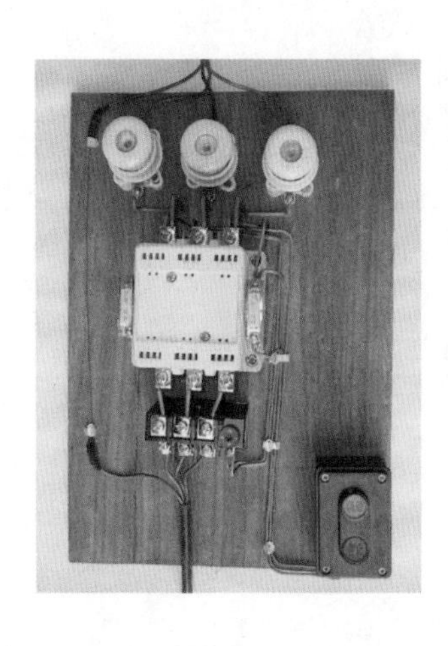

（a）具有过载保护的正转控制实例

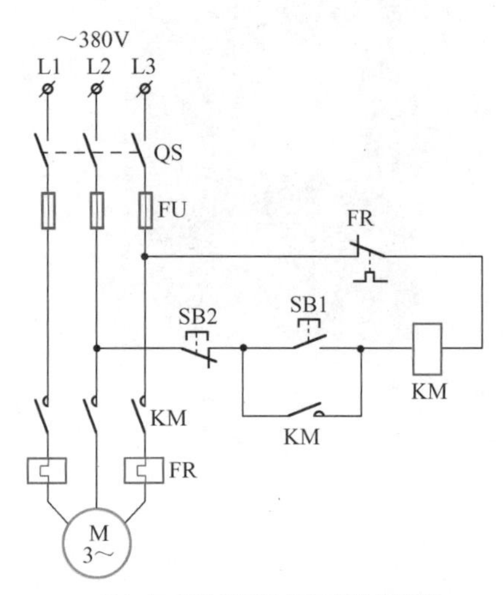

（b）具有过载保护的正转控制线路

图 6-5

6.6 具有过载保护的正转控制设备安装步骤

具有过载保护的正转控制设备安装步骤如图 6-6 所示。

（1）准备好按钮开关，放置在绝缘板右下角，以便操作。

（2）将三只螺旋保险安装在绝缘板上的左上角，三只螺旋保险之间的距离相同。

（3）将交流接触器安装在螺旋保险下方。

（4）将热继电器安装在交流接触器下方。

（5）把所有配电电器固定在绝缘板上。

（6）将按钮开关固定在绝缘板上，打开按钮开关上盖，以便接线。

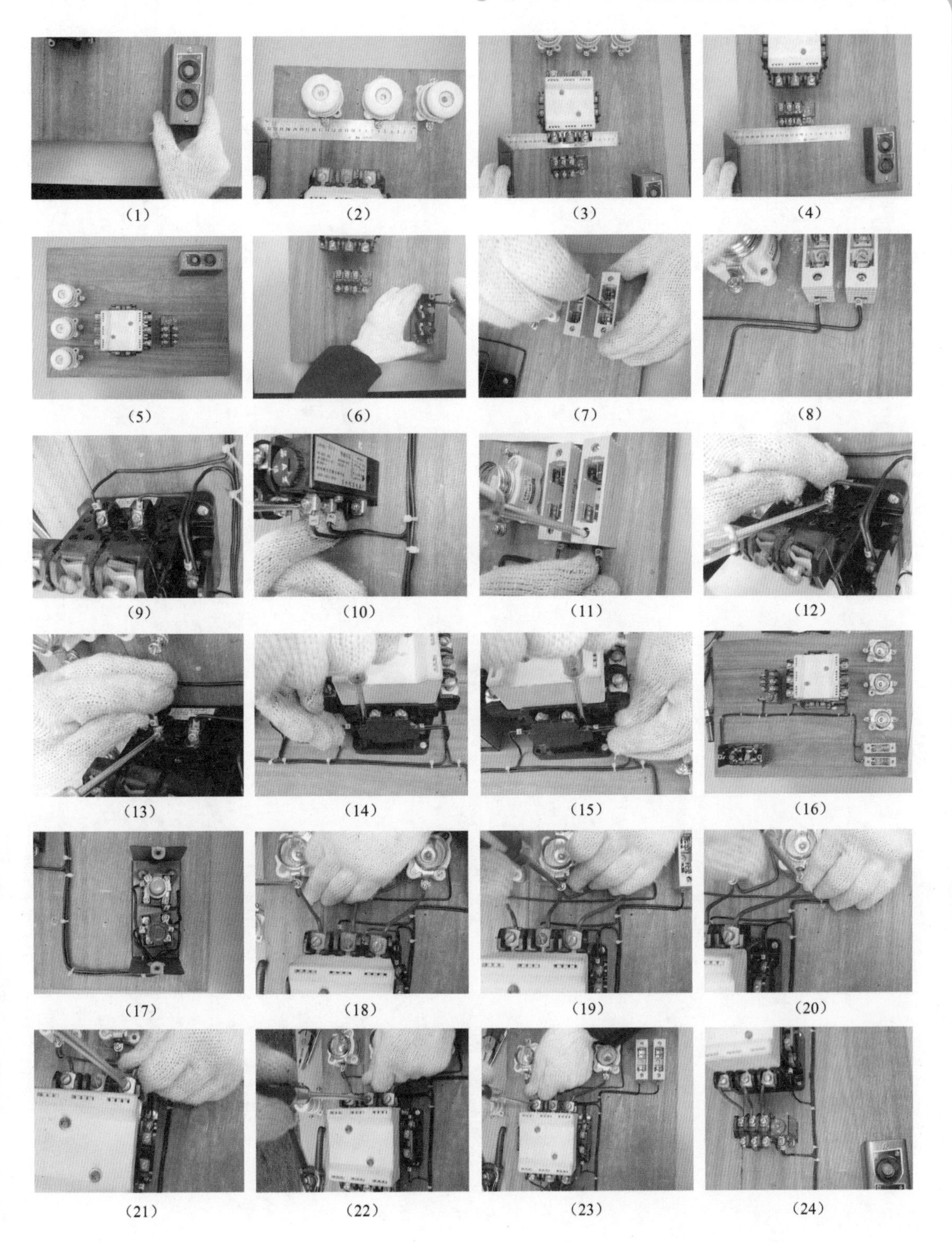

（1）（2）（3）（4）（5）（6）（7）（8）（9）（10）（11）（12）（13）（14）（15）（16）（17）（18）（19）（20）（21）（22）（23）（24）

图6-6　具有过载保护的正转控制设备安装步骤

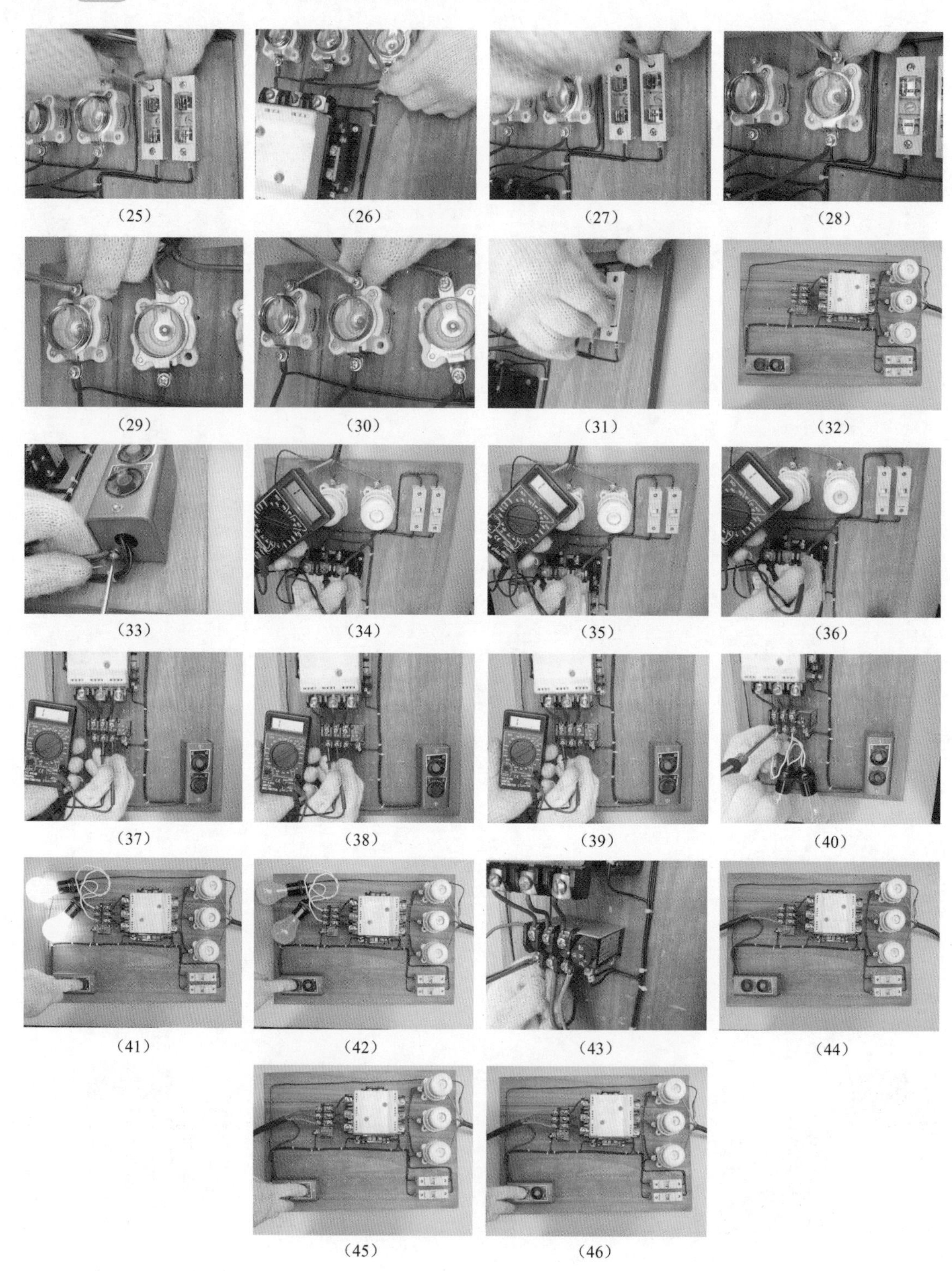

图 6-6　具有过载保护的正转控制设备安装步骤（续）

（7）将保险管的保险座固定在绝缘板上。

（8）连接二次控制线“0”的一端接保险管底座，另一端接交流接触器线圈接线柱上；连接二次控制线“1”一端接保险管底座，另一端接热继电器的二次回路上。

（9）接触器二次回路“4”的一端接接触器线圈上，另一端接接触器控制回路常开触点上，并通过导线再连接到按钮上。

（10）二次控制回路导线“1”的一端接热继电器二次回路上，另一端接保险管底座上；二次控制回路导线“2”的一端接热继电器二次回路的另一端，通过导线连接到控制按钮常闭触点上。

（11）用螺丝刀把二次控制线压紧。

（12）用螺丝刀把接触器线圈的控制线压紧。

（13）用螺丝刀把接触器控制线的另一端压紧，并用手向外用力拉一下，直到拉不出导线位为止。

（14）用螺丝刀把接触器二次线“3”接入交流接触器常开辅助触点上，另一端接入按钮的常闭触点上。

（15）把接触器辅助触点的连线压紧，并用力向外拉，直到拉不出二次导线为止。

（16）把所连接的二次控制导线用塑料线卡固定好。

（17）按钮的连接导线“4”一端接按钮常开触点，另一端连接到接触器的线圈上，连接导线“3”将按钮的常开触点与常闭触点相连接，再连接到接触器的常开触点上。

（18）把电源主线 L1 从螺旋保险下桩头连接到接触器的主触头上，并固定紧。

（19）把电源主线 L2 从螺旋保险下桩头连接到接触器的主触头上，并固定紧。

（20）把电源主线 L3 从螺旋保险下桩头连接到接触器的主触头上，并固定紧。

（21）把接触器主连接线用螺丝刀旋紧，并用力用手向外拉，直到拉不出为止。

（22）用同样方法把电源线 L2 主线连接导线压紧。

（23）用同样方法把电源线 L1 主线连接导线压紧。

（24）把接触器下桩头三相连接主线连接到热继电器的上桩头上。

（25）二次回路保险管底座的上桩头“1”一端连接到“1”的保险底座上桩头上，另一端连接到螺旋保险下桩头的 L1 上。

（26）二次回路保险管底座的上桩头“0”一端连接到“0”的保险底座上桩头上，另一端连接到螺旋保险下桩头的 L3 上。

（27）把保险管底座二次回路连接线用螺丝刀压紧。

（28）把三相电源线 L1\L2\L3 分别接到螺旋保险上桩头。

（29）把螺旋保险的电源线 L1 用螺丝刀旋紧。

（30）把螺旋保险的电源线 L2 用螺丝刀旋紧。

（31）将两只二次保险管的上盖分别安装好。

（32）整个具有过载保护的正转控制设备线路安装基本完成。

（33）最后一定要把保护接地线连接到按钮的金属外壳上。

（34）进行安装测试，将万用表电阻挡拨至 10k 挡，测量接触器主线路 L2 与 L3 电阻无穷大为正常。

（35）将万用表电阻挡拨至10k挡，测量接触器主线路L1与L2电阻无穷大为正常。

（36）将万用表电阻挡拨至10k挡，测量接触器主线路L1与L3电阻无穷大为正常。

（37）将万用表电阻挡拨至10k挡，测量热继电器主线路L2与L3电阻无穷大为正常。

（38）将万用表电阻挡拨至10k挡，测量热继电器主线路L1与L2电阻无穷大为正常。

（39）将万用表电阻挡拨至10k挡，测量热继电器主线路L1与L3电阻无穷大为正常。

（40）将两只220V测试白炽灯串联，并分别接到热继电器下桩头L1和L3上。

（41）接通电源，按下启动按钮，接触器主触点吸合，测试白炽灯被点亮。

（42）按下停止按钮，主电源断开，测试白炽灯熄灭。

（43）拆下热继电器连接的测试白炽灯，并将连接电动机的导线接上。

（44）整个具有过载保护的正转控制设备安装步骤完成。

（45）按下启动按钮，电动机得电运转（如果电动机方向相反，在断开电源的情况下，只需调换热继电器下桩头L1与L3的接线位置）。

（46）按下停止按钮，电动机停止运转。

6.7 可逆点动控制

可逆点动控制实例如图6-7（a）所示，可逆点动控制线路如图6-7（b）所示。当按下SB1时，接触器KM1得电吸合，电动机M正向转动，当按下SB2时，接触器KM2得电吸合，电源相序改变，电动机反向转动，当松开SB1或SB2时，电动机停转，实现可逆点动要求。

（a）可逆点动控制实例

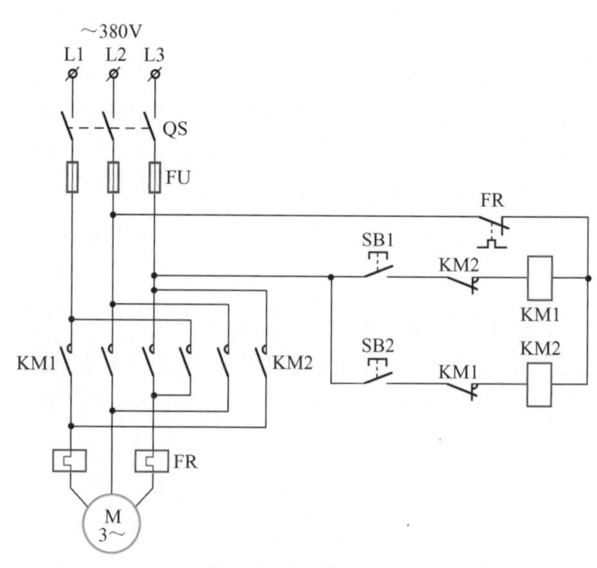

（b）可逆点动控制线路

图6-7

为了防止两个接触器同时接通造成两相短路，在两个线圈回路中各串一个对方的常闭辅助触点作为联锁保护。

6.8 用倒顺开关的正反转控制

常用的倒顺开关有 HZ3—132 型和 Qx1—13M/4.5 型，控制实例如图 6-8（a）所示，用倒顺开关的正反转控制内部接线如图 6-8（b）所示，控制线路如图 6-8（c）所示。

倒顺开关有 6 个接线柱，L1、L2 和 L3 分别接三相电源，D1、D2 和 D3 分别接电动机。倒顺开关的手柄有三个位置，当手柄处于停止位置时，开关的两组动触片都不与静触片接触，所以电路不通，电动机不转。当手柄拨到正转位置时，A、B、C、F 触点闭合，电动机接通电源正向运转，当电动机需向反方向运转时，可把倒顺开关手柄拨到反转位置上，A、B、D、E 触片接通，电动机换相反转。

在使用过程中，电动机从正转变为反转时，必须先把手柄拨至停转位置，使它停转，然后把手柄拨至反转位置，使它反转。

倒顺开关一般适用于 4.5kW 以下的电动机控制线路。

（a）用倒顺开关的正反转控制实例

（b）用倒顺开关的正反转控制内部接线

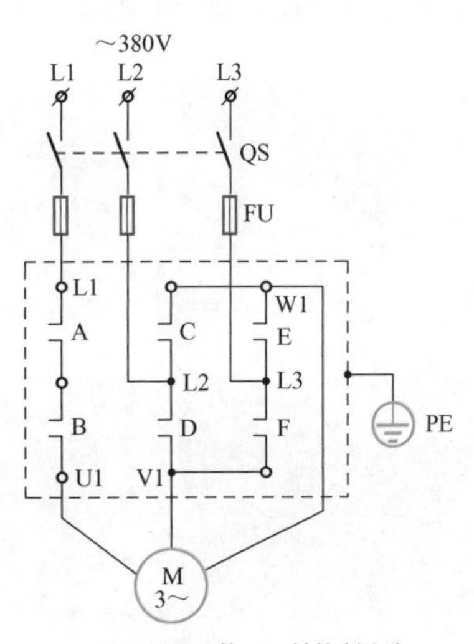

（c）用倒顺开关的正反转控制线路

图 6-8

6.9 用倒顺开关的正反转控制设备安装步骤

用倒顺开关的正反转控制设备安装步骤如图 6-9 所示。

（1）把三只螺旋保险按固定比例分别安装在绝缘板的左上方。

（2）把倒顺开关安装在绝缘板的正下方位置。

（3）固定螺旋保险底座。

图 6-9 用倒顺开关的正反转控制设备安装步骤

（4）固定倒顺开关底座。
（5）断路器、螺旋保险及倒顺开关放置位置的示意图。
（6）用绝缘导线将空气开关下桩头和螺旋保险上桩头相连接。
（7）用螺丝刀固定好空气开关下桩头的绝缘导线。
（8）连接三相电源的中相导线。
（9）用导线连接三相电源的另一相。
（10）用塑料线卡固定好三相电源的绝缘导线。
（11）用绝缘导线将螺旋保险的下桩头连接到倒顺开关的 L1 上。
（12）用螺丝刀将倒顺开关电源接线端子 L1 固定紧。
（13）用螺丝刀将倒顺开关电源接线端子 L2 固定紧。
（14）用螺丝刀将倒顺开关电源接线端子 L3 固定紧。
（15）用绝缘导线将倒顺开关的负载端子 U1 与电动机接线端子相连接。
（16）用绝缘导线将倒顺开关的负载端子 V1 与电动机接线端子相连接。
（17）用绝缘导线将倒顺开关的负载端子 W1 与电动机接线端子相连接。
（18）用绝缘导线将保护地线连接到倒顺开关的金属外壳上。
（19）把三相电源线接到空气开关上桩头上。
（20）接通电源，把倒顺开关拨至正转位置时，负载试验灯将点亮。
（21）把倒顺开关拨至倒转位置时，负载试验灯也将点亮。
（22）将倒顺开关拨至停止位置时，负载试验灯将熄灭。
（23）拆下试验灯，将倒顺开关与电动机 U1、V1、W1 相连接，即可投入使用。

6.10 用按钮联锁正反转控制

用按钮联锁正反转控制线路如图 6-10 所示。它采用复合按钮，按钮互锁联接。当电动机正向运行时，按下反转按钮 SB3，首先使接在正转控制线路中的 SB3 常闭触点断开，正转接触器 KM1 的线圈断电释放，触点全部复原，电动机断电但做惯性运行，紧接着 SB3 的常开触点闭合，使反转接触器 KM2 的线圈获电动作，电动机立即反转启动。这既保证了正反转接触器 KM1 和 KM2 不会同时通电，又可不按停止按钮而直接按反转按钮进行反转启动。同样，由反转运行转换成正转运行，也只需直接按正转按钮。

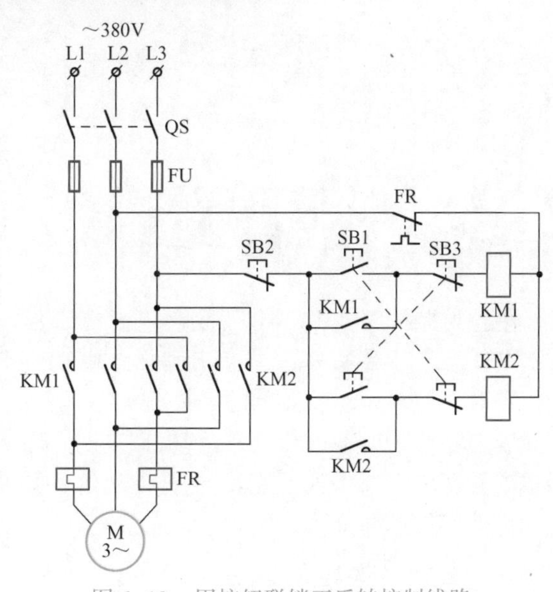

图 6-10　用按钮联锁正反转控制线路

这种线路的优点是操作方便，缺点是

如正转接触器主触点发生熔焊、分断不开时，直接按反转按钮进行换向，会产生短路事故。

6.11 接触器联锁的正反转控制

图6-11（a）为接触器联锁正反转控制实例，图6-11（b）为接触器联锁正反转控制线路。图中采用两个接触器，即正转用的接触器 KM1 和反转用的接触器 KM2，由于接触器主触点接线的相序不同，所以当两个接触器分别工作时．电动机的旋转方向相反。

线路要求接触器不能同时通电，为此在正转与反转控制电路中分别串联 KM2 和 KM1 的常闭触点，以保证 KM1 和 KM2 不会同时通电。

（a）接触器联锁的正反转控制实例

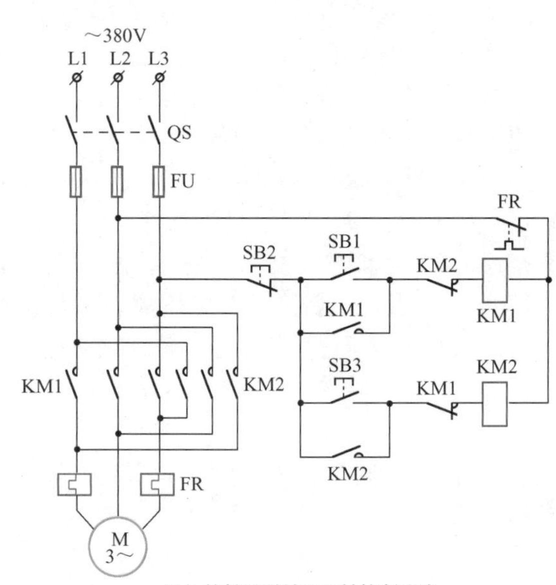

（b）接触器联锁正反转控制线路

图6-11

6.12 限位控制

限位控制线路如图6-12所示。图中，SQ1 和 SQ2 为限位开关，装在预定的位置上。当按下 SB1，接触器 KM1 线圈获电动作，电动机正转启动，运动部件向前运行，当运行到终端位置时，装在运动物体上的挡铁碰撞行程开关 SQ1，使 SQ1 的常闭触点断开，接触器 KM 线圈断电释放，电动机断电，运动部件停止运行。此时，即使再按 SB1，接触器 KM1 的线圈也不会获电，故保证运动部件不会越过 SQ1 所在的位置。当按下 SB3 时，电动机反转，运动部件向后运动至挡铁碰撞行程开关 SQ2 时，运动部件停止运动，如中间需停车，按下停止按钮 SB2 即可。

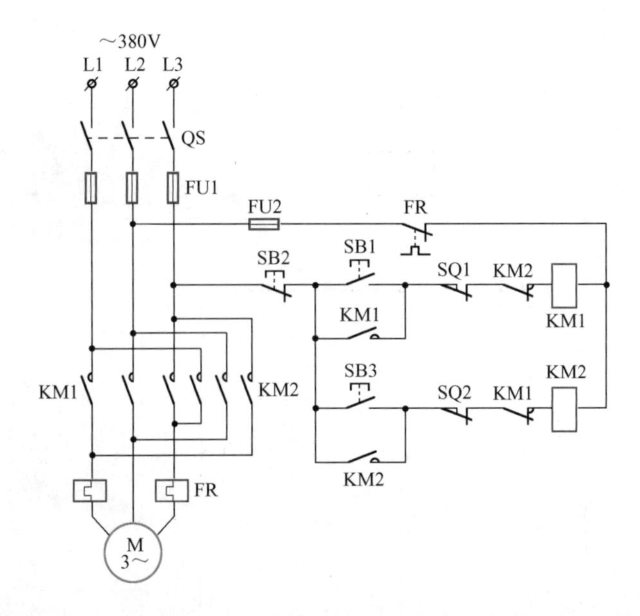

图 6-12　限位控制线路

6.13 既能点动又能长期工作的控制

在实际生产工作中，有时需要点动操作电动机，有时需要长期使电动机运行。图 6-13 是既有点动按钮，又有正常长期运行按钮的控制线路。点动时，按下 SB2，接触器吸引线圈 KM 得电，常开触点 KM 闭合，电动机运行；放开按钮开关时，由于在点动接通接触器的同时，又断开接触器的自锁常开触点 KM，所以在 SB2 按钮松开后电动机停转。当按长期工作按钮开关 SB1 时，KM 得电吸合，KM 自锁点便自锁，故可以长期吸合运行。应用这种线路有时会因接触器出现故障使其释放时间大于点动按钮的恢复时间，造成点动控制失效。SB3 是电动机停止按钮，FR 为热继电器。

6.14 自动往返控制

在有些生产机械中要求工作台在一定距离内能自动循环移动，以便对工件进行连续加工。

图 6-14 是工作台自动往返控制电路。按下 SB1，接触器 KM1 线圈获电动作，电动机启动正转，通过机械传动装置拖动工作台向左运动；当工作台上的挡铁碰撞行程开关 SQ1（固定在床身上）时，其常闭触点 SQ1—1 断开，接触器 KM1 线圈断电释放，电动机断电；与此同时，SQ1 的常开触点 SQ1—2 闭合，接触器 KM2 线圈获电动作并自锁，电动机反转，拖动工作台向右运动，行程开关 SQ1 复原。当工作台向右运动行至一定位置时，挡铁碰撞行程开关 SQ2，使常闭触点 SQ2—1 断开，接触器 KM2 线圈断电释放，电动机断电，同时 SQ2—2 闭合，接通 KM1 线圈电路，电动机又开始正转。这样往复循环直到工作完毕。按下停止按钮 SB2，电动机停转，工作台停止运动。

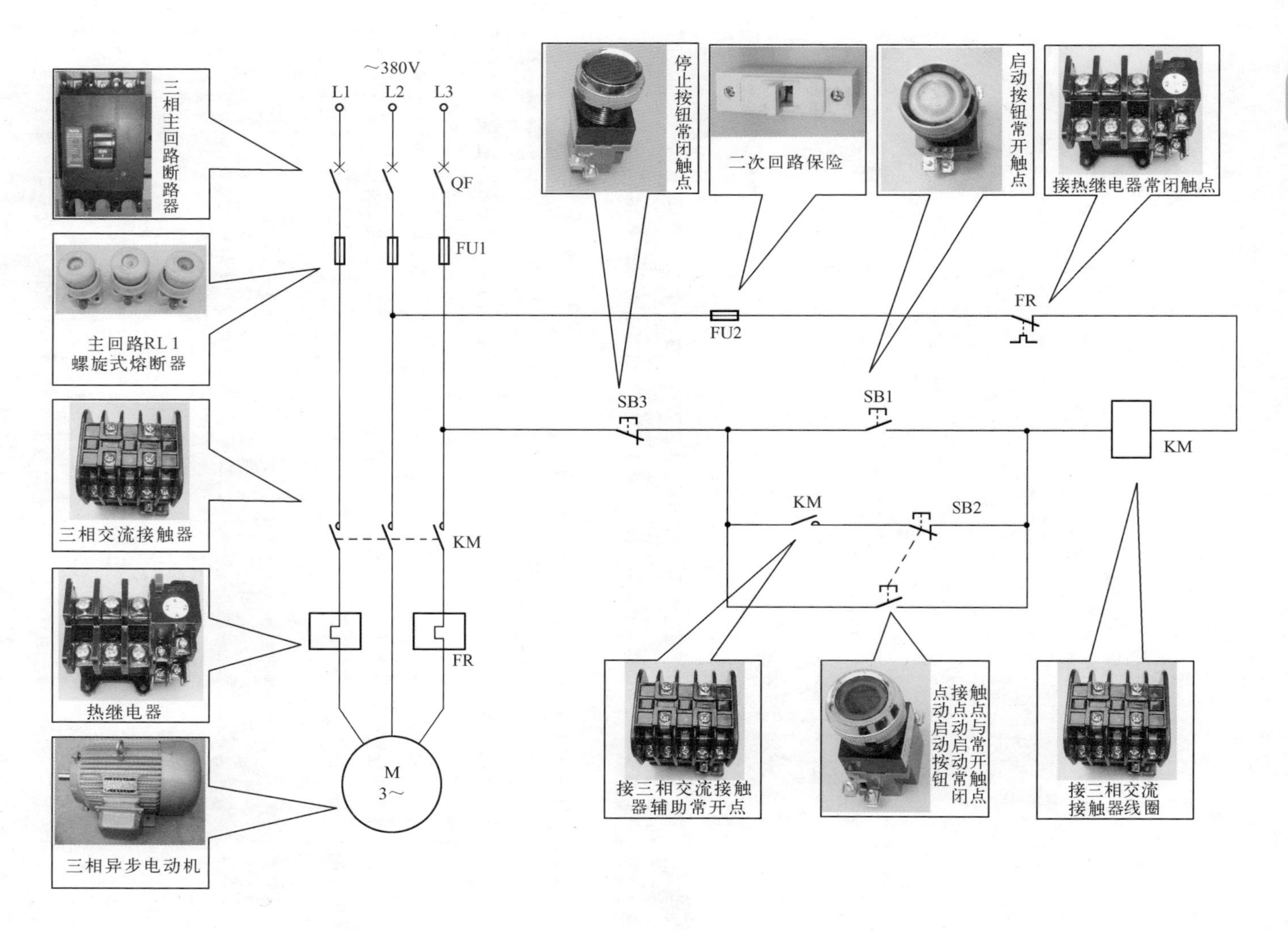

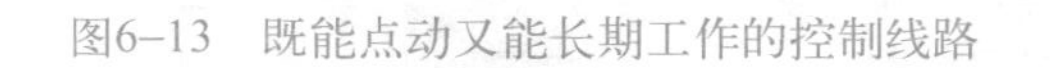
图6–13 既能点动又能长期工作的控制线路

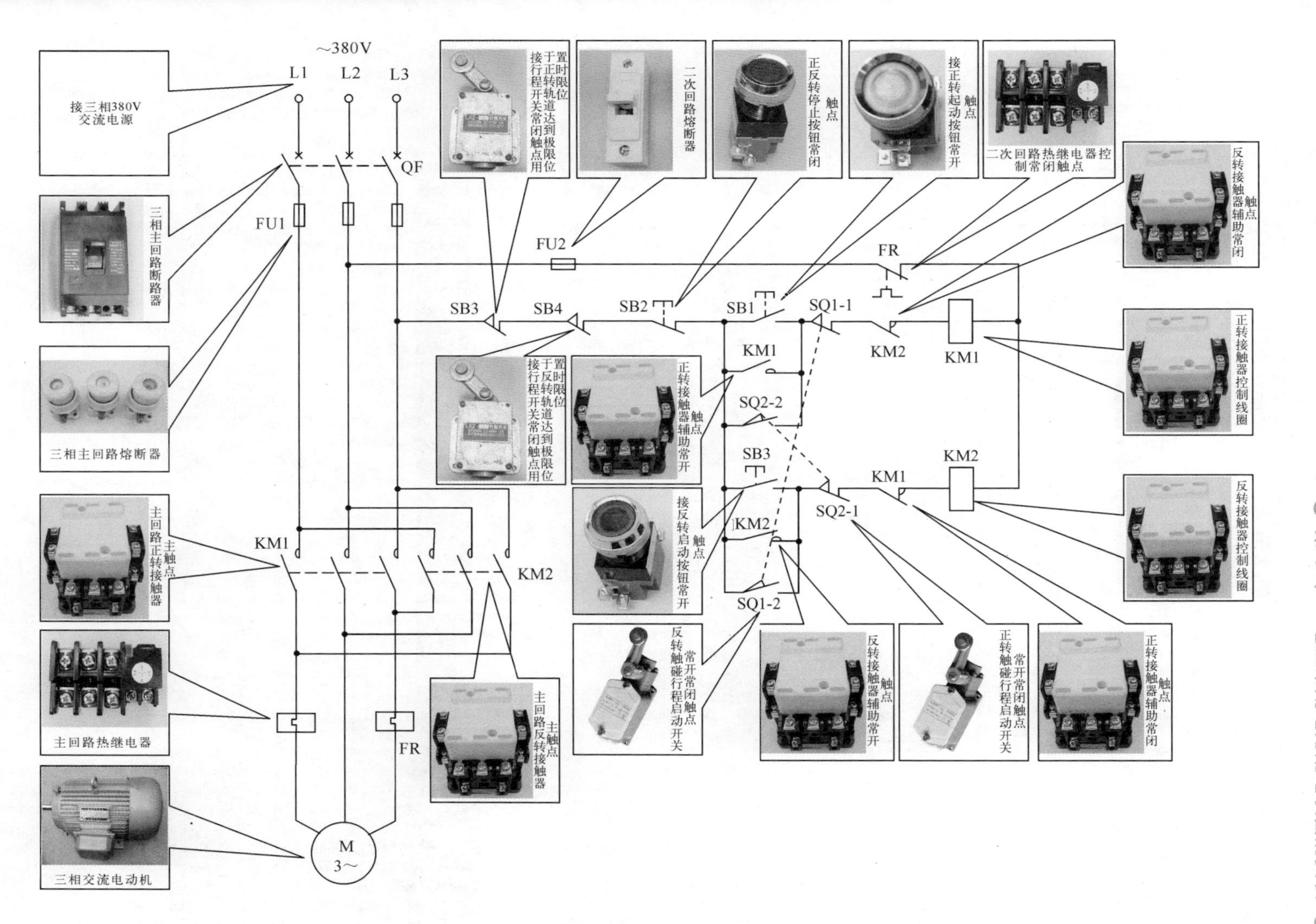

图6-14　工作台自动往返控制电路

另外，还有两个行程开关 SQ3、SQ4 安装在工作台循环运动的方向上，处于工作台正常的循环行程之外，起终端保护作用，以防 SQ1、SQ2 失效，造成事故。

6.15 多台电动机同时启动控制

图 6-15 为多台电动机同时启动控制线路。当按下启动按钮 SB1 时，接触器 KM1、KM2 和 KM3 同时吸合并自锁，因此三台电动机可同时启动。按下停止按钮 SB2，KM1、KM2 和 KM3 都断电释放，三台电动机同时停转（主回路未画）。图中，SA1、SA2 和 SA3 是双刀双掷钮子开关，作为选择控制元件。如拨动 SA1，使其常开触点闭合，常闭触点断开，这时按下按钮 SB1，只能接通 KM2、KM3。这样，经 SA1、SA2、SA3 开关的选择，可以按要求控制一台或多台电动机的启停。

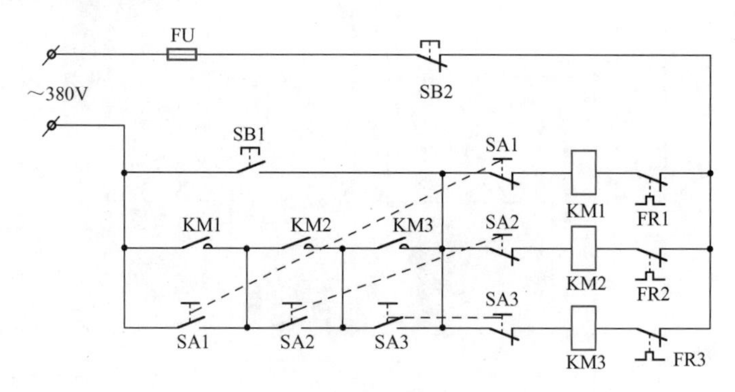

图 6-15 多台电动机同时启动控制线路

6.16 用转换开关改变运行方式控制

在线路中加一只转换开关，就能灵活地改变操作控制方式。图 6-16 中，当 S 断开时，由 SB1 按钮开关进行点动控制；当 S 开关闭合时，接通交流接触器的自锁触点 KM，可由 SB1 按钮进行正常的启停控制。

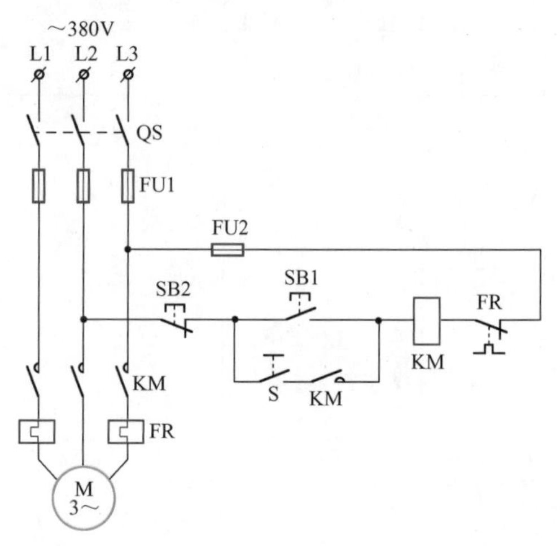

图 6-16 用转换开关改变运行方式控制线路

6.17 能发出开车信号的启停控制

一些大型的机器设备靠电动机传动的运动部件移动范围很大，故开车前都需发出开车信号，经过一段时间后再启动电动机，以便告知工作人员及维修人员远离设备。图 6-17 所示线路可实现自动发出开车信号功能。

当工作中需要开车时，按下 SB1 开车按钮，接触器 KM2 得电吸合，电铃和灯光均发出开车信号，此时时间继电器 KT 也同时得电，经过 1min 后（时间可根据需要调整），KT 延时常开触点闭合，接通 KM1 并自锁，主电动机开始运转，同时由于 KM1 的吸合，又断开了 KM2，电铃和灯泡失电停止工作。

6.18 三相异步电动机改为单相运行

如果只有单相电源和三相异步电动机供使用，则可采用并联电容方法使三相异步电动机改为单相运行。

如图 6-18 所示：图（a）为 Y 形接法电动机连接方法；图（b）为△形接法电动机连接方法。为了提高启动转矩，将启动电容 C2 在启动时接入线路中，在启动完毕后退出。

工作电容容量的计算公式为

$$C_1 = 1\,950 I / U\cos\phi\,(\mu\text{F})$$

式中，I 为电动机额定电流；U 为单相电源电压；$\cos\phi$ 为电动机的功率因数。当计算出工作电容后，启动电容选用工作电容的 1 ~ 4 倍。

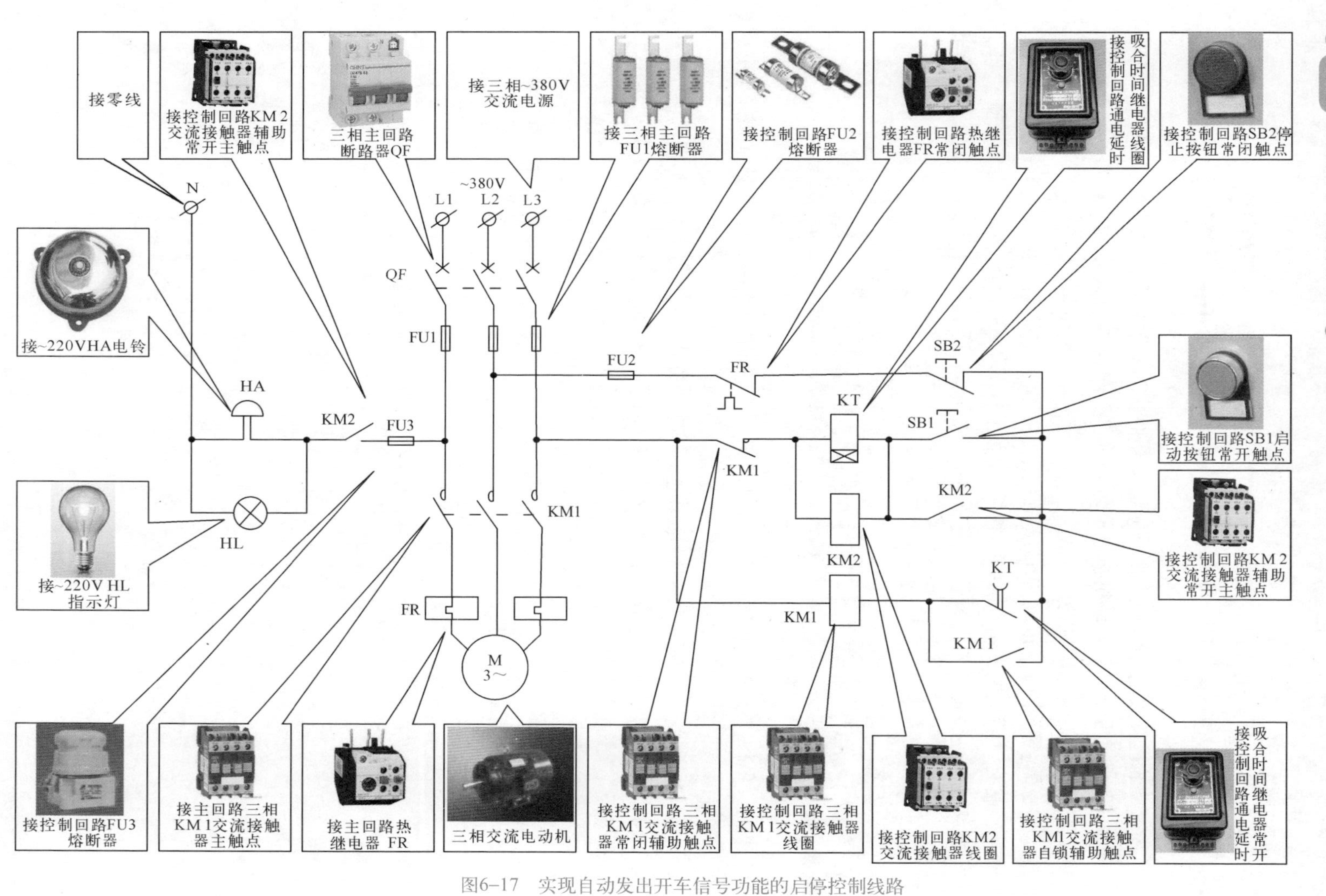

图6-17 实现自动发出开车信号功能的启停控制线路

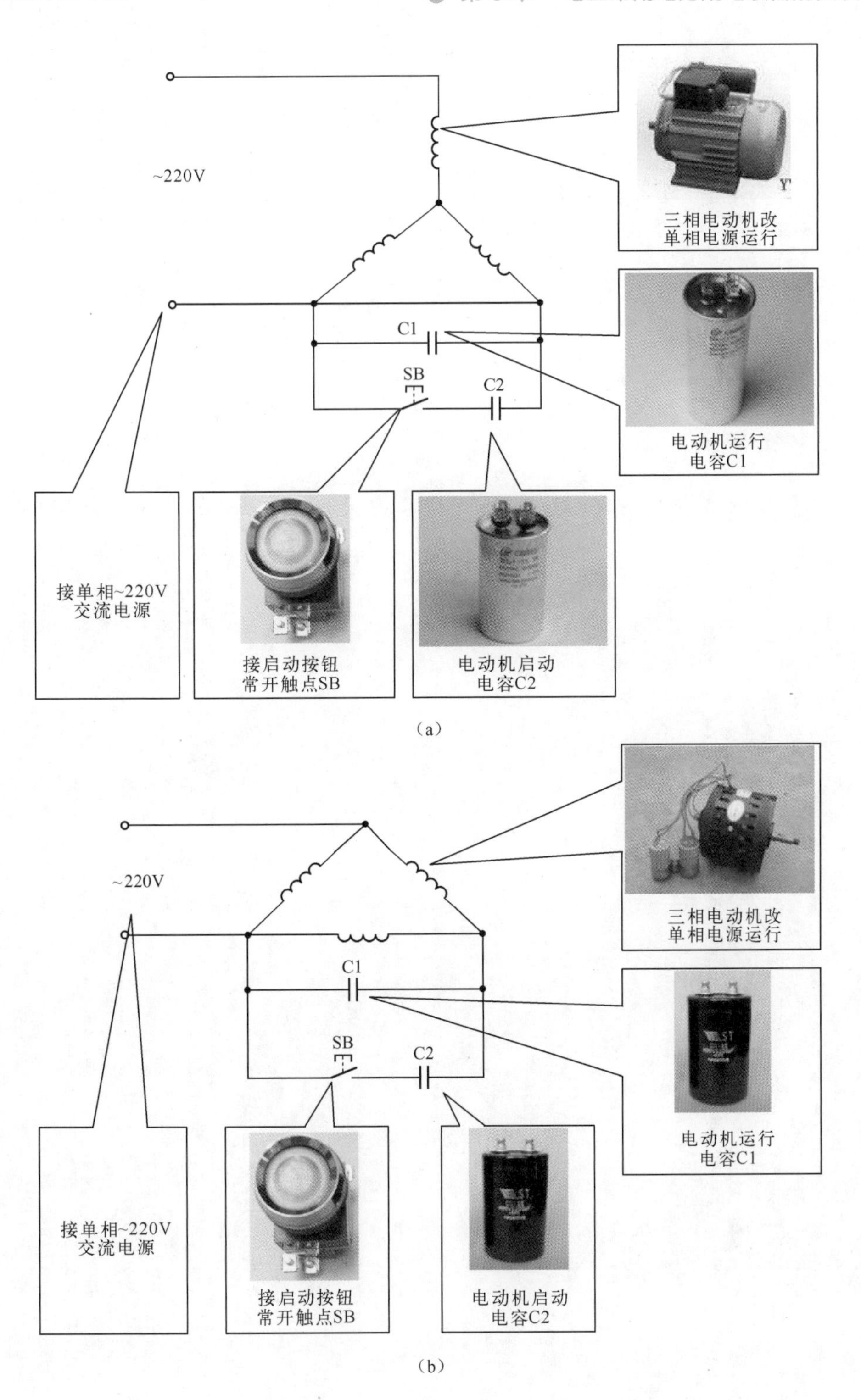

图 6–18　三相异步电动机改为单相运行

第 7 章

照明及电器设施的安装

7.1 照明开关、插座的安装

1. 跷板式开关的安装

跷板式开关应与配套的开关盒进行安装。常用的跷板式塑料开关盒如图 7-1（a）所示。接线时，应根据跷板式开关的跷板或面板上的标识确定面板的装置方向，即装成跷板下部按下时，开关处在合闸的位置，跷板上部按下时，开关应处在断开的位置，如图 7-1（b）所示。

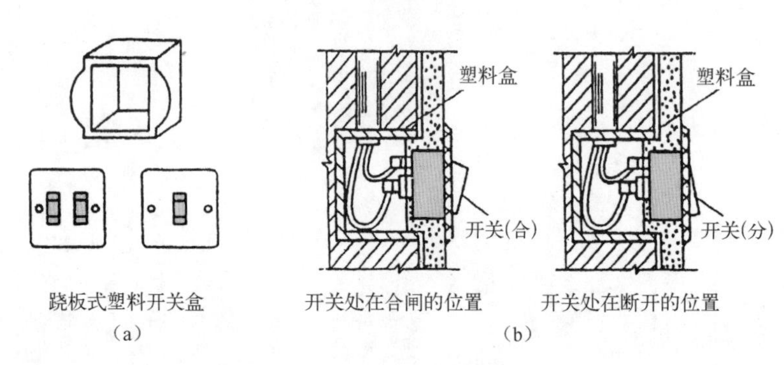

图 7-1　跷板式开关的安装

2. 声光双控照明楼梯延时灯开关的安装

声光双控照明延时灯目前广泛用于楼梯、走廊照明，白天自动关闭，夜间有人走动时，其脚步声或谈话声可使电灯自动点亮，延时 30 秒左右，电灯又会自行熄灭。该照明灯有两个显著特点：一是电灯点亮时为软启动，点亮后为半波交流电，可以大大延长灯泡的使用寿命；二是自身灯光照射在开关的光敏电阻上不会发生自行关灯现象。一般的脚步声就能使电灯点亮发光。灯泡宜用 60W 以下的白炽灯泡。

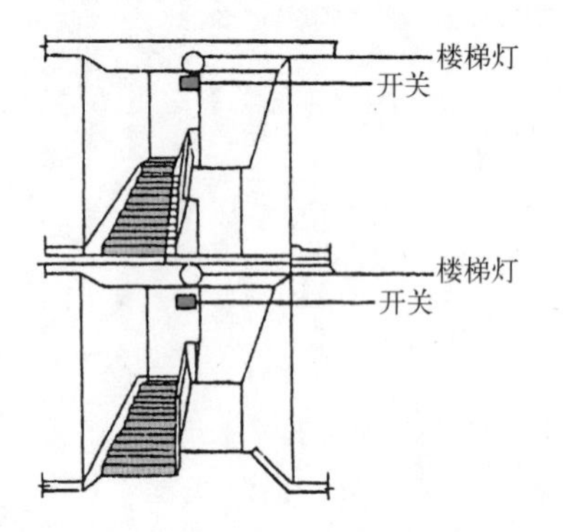

图 7-2　声光双控照明延时灯开关的安装位置

声光双控照明楼梯延时灯开关一般安装在走廊的墙壁上或楼梯正面的墙壁上，要与所控制的电灯就近安装，如图 7-2 所示。安装时，将开关固定到预埋在墙内的接线盒内，开关盖板应端正且紧贴墙面。该开关对外只有两根引出线，与要控制的电灯串联后接入 220V 交流电即可。

3. 插座的安装

插座应安装牢固。由于插座始终是带电的，因此明装插座的安装高度距地面不低于 1.3m，一般为 1.5 ~ 1.8m；暗装插座允许低装，但距地面高度不低于 0.3m。

插座应正确接线，单相两孔插座为面对插座的右极接电源火线，左极接电源零线；单相三孔及三相四孔插座为保护接地（接零）极，均应接在上方，如图 7-3 所示。

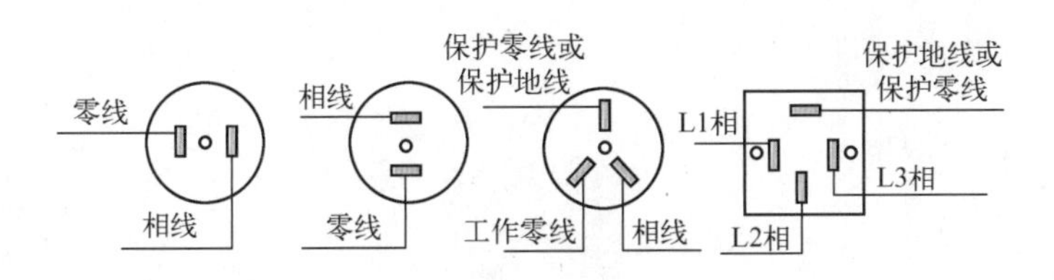

图7-3　插座的接线方式

4. 三孔插座的安装

三孔插座的安装步骤：在已预埋入墙中导线端的安装位置按暗盒的大小凿孔，并凿出埋入墙中导线管的走向位置。将管中导线穿过暗盒后，把暗盒及导线管同时放入槽中，用水泥砂浆填充固定。暗盒应安放平整，不能偏斜。将已埋入墙中的导线剥去15mm左右绝缘层后，接入插座接线桩中，拧紧螺钉，如图7-4（a）所示。将插座用平头螺钉固定在开关暗盒上，压入装饰钮，如图7-4（b）所示。

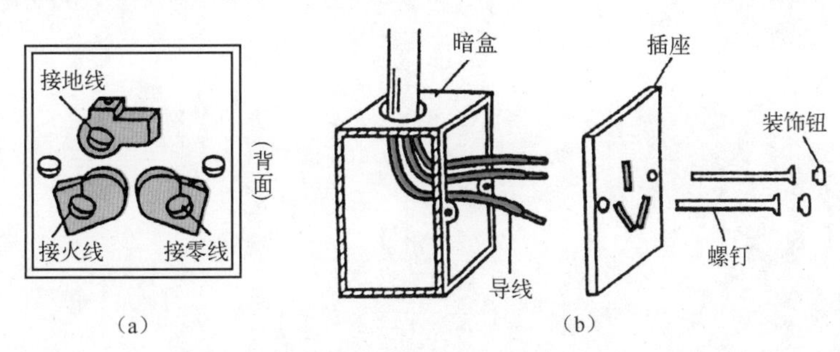

图7-4　三孔插座的安装

5. 两脚插头的安装

两脚插头安装的操作方法如图7-5所示。

（1）准备好要安装的插头。

（2）打开插头。

（3）剥好电线，旋成圆圈。

（4）将电线线头压在螺钉下。

（5）旋紧螺钉，压紧电线。

（6）两插头同样压线。

（7）将插头放入槽内。

（8）盖上插头盖，旋上螺钉。

（9）插头安装完成后的效果。

6. 三脚插头的安装

三脚插头的安装与两脚插头类似，不同的是导线一般选用三芯护套软线。其中，蓝色（黑色或黄绿双色）芯线接地线，绿色芯线接零线，红色芯线接火线。要特别注意，在接线时，一定要把地线接在有接地符号“≐”的接线柱上，并与电器金属外壳相连，以确保用电安全。

三脚插头安装的操作方法如图7-6所示。

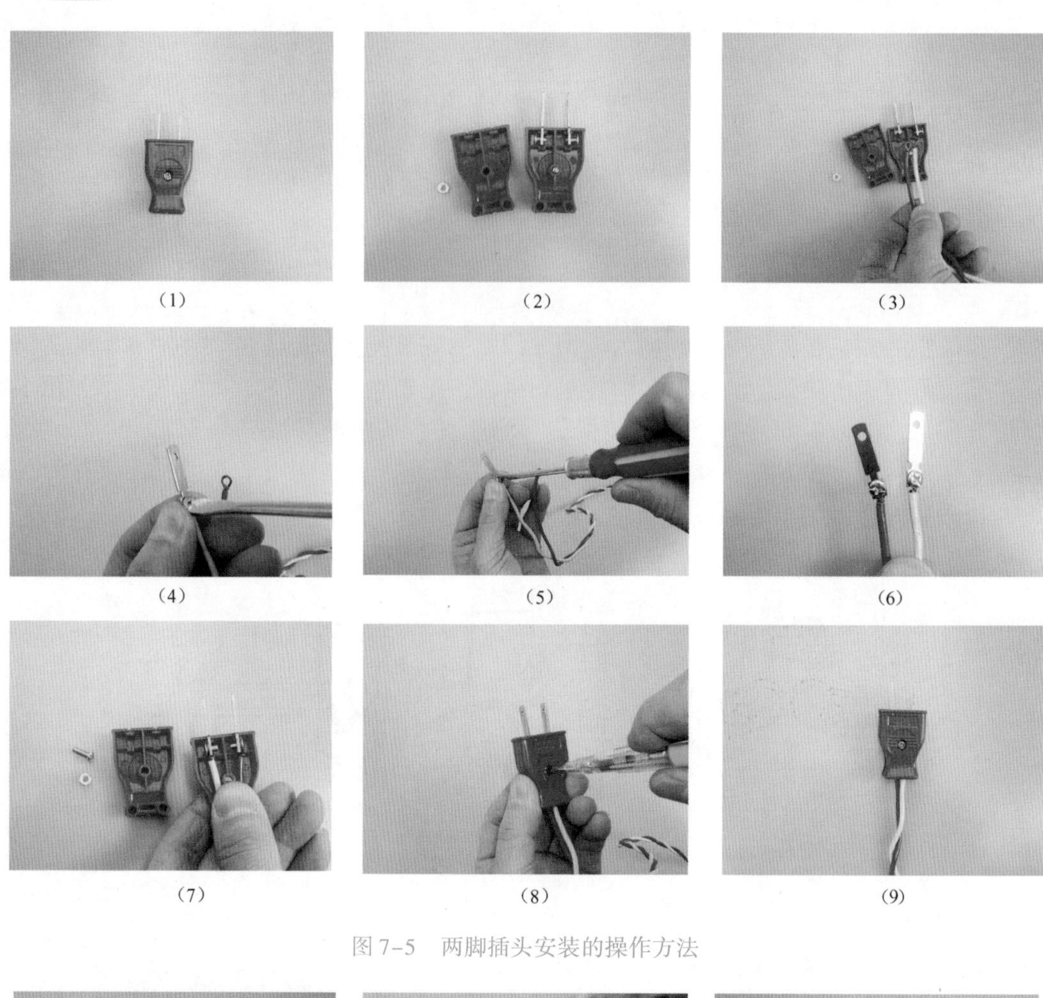
(1) (2) (3) (4) (5) (6) (7) (8) (9)

图 7-5 两脚插头安装的操作方法

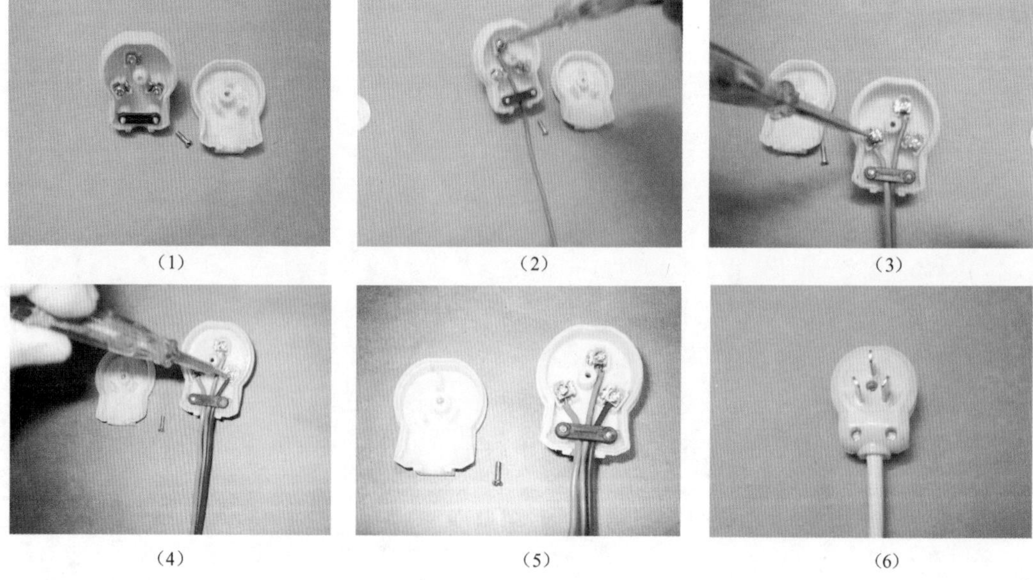
(1) (2) (3) (4) (5) (6)

图 7-6 三脚插头安装的操作方法

（1）打开三脚插头。
（2）安装保护接地线。
（3）剥好零线头，按“左零右火”的顺序将零线压接在左下脚的接线柱上。
（4）将火线接在右下角的接线柱上。
（5）拧紧固定三根线的紧固螺钉。
（6）盖上插头后盖，旋上螺钉，插头安装完毕。

7. 单相临时多孔插座的安装

单相临时多孔插座安装的操作方法如图 7–7 所示。

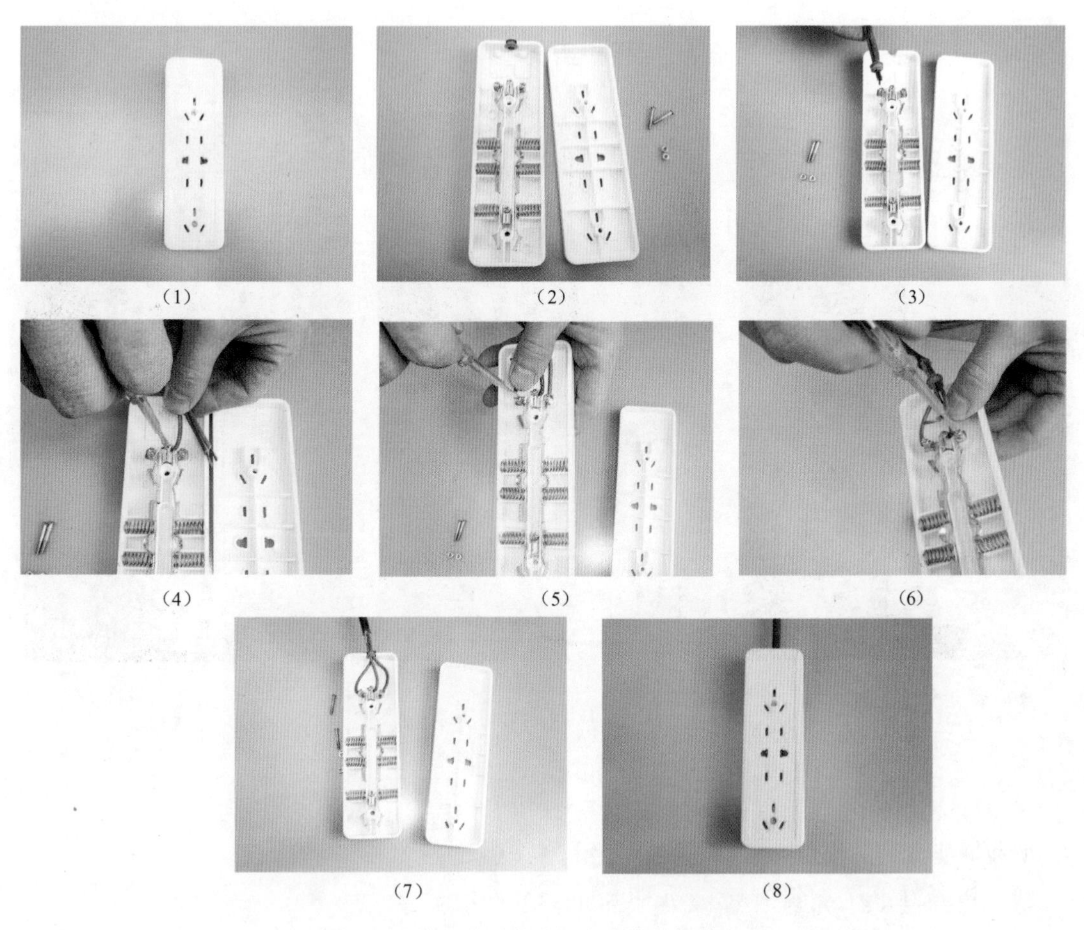

（1）（2）（3）（4）（5）（6）（7）（8）

图 7–7　单相临时多孔插座安装的操作方法

（1）准备好单相临时多孔插座。
（2）打开插座。
（3）将三芯电线穿入进线孔。
（4）接上保护地线。
（5）接上零线。
（6）接上火线。

（7）相邻接线上的电线金属头要保持一定的距离，不允许有毛刺，以防短路。

（8）盖上插座盖，旋上固定螺钉，安装完毕。

8. 带开关的单相临时多孔插座的安装

带开关的单相临时多孔插座安装的操作方法如图 7-8 所示。

（1）打开插座。

（2）剥好保护地线线头，插入插座的保护地线接线柱上，并旋紧螺钉。

（3）接上零线，并旋紧紧固螺钉。

（4）接上火线，并旋紧螺钉。

（5）安装好后，应检查三根线是否接牢，然后拧紧固定三根线的接线夹。

（6）盖上插座面板，旋紧螺钉，安装完毕。

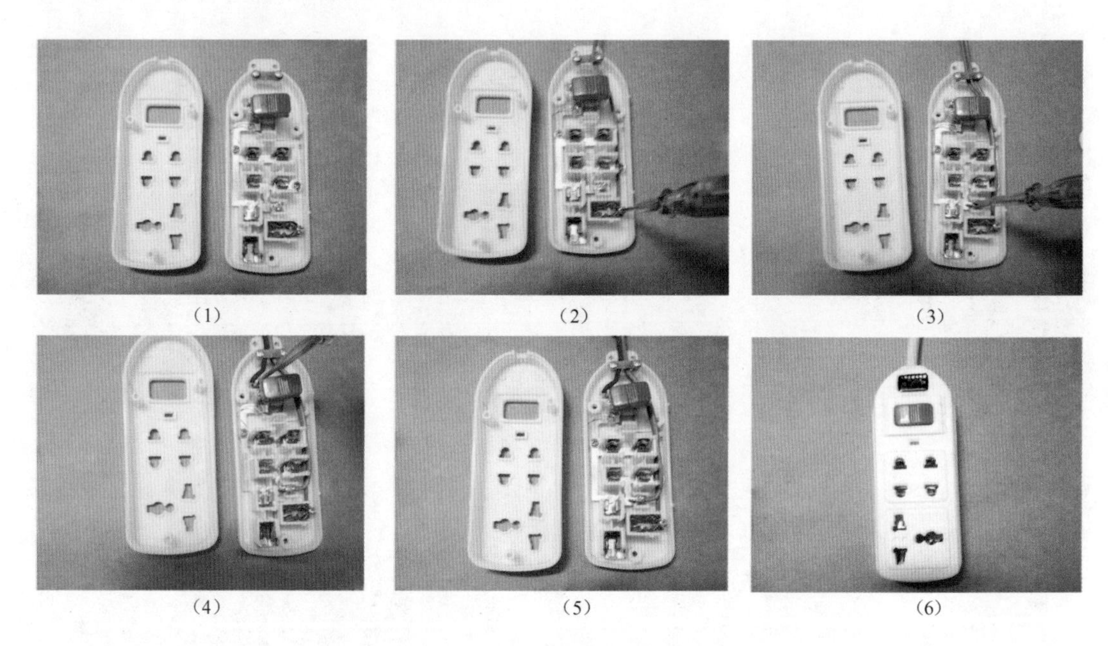

（1）（2）（3）（4）（5）（6）

图 7-8　带开关的单相临时多孔插座安装的操作方法

9. 明装插座的安装

明装插座安装的操作方法如图 7-9 所示。

（1）准备好带开关的两孔、三孔明装插座。

（2）打开明装插座。

（3）用螺丝刀将开关一相线接在插座的相线接线架上。

（4）将保护地线接在插座的接地（≐）接线架上。

（5）将零线接在插座的零线接线架上。

（6）将电源相线接在插座的相线接线架上。

（7）接好后对电线进行整形。

（8）将插座固定在暗装接线盒上，安装完毕。

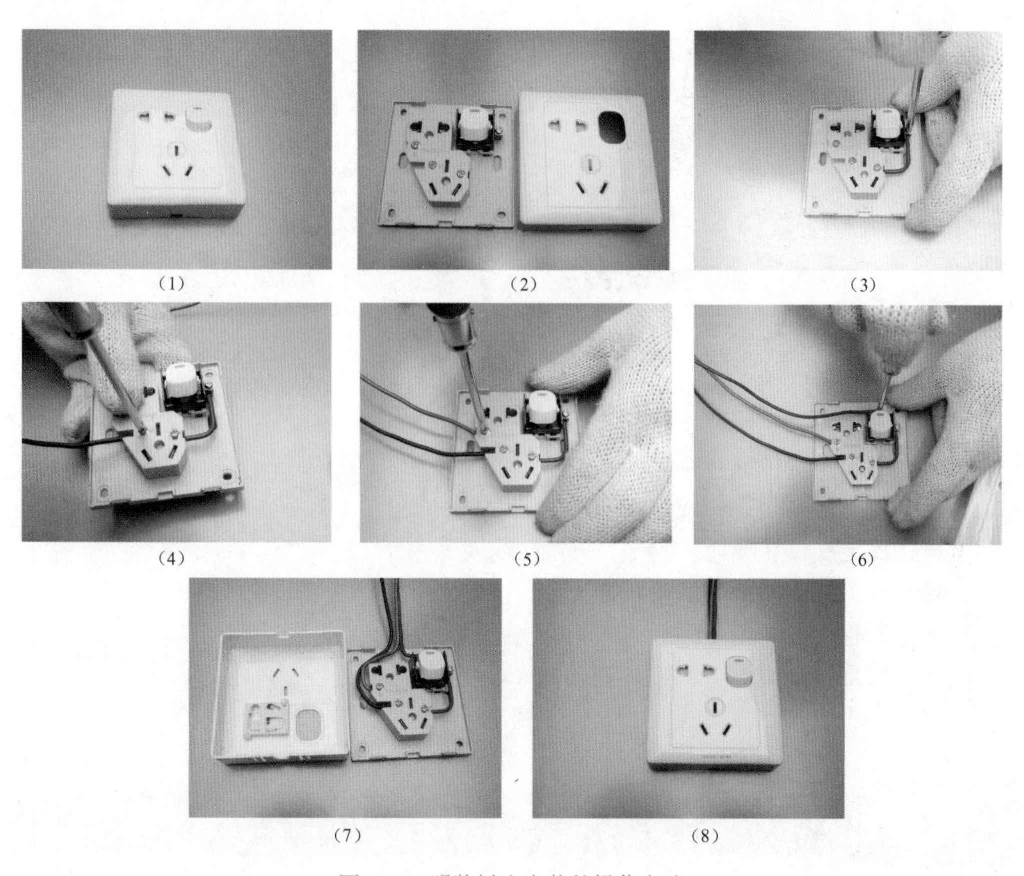

（1）（2）（3）（4）（5）（6）（7）（8）

图 7-9　明装插座安装的操作方法

10. 暗装插座的安装

暗装插座安装的操作方法如图 7-10 所示。

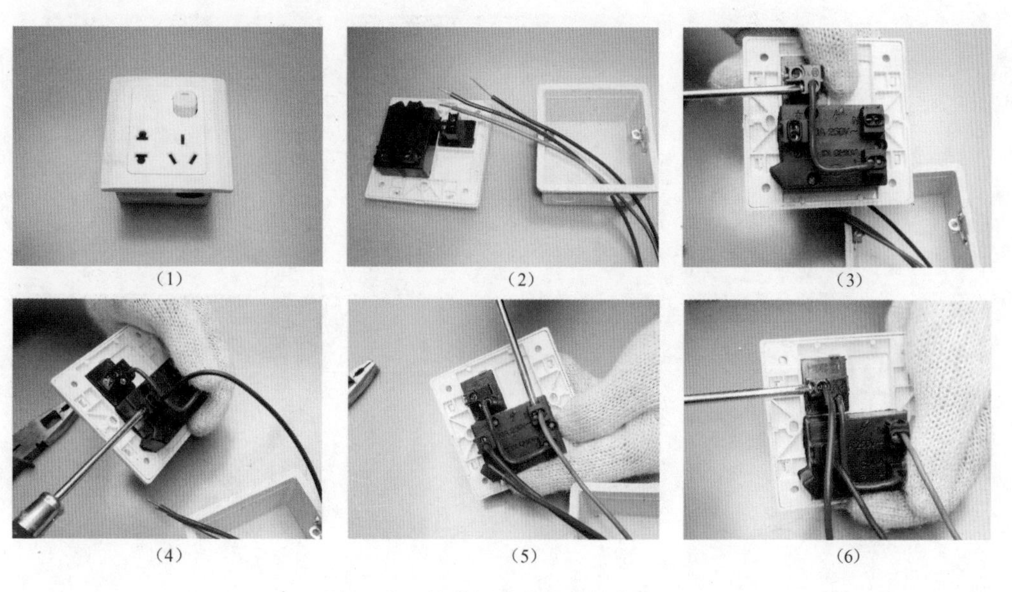

（1）（2）（3）（4）（5）（6）

图 7-10　暗装插座安装的操作方法

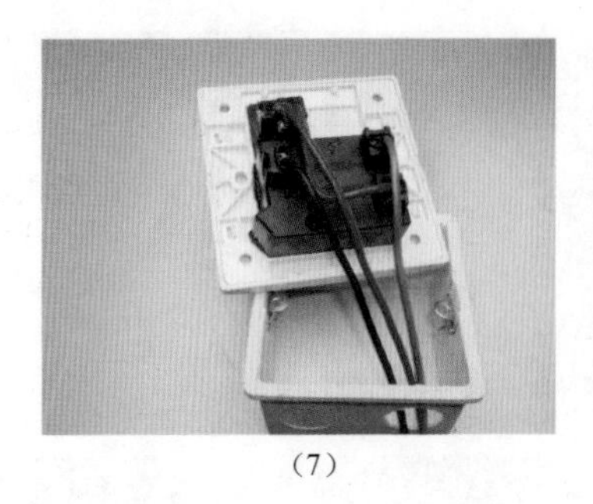

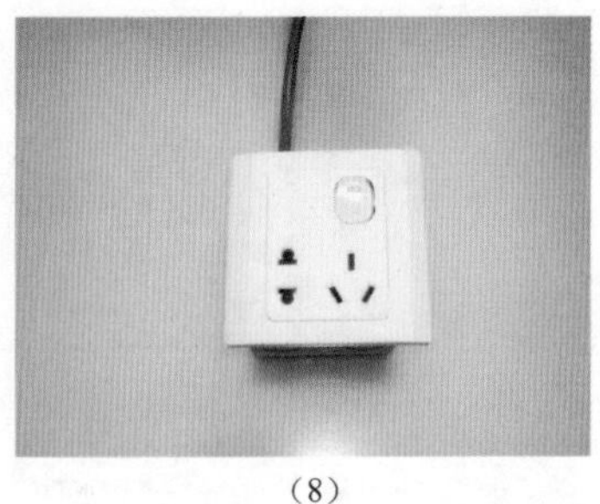

(7) (8)

图 7-10 暗装插座安装的操作方法（续）

(1) 准备好带开关的两孔、三孔暗装插座。
(2) 将电源线及保护地线穿入暗装盒。
(3) 用螺丝刀将开关一相线连在插座的相线接线架上。
(4) 将保护地线接在插座的接地（≐）接线架上。
(5) 将零线接到插座的零线接线架上。
(6) 将电源相线接到插座的相线接线架上。
(7) 接好后用钢丝钳对电线进行整形。
(8) 将插座固定在暗装接线盒上，安装完毕。

7.2 照明闸刀、拉线开关、吊线盒及螺口灯头的安装实例

1. 照明闸刀的安装

照明闸刀安装的操作方法如图 7-11 所示。

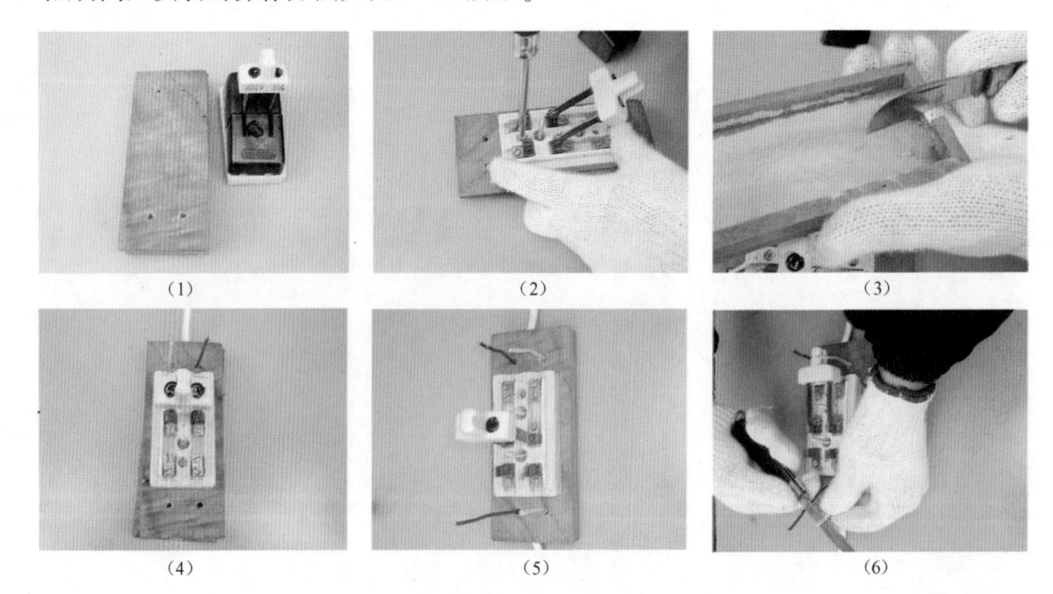

(1) (2) (3)
(4) (5) (6)

图 7-11 照明闸刀安装的操作方法

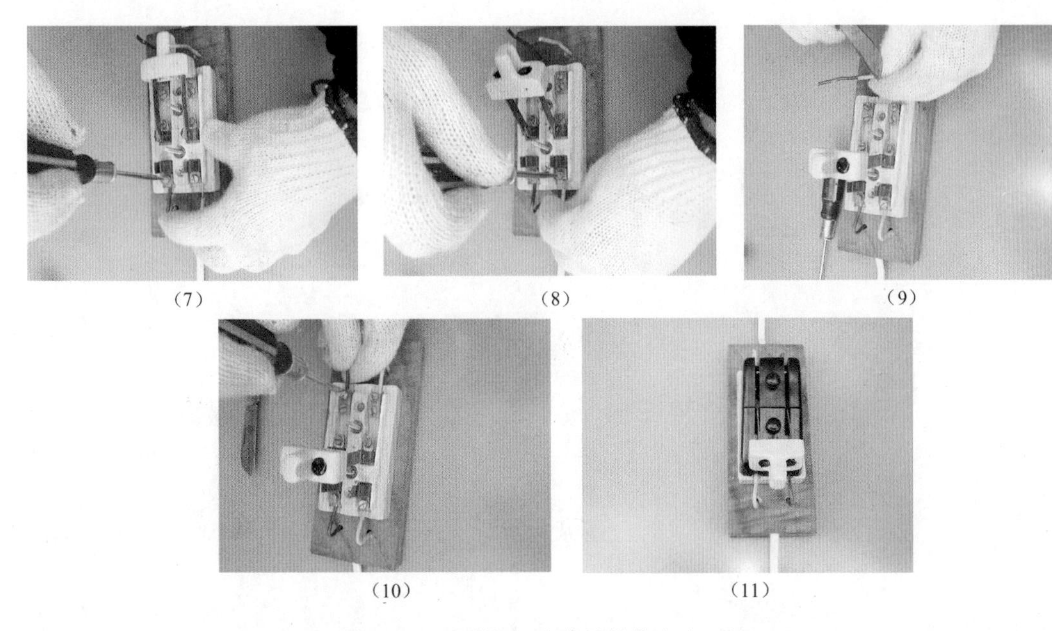

（7）　（8）　（9）

（10）　（11）

图 7-11　照明闸刀安装的操作方法（续）

（1）准备好三连木及瓷底胶盖闸刀。
（2）将闸刀用木螺钉固定在三连木上。
（3）用电工刀在三连木上刻出引线槽。
（4）将电源线按“左零右火”的顺序穿入三连木。
（5）将负载线按“左零右火”的顺序穿入三连木。
（6）用电工刀削好电源接线头。
（7）将电源相线接在闸刀上桩头右接线柱上。
（8）将电源零线接在闸刀上桩头左接线上。
（9）用电工刀削好负载接线头。
（10）将负载线接在闸刀下桩头上。
（11）接线完成后，检查接线是否压紧，如接线压紧，应盖上闸刀盖，闸刀安装完毕。

2. 照明闸刀保险丝的更换

更换照明闸刀保险丝的操作方法如图 7-12 所示。
（1）拉下闸刀，用螺丝刀将保险丝的一端压接在闸刀接线螺钉垫片下。
（2）将保险丝的另一端也压接在接线螺钉垫片下。
（3）压接时，应用螺丝刀顺时针压接。
（4）压接时，要用螺丝刀旋接压接螺钉，使其不松动。
（5）压接时，保险丝应在闸刀里留有一定的余弯。
（6）压接完毕，应检查保险丝线头有无露出，相间应留有一定的安全距离。
（7）检查合格后，盖上闸刀盖，装上固定螺钉。
（8）平时闸刀不通电时，操作手把应拉向下方。
（9）合上刀闸时，操作手柄朝上，说明刀闸在通电运行状态。

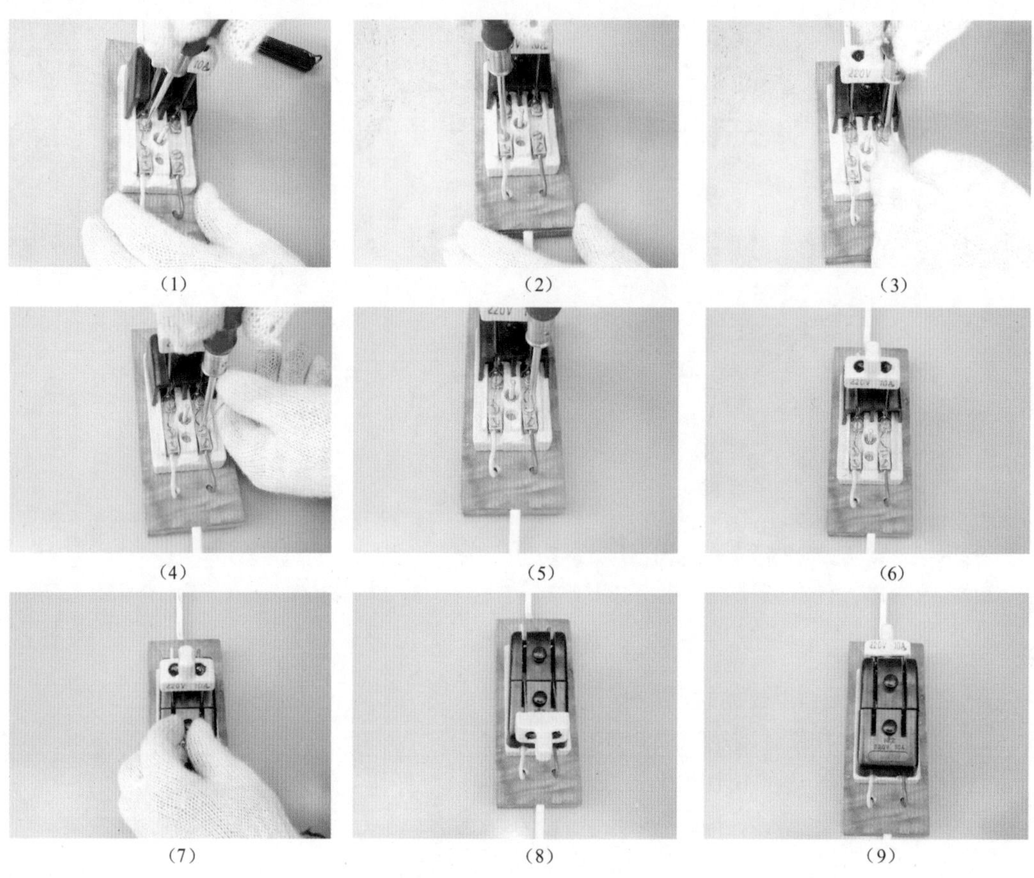

图 7-12　更换照明闸刀保险丝的操作方法

3. 瓷插式保险丝的更换

更换瓷插式保险丝的操作方法如图 7-13 所示。

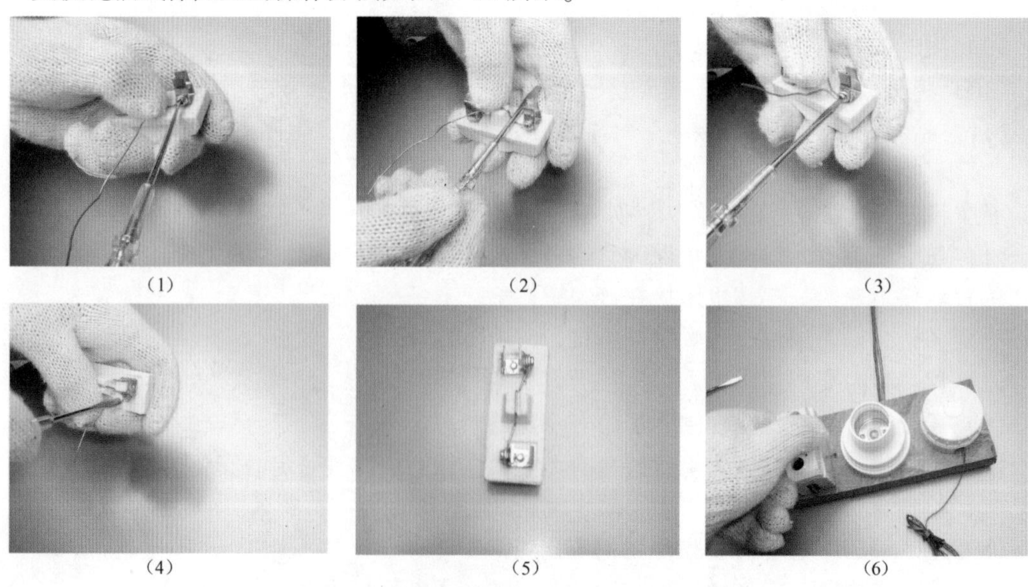

图 7-13　更换瓷插式保险丝的操作方法

（1）用小型螺丝刀将保险丝的一端压紧在螺钉及垫片下。

（2）保险丝在压接中要顺着瓷插保险的槽放置，切勿把保险丝拉得太紧。

（3）保险丝另一端也用小螺丝刀压接在螺钉及垫片下。

（4）压接完成后，将多余的保险丝用螺丝刀切下。

（5）瓷插式保险丝压接后的效果。

（6）更换好保险丝后，应在不带电器负载的情况下，将瓷插保险插在插座上。

4. 照明拉线开关的安装

照明拉线开关安装的操作方法如图 7-14 所示。

（1）准备好拉线开关和圆木。

（2）将电源相线剪断。

（3）剪断的两头准备接拉线开关。

（4）用验电笔将拉线开关进线孔位置画在圆木上。

（5）用手电钻将进线孔钻好。

（6）削好电源相线线头。

（7）装上钻好孔的圆木。

（8）将圆木及拉线开关用木螺丝固定。

（9）将电源相线的一端接在拉线开关的接柱上。

（10）将另一端线头接在拉线开关的另一接线柱上。

（11）用螺丝刀旋紧接线螺钉。

（12）装上拉线开关盖。

（13）安装完毕后的效果。

5. 照明吊线盒的安装

照明吊线盒安装的操作方法如图 7-15 所示。

（1）准备好圆木与吊线盒。

（2）打开吊线盒盖。

（3）将吊线盒放在准备安装的圆木上，用螺丝刀或划针划出打孔穿线的位置。

（4）用手电钻将电线孔钻好。

（5）将电源线以“左零右火”的顺序穿入圆木。

（6）将圆木用木螺钉固定。

（7）装上吊线盒，电源线穿过吊线盒穿线孔。

（8）将吊线盒用木螺钉固定在圆木上。

（9）将穿过吊线盒的电源相线、零线做一接线鼻分别压接在接线螺钉上。

（10）将吊灯头的电源线穿过吊线盒盖。

（11）对灯头吊线进行打结，以防止吊线盒接线受过大的拉力。

（12）将穿过吊灯头的电源相线、零线分别压在吊线盒的接线架上。

（13）吊线盒接入的电源线及灯头接入的电源线要接线牢固，多股线头应拧在一起，不能有毛刺，以防短路。

（14）旋上吊线盒盖，接线完成。

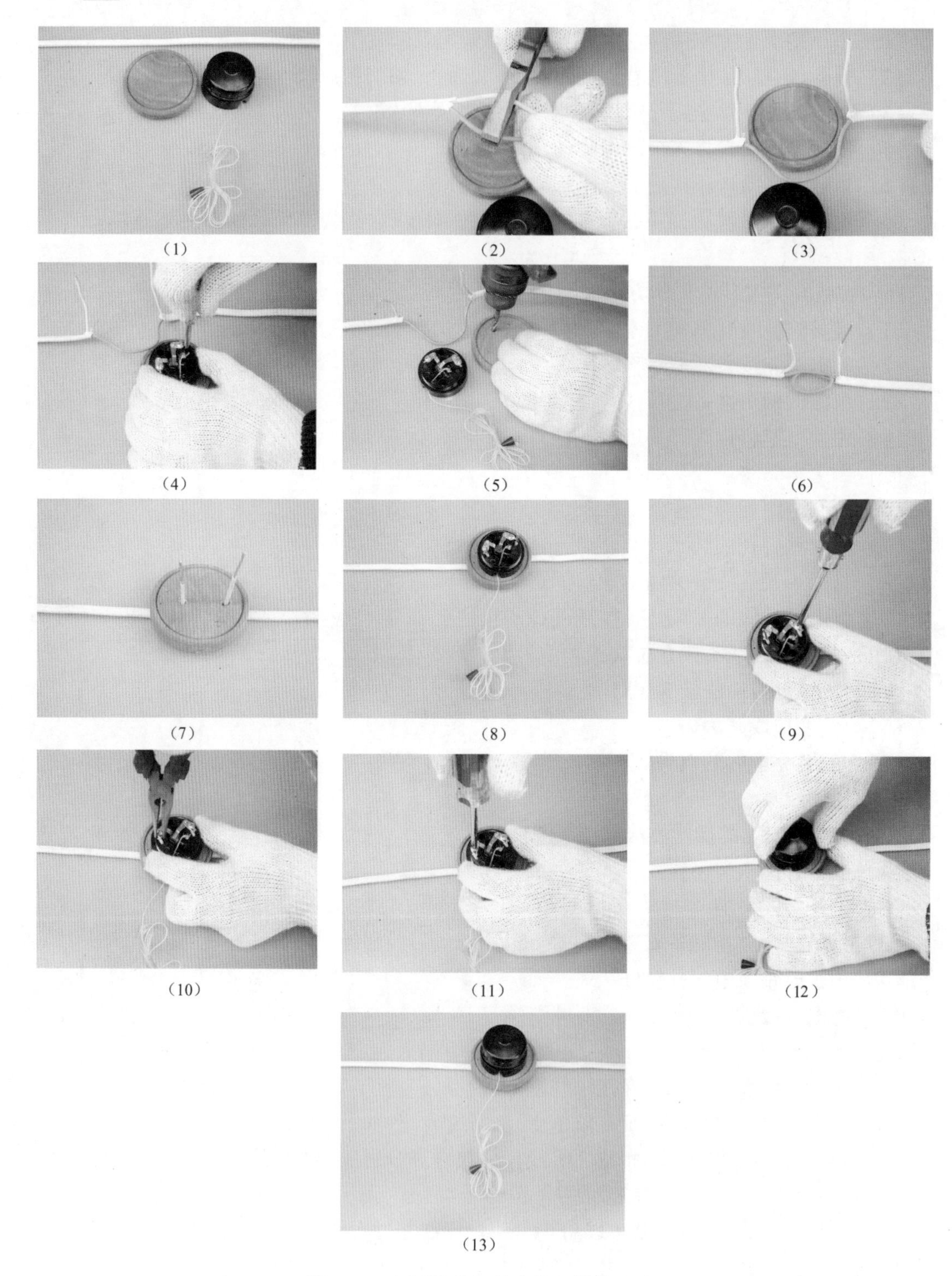

（1） （2） （3）

（4） （5） （6）

（7） （8） （9）

（10） （11） （12）

（13）

图 7-14　照明拉线开关安装的操作方法

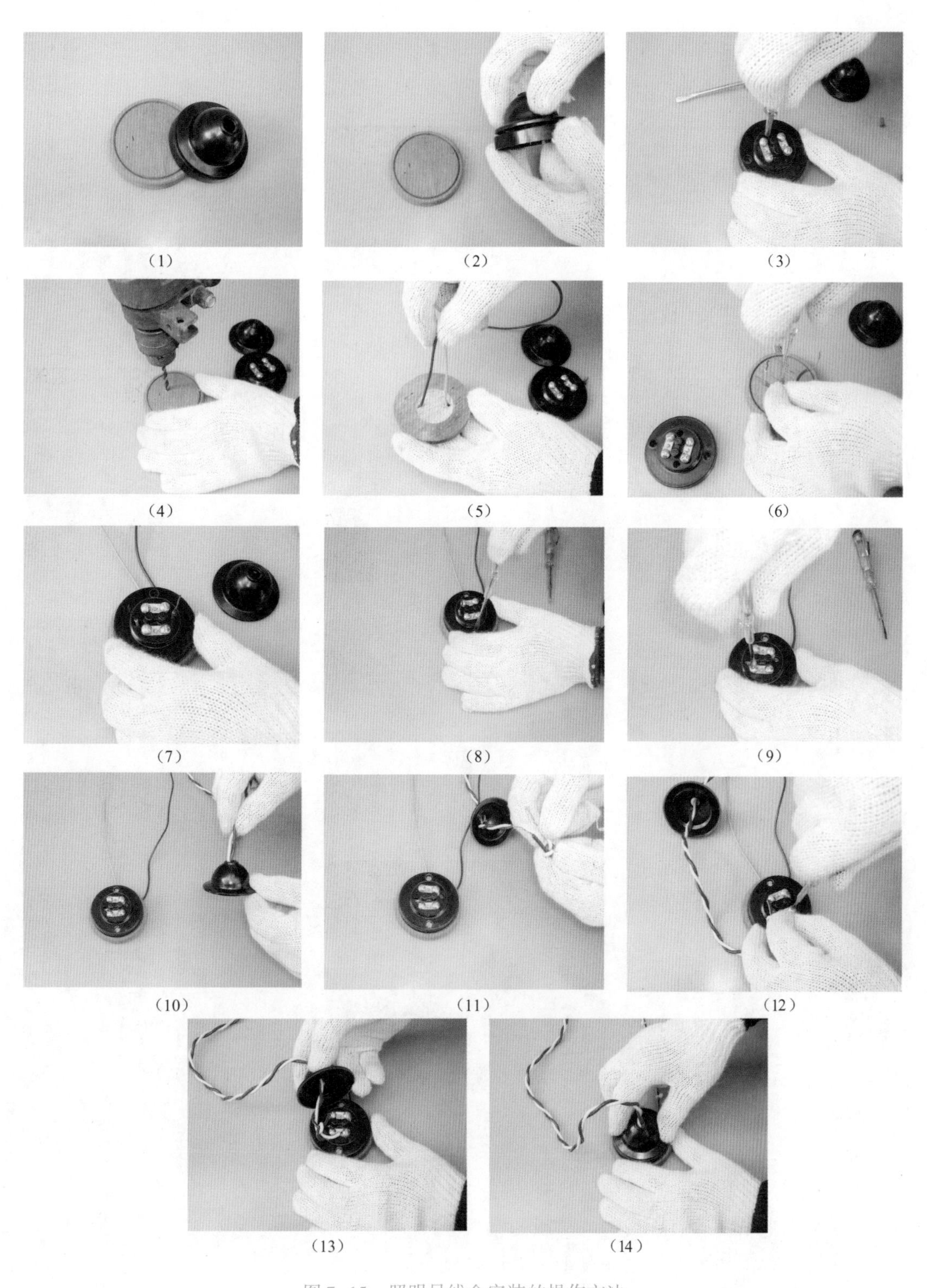

（1）（2）（3）（4）（5）（6）（7）（8）（9）（10）（11）（12）（13）（14）

图 7-15　照明吊线盒安装的操作方法

6. 照明座口灯头的安装

照明座口灯头安装的操作方法如图 7-16 所示。

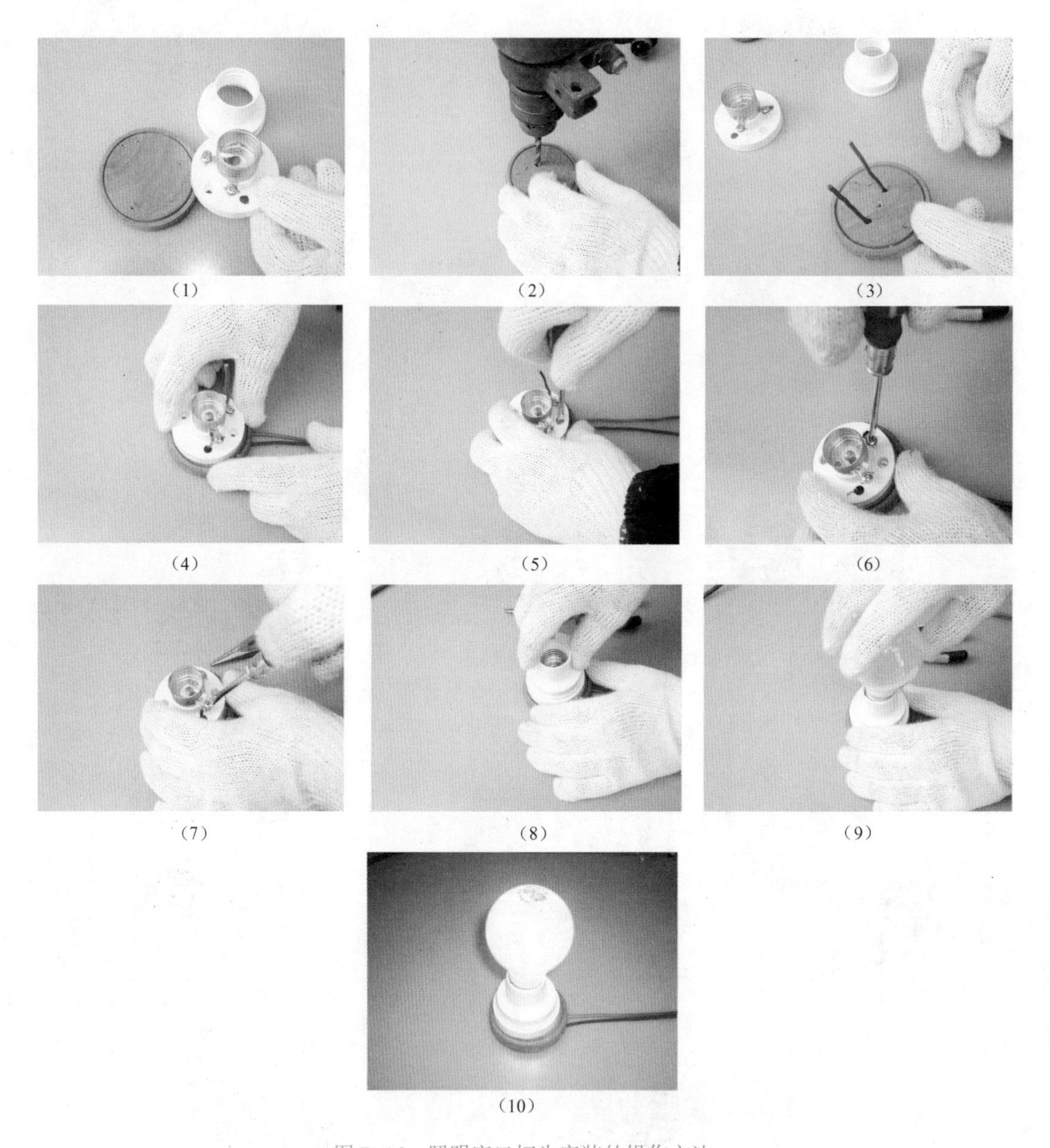

（1） （2） （3）

（4） （5） （6）

（7） （8） （9）

（10）

图 7-16 照明座口灯头安装的操作方法

（1）准备好座口灯头与圆木，打开座口灯头。

（2）用手电钻将座口灯头的电源线孔钻好。

（3）将电源线从圆木下边穿过来，然后将圆木固定好。

（4）将座口灯头安装在圆木上。

（5）用螺丝刀拧紧固定圆木的螺钉。

（6）将电源零线接在座口灯头螺口的接线架上。

（7）将电源相线接在座口灯头螺口处中心弹簧连通的接线架上。

（8）装上座口灯头盖。

（9）装上螺口灯泡。

（10）装好后，检查开关、灯头的接线是否正确，检查合格后方可通电试灯。

7. 照明挂口灯头的安装

照明挂口灯头安装的操作方法如图 7-17 所示。

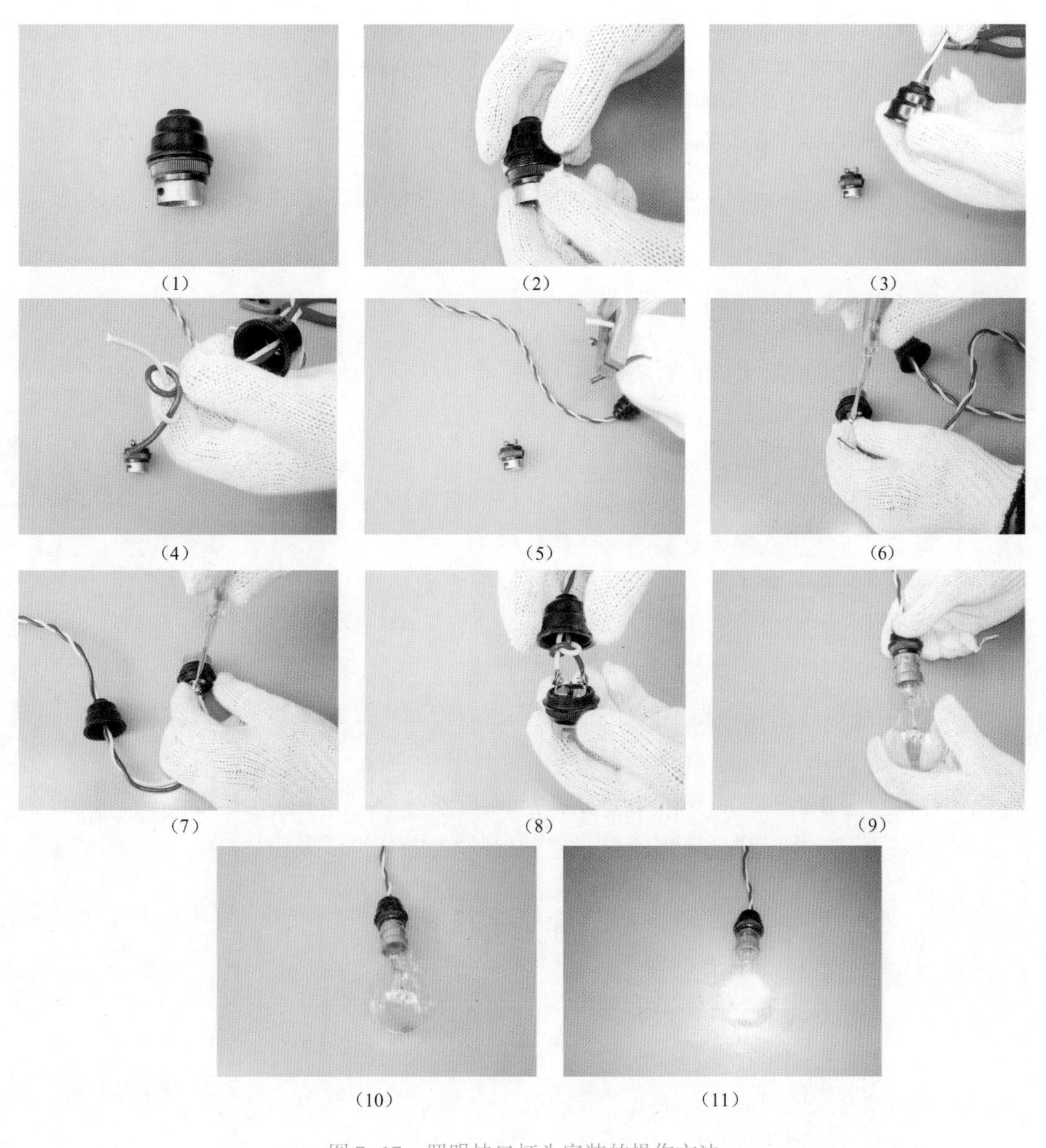

图 7-17　照明挂口灯头安装的操作方法

（1）准备好挂口灯头。

（2）旋开挂口灯头盖。

（3）将电源交织线穿入挂口灯头盖内。

（4）将交织线打一蝴蝶结。

（5）削掉两交织线头的绝缘层。

（6）将电源相线接在挂口灯头的一个接线架上，旋紧螺钉以压紧相线线头。

（7）将电源零线接在挂口灯头的另一个接线架上，旋紧螺钉以压紧零线线头。

（8）接线时，应将多股铜线绞在一起，避免产生毛刺，以防止通电时出现短路现象。

（9）装上挂口灯泡。

（10）安装挂口灯泡时，应使灯泡两挂钩正好旋转到挂口灯头的挂钩位置，用手往下轻拉灯泡，使其挂紧。

（11）安装完毕后，检查线路正常，通电试灯。

8. 照明螺口灯头的安装

照明螺口灯头安装的操作方法如图 7-18 所示。

（1）准备好螺口灯头。

（2）打开螺口灯头盖。

（3）将电源交织线穿入螺口灯头盖内。

（4）将交织线打一蝴蝶结。

（5）削好交织线的线头。

（6）将电源相线接在螺口灯头中心弹簧连通的接线柱上。

（7）将电源零线接在螺口灯头的另一接线柱上。

（8）接好后，检查线头有无松动，线与线中间有无毛刺。

（9）检查接线合格后，装上螺口灯头盖。

（10）装上螺口灯泡。

（11）悬吊螺口灯头时，要注意灯头离地面尽可能高些（2m 以上），以防被触及。

9. 照明灯及拉线开关的安装

照明灯及拉线开关安装的操作方法如图 7-19 所示。

（1）准备好三连木、瓷插式熔断器（瓷插保险）、拉线开关及座口灯头。

（2）将瓷插保险、拉线开关及座口灯头摆放在三连木上。

（3）画好瓷插保险、座口灯头、拉线开关需穿线的线孔。

（4）用手电钻钻好各线孔。

（5）将瓷插保险固定在三连木上。

（6）将座口灯头固定在三连木上。

（7）将拉线开关固定在三连木上。

（8）用一根导线作为连接线，导线的一端接在瓷插保险负载端。

（9）将导线的另一头接在拉线开关的一个接线柱上。

（10）在三连木背面可看到连接的一根导线。

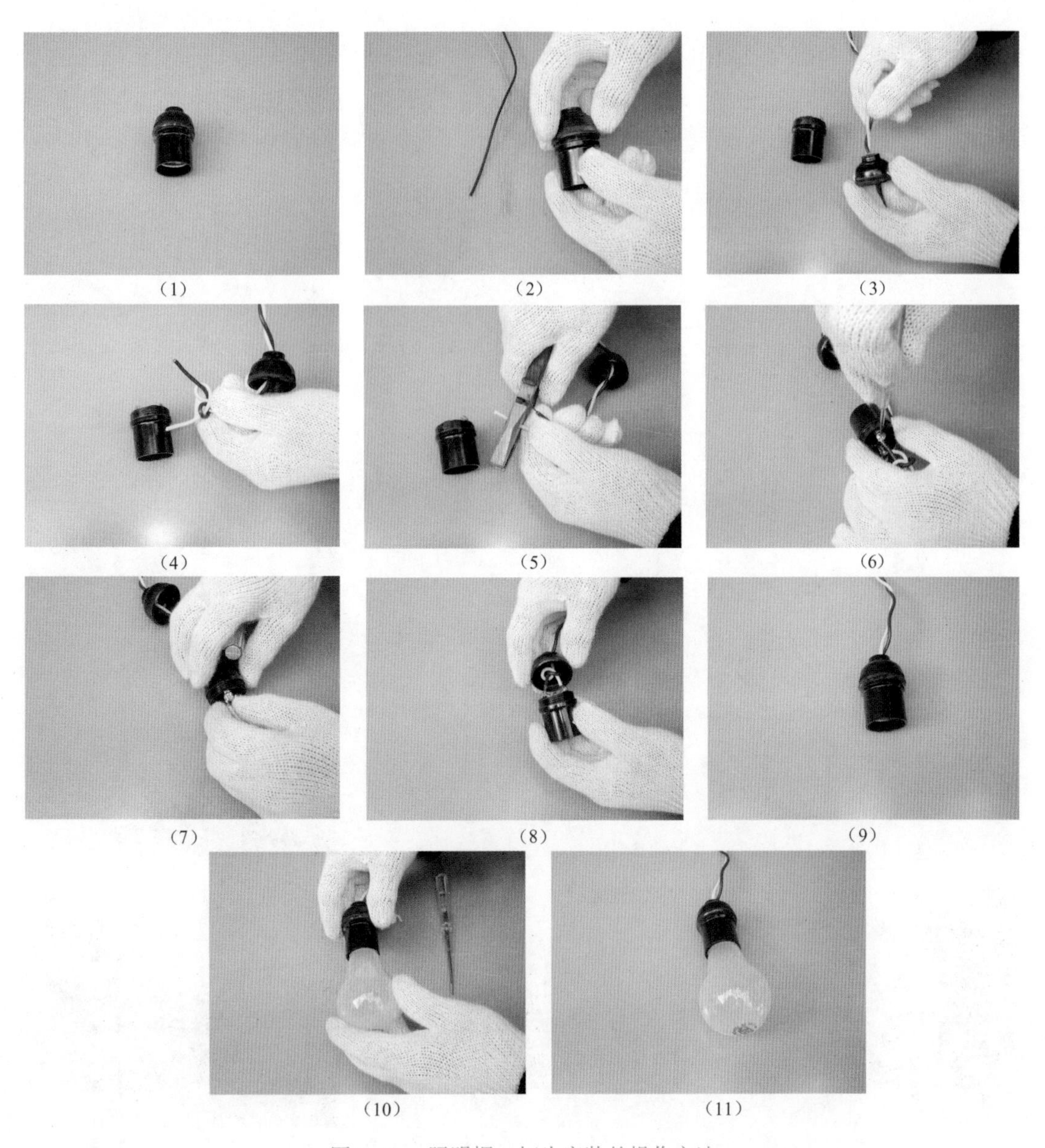

图 7-18　照明螺口灯头安装的操作方法

（11）用另一根导线作为连接线，导线的一端接在拉线开关的另一接线柱上，准备接在灯头的中心弹簧片上。

（12）将导线的另一端接在座口灯头中心弹簧片上。

（13）穿入零线，准备接入座口灯头螺口接线柱上。

（14）将电源零线压接在座口灯头螺口接线柱上。

（15）将电源相线穿入瓷插保险，准备接在瓷插保险的电源接线柱上。

（16）用螺丝刀将电源相线压接在瓷插保险的电源接线柱上。

（17）用电工刀在三连木引出线处挖槽。

（18）对连接电线进行整形，将电源相线、零线从引出槽引出。

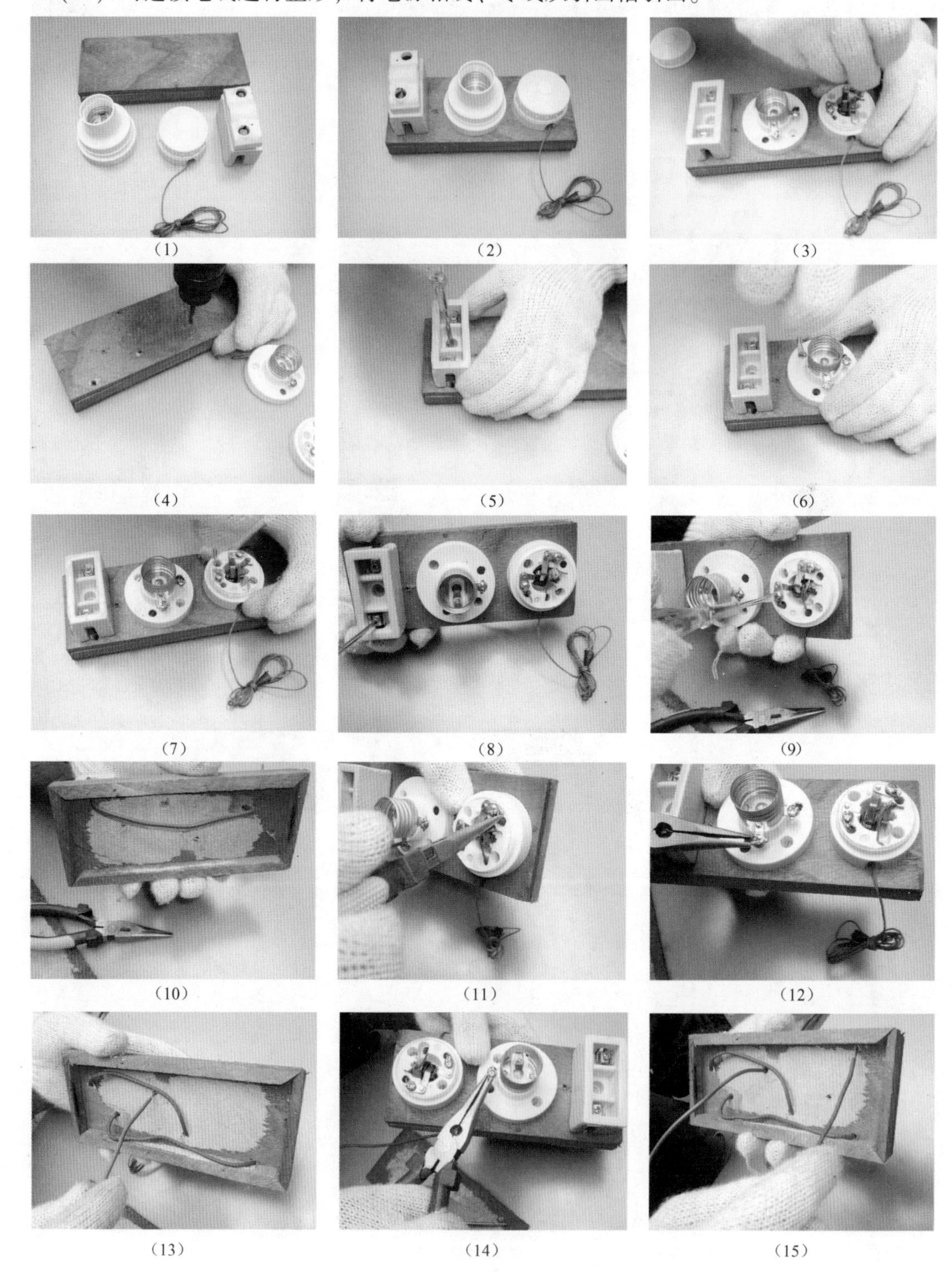

（1） （2） （3） （4） （5） （6） （7） （8） （9） （10） （11） （12） （13） （14） （15）

图 7–19 照明灯及拉线开关安装的操作方法

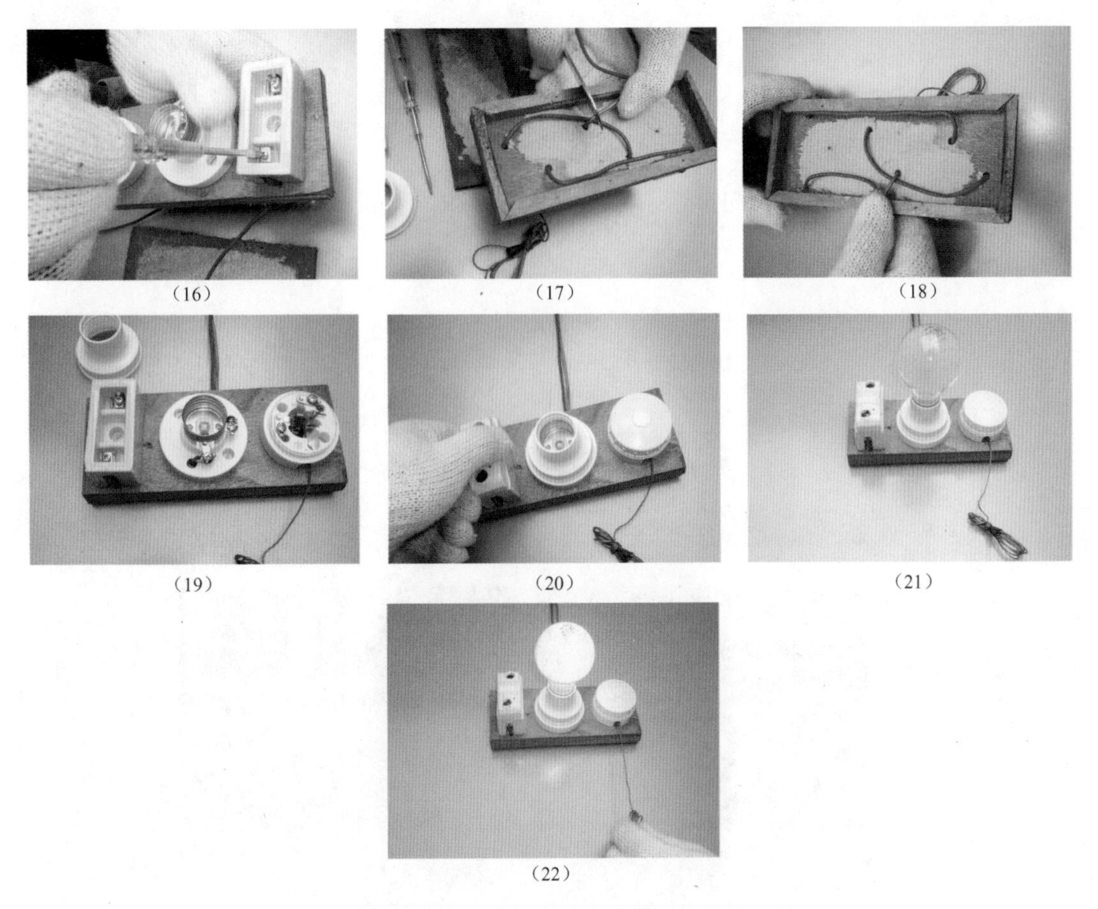

（16）（17）（18）（19）（20）（21）（22）

图 7-19　照明灯及拉线开关安装的操作方法（续）

（19）盖上三连木后盖，装上座口灯头和拉线开关。

（20）装上瓷插保险盖。

（21）安装完毕后，应检查接线是否牢固，检查合格后，方能通电。

（22）操作拉线开关，灯点亮。

10. 护套线的敷设和卡线

护套线的敷设和卡线安装的操作方法如图 7-20 所示。

（1）护套线直线的敷设。

（2）护套线直角的敷设。

（3）护套线交叉的敷设。

（4）护套线终端的敷设。

（5）卡线步骤一。

（6）卡线步骤二。

（7）卡线步骤三。

（8）卡线步骤四。

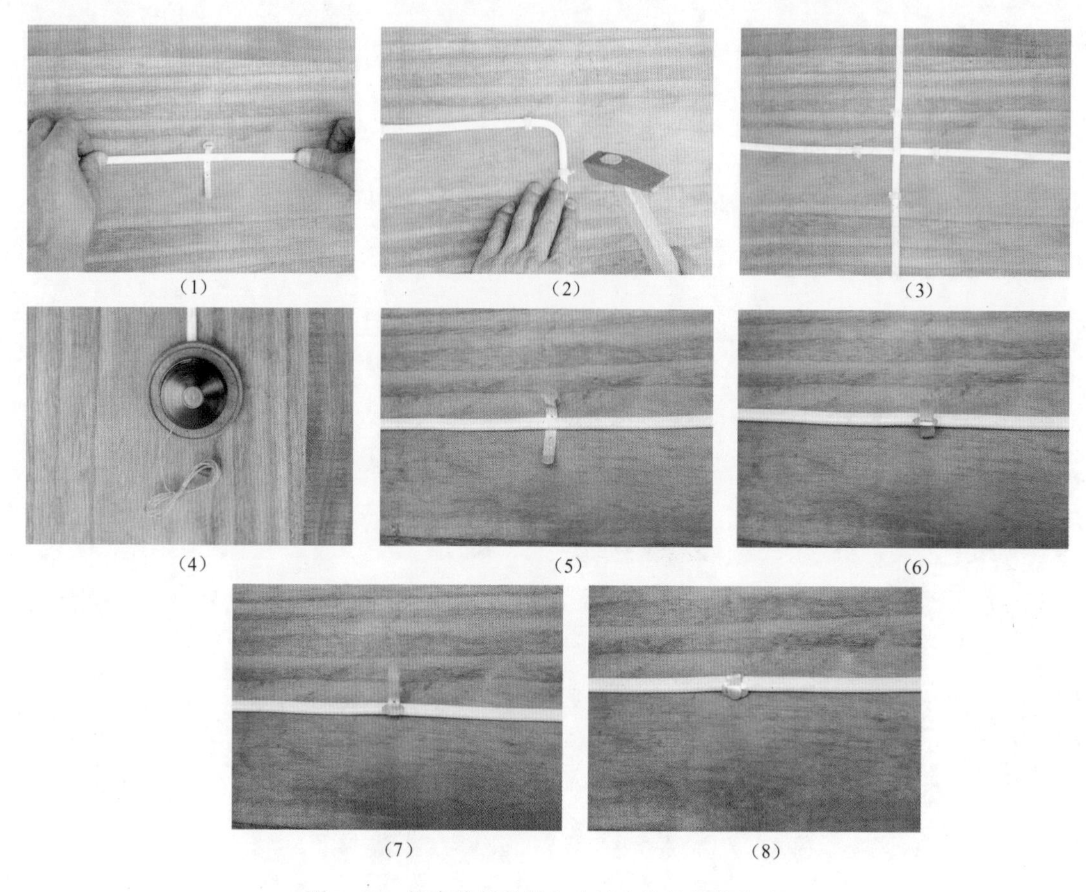
(1) (2) (3) (4) (5) (6) (7) (8)

图 7-20 护套线的敷设和卡线安装的操作方法

7.3 白炽灯的安装

1. 白炽灯的基本控制电路

(1) 一只开关控制一盏灯电路

如图 7-21 所示，是一种最基本、最常用的照明灯控制电路。开关 S 串接在 220V 电源相线上，如果使用的是螺口灯头，则相线应接在灯头中心接点上。开关可以使用拉线开关、扳把开关或跷板式开关等单极开关。开关及灯头的功率不能小于所安装灯泡的额定功率。

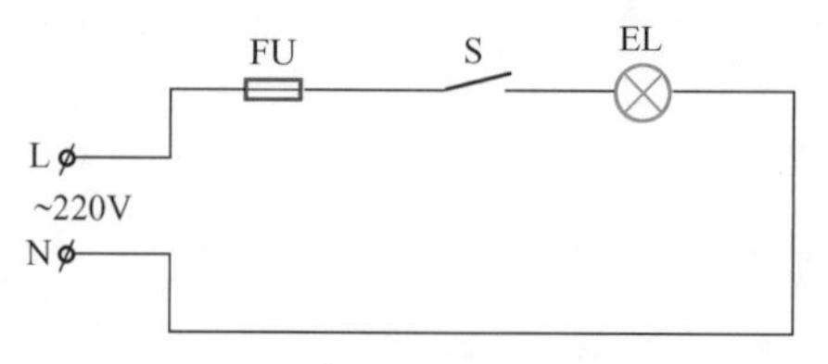

图 7-21 一只开关控制一盏灯电路

为了便于夜间开灯，寻找到开关位置，可以采用有发光指示的开关控制照明灯，如图 7-22所示，当开关 S 被打开时，220V 交流电经电阻 R 降压限流加到发光二极管 LED 两端，使 LED 通电发光。此时，流经 EL 的电流甚微，约为 2mA，可以认为不消耗电能，EL 不会点亮。合上开关 S，EL 可正常发光，此时 LED 熄灭。若打开 S，LED 不发光，如果不是 EL 灯丝烧断，那就是电网断电了。

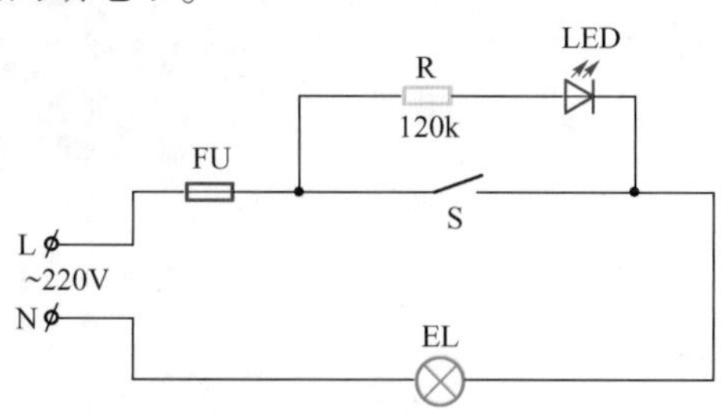

图 7-22　白炽灯采用有发光指示的开关电路

（2）一只开关控制三盏灯（或多盏灯）电路

如图 7-23（a）所示，安装接线时，要注意所连接的所有灯泡总电流应小于开关允许通过的额定电流值。为了避免布线中途的导线接头，减少故障点，可将接头安排在灯座中，如图 7-23（b）所示。

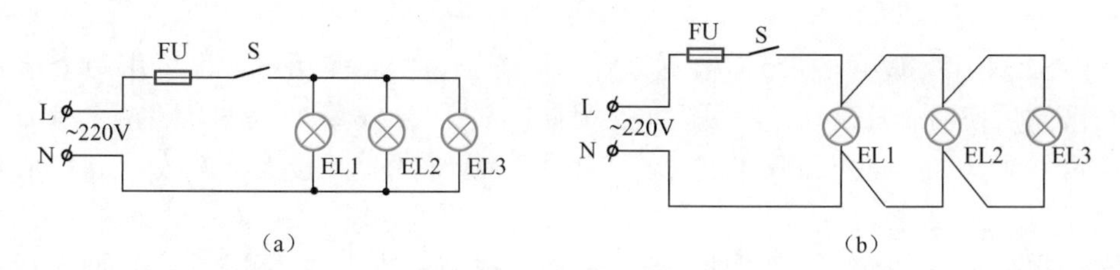

图 7-23　一只开关控制三盏灯（或多盏灯）电路

（3）一灯双控安装实例

一灯双控，即用双联开关在两地控制同一盏灯，主要是为了控制方便，如楼梯上使用的照明灯，要求在楼上、楼下都能控制亮、灭。这种线路的连接方法广泛地应用在家庭装修控制照明灯中。如果两开关相距较运，则可以在线路中串接整流管，这样即能在两开关之间节省一根导线，又能实现一灯双控的效果。此接线方法一般适用于亮度要求不高的场所，如图 7-24所示。

图 7-24（b）可在两开关之间节省一根导线，同样能达到两开关控制一盏灯的效果。这种方法适用于两开关相距较远的场所，缺点是由于线路中串接了整流管，灯泡的亮度会降低，一般可应用于亮度要求不高的场合。二极管 VD1 ~ VD4 一般可用 1N4007，如果所用灯泡功率超过 200W，则应用 1N5407 等整流电流更大的二极管。

（4）三地控制一盏灯电路

由两个单刀双掷开关和一个双刀双掷开关可以实现三地控制一盏灯的目的，如图 7-25 所示。图中，S1、S3 为单刀双掷开关，S2 为双刀双掷开关。不难看出，无论电路初始状态如何，只要扳动任意一个开关，负载 EL 将由断电状态变为通电状态或者相反。

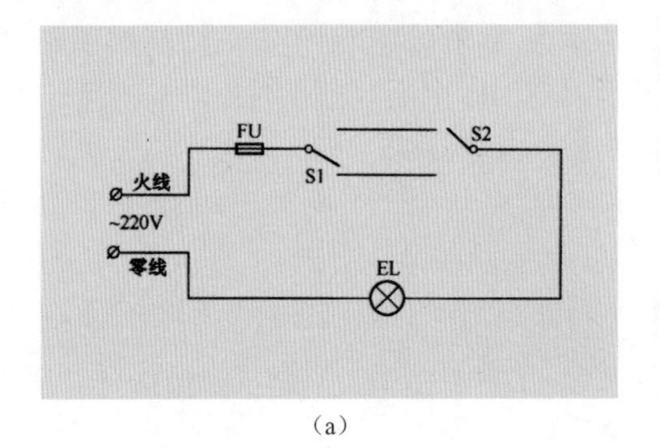

(a)

(b)

图 7-24 一灯双控安装实例

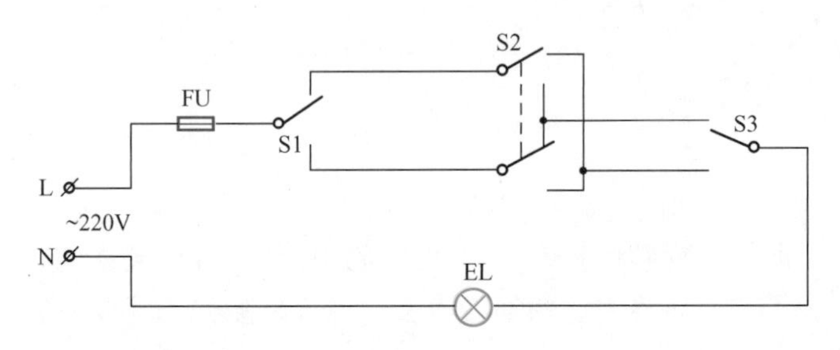

图 7-25 三地控制一盏灯电路

图中，S2 双刀双掷开关在市面上不太容易买到，在实际使用中，也可用两个单刀双掷开关进行改制后使用。其改制方法很简单，只要按如图 7-26（a）所示，将两个单刀双掷开关的两个静接头（图 7-26（a）中的①与②）用绝缘导线交叉接上，就改制成一个双刀双掷开关。不过，使用时要同时按两下开关才起作用，再按如图 7-26（b）所示接线就可用于三地同时独立控制一盏灯了。为了能实现同时按下改制后的开关，要求采用市面流行的大板琴键式单刀双掷开关，然后用 502 胶水把两位大板琴键粘在一起，实现三控开关的作用。

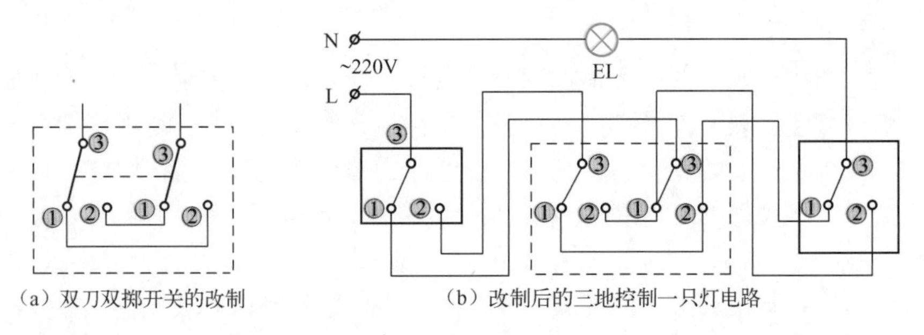

（a）双刀双掷开关的改制　（b）改制后的三地控制一只灯电路

图 7-26 双刀双掷开关的改制及线路连接方法

（5）五层楼单元照明灯控制电路

如图 7-27 所示，S1 ~ S5 分别装在一至五层楼的单元楼梯上，灯泡分别装在各楼层的走廊里。S1、S5 为单极双联开关，S2 ~ S4 为双极双联开关。这样在任一楼层都可控制整个单元走廊的照明灯。例如，上楼时开灯，到五楼再关灯，或从四楼下楼时开灯，到一楼再关灯。

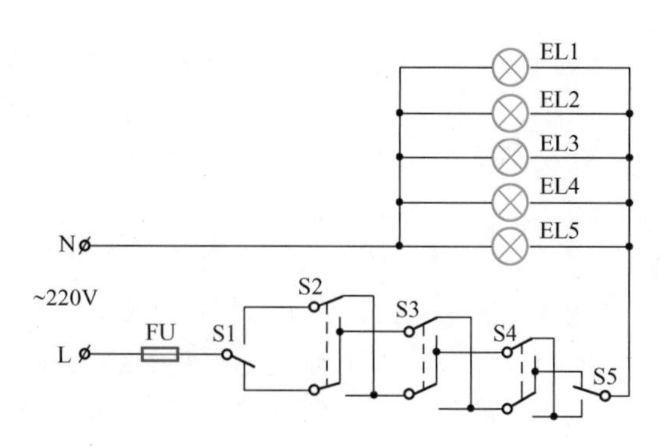

图 7–27　五层楼单元照明灯控制电路

（6）自动延时关灯电路

用时间继电器可以控制照明灯自动延时关灯。该方法简单易行，使用方便，能有效地避免长明灯现象，如图 7–28 所示。

SB1 ~ SB4 和 EL1 ~ EL4 是设置在四处的开关和灯泡（如在四层楼的每一层设置一个灯泡和一个开关）。当按下 SB1 ~ SB4 开关中的任意一个时，失电延时时间继电器 KT 得电，其常开触点闭合，使 EL1 ~ EL4 均点亮。当手离开所按开关后，时间继电器 KT 的接点并不立即断开，而是延时一定时间后才断开。在延时时间内，灯泡 EL1 ~ EL4 继续亮着，直至延时结束，接点断开才同时熄灭。延时时间可通过时间继电器上的调节装置进行调节。

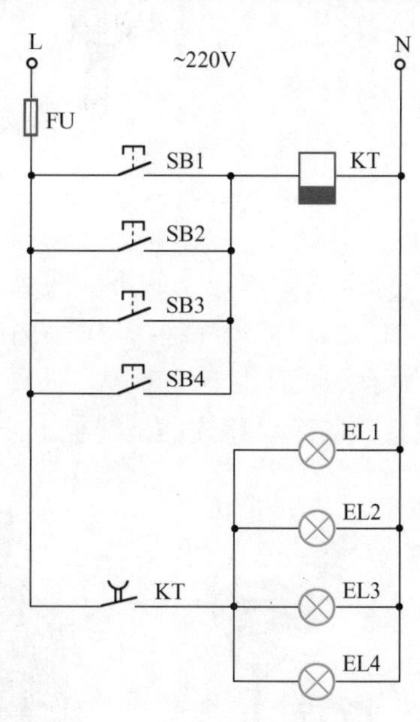

图 7–28　自动延时关灯电路

2. 白炽灯的安装方法

（1）悬吊式照明灯的安装

① 圆木（木台）的安装。先在准备安装挂线盒的地方打孔，预埋木榫或膨胀螺栓。然后对圆木进行加工，在圆木中间钻 3 个小孔，孔的大小应根据导线的截面积选择。如果是护

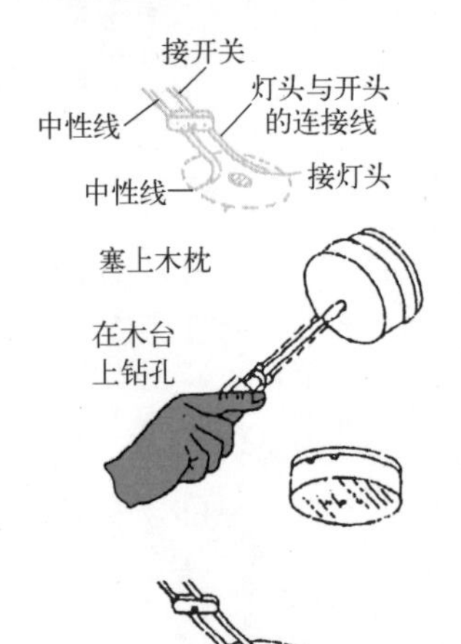

图 7-29　圆木的安装

套线明配线，则应在圆木底面正对护套线的一面用电工刀刻两条槽，将两根导线嵌入圆木槽内，并将两根电源线端头分别从两个小孔中穿出。最后用木螺钉通过中间小孔将圆木固定在木榫上。如图 7-29 所示。

② 挂线盒的安装。塑料挂线盒的安装过程是先将电源线从挂线盒底座中穿出，用螺钉将挂线盒紧固在圆木上，如图 7-30（a）所示。然后将伸出挂线盒底座的线头剥去 20mm 左右绝缘层，弯成接线圈后，分别压接在挂线盒的两个接线桩上。再按灯具的安装高度要求，取一段花线或塑料绞线作为挂线盒与灯头之间的连接线，上端接挂线盒内的接线桩，下端接灯头接线桩。为了不使接头处承受灯具重力，吊灯电源线在进入挂线盒盖后，在离接线端头 50mm 处打一个结（电工扣），如图 7-30（b）所示。这个结正好卡在挂线盒孔里，承受部分悬吊灯具的重量。

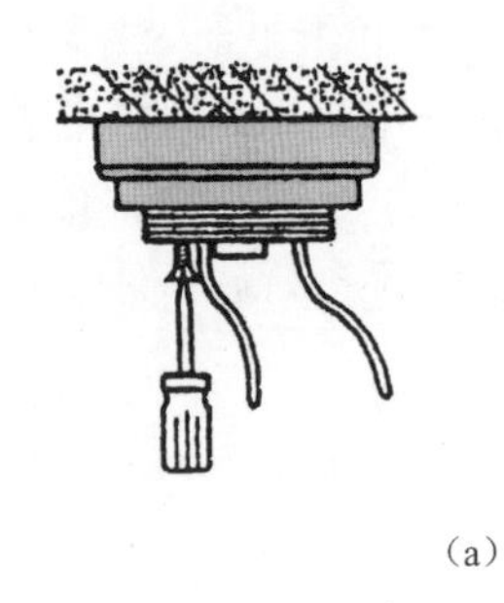
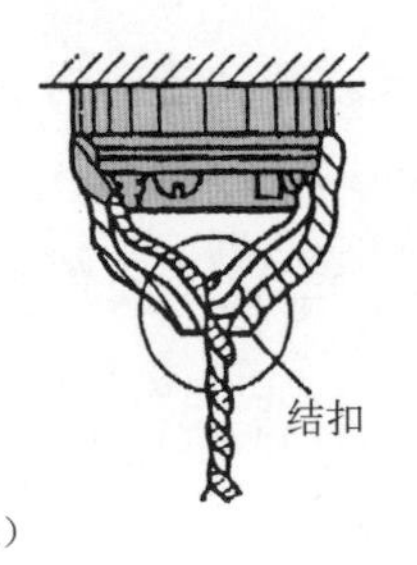

（a）

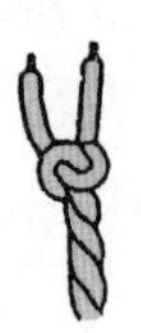

（b）

图 7-30　挂线盒的安装

③ 灯座的安装。首先把螺口灯座的胶木盖子卸下，将软吊灯线下端穿过灯座盖孔，在离导线下端约 30mm 处打一电工扣，然后把去除绝缘层的两根导线下端芯线分别压接在灯座的两个接线端子上，如图 7-31 所示，最后旋上灯座盖。如果是螺口灯座，则火线应接在跟中心铜片相连的接线桩上，零线接在与螺口相连的接线桩上。

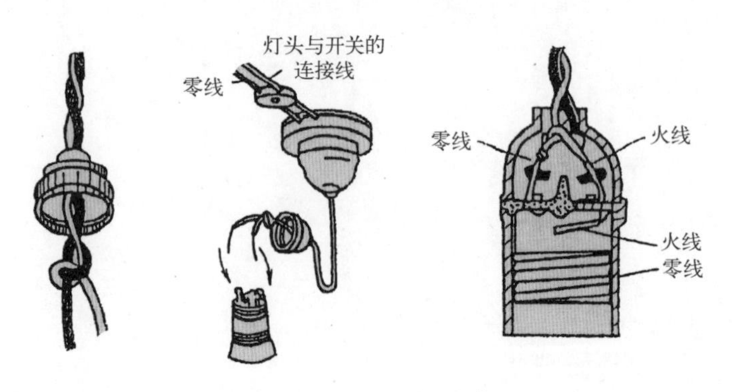

图 7-31　吊灯座的安装

（2）矮脚式电灯的安装

矮脚式电灯一般由灯头、灯罩、灯泡等组成，分卡口式和螺旋口式两种。

① 卡口矮脚式灯头的安装。卡口矮脚式灯头的安装方法和步骤如图 7–32 所示。

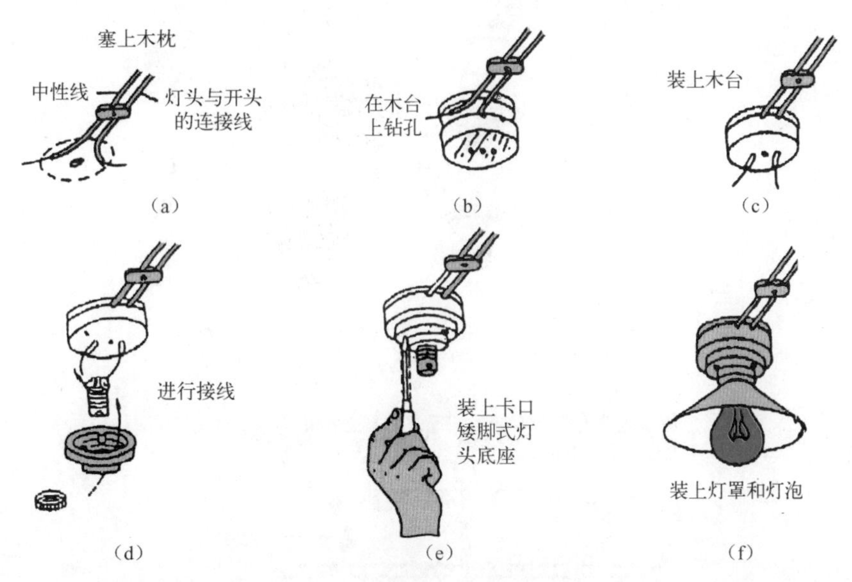

图 7–32　卡口矮脚式灯头的安装方法和步骤

第一步，在准备装卡口矮脚式灯头的地方居中塞上木枕。

第二步，对准灯头上穿线孔的位置，在木台上钻两个穿线孔和一个螺钉孔。

第三步，把中性线线头和灯头与开关连接线的线头对准位置穿入木台的两个孔里，用螺钉把木台连同底板一起钉在木枕上。

第四步，把两个线头分别接到灯头的两个接线桩头上。

第五步，用三枚螺钉把灯头底座装在木台上。

第六步，装上灯罩和灯泡。

② 螺旋口矮脚式电灯的安装。螺旋口矮脚式电灯的安装方法除了接线以外，其余与卡口矮脚式电灯的安装方法几乎完全相同，如图 7–33 所示。螺旋口式灯头接线时应注意，中性线要接到与螺旋套相连的接线桩上，灯头与开关的连接线（实际上是通过开关的相线）要接到与中心铜片相连的接线桩头上，千万不可接反，否则在装卸灯泡时容易发生触电事故。

(3) 吸顶灯的安装

吸顶灯与屋顶天花板的结合可采用过渡板安装法或直接用底盘安装法。

① 过渡板安装。首先用膨胀螺栓将过渡板固定在顶棚预定位置，将底盘元件安装完毕后，再将电源线由引线孔穿出，然后托着底盘找过渡板上的安装螺栓，上好螺母。因不便观察而不易对准位置时，可用一根铁丝穿过底盘安装孔，顶在螺栓端部，使底盘慢慢靠近，沿铁丝顺利对准螺栓并安装到位，如图 7–34 所示。

② 直接用底盘安装。安装时，用木螺钉直接将吸顶灯的底座固定在预先埋好在天花板内的木砖上，如图 7–35 所示。当灯座直径大于 100mm 时，需要用 2 ~ 3 只木螺钉固定灯座。

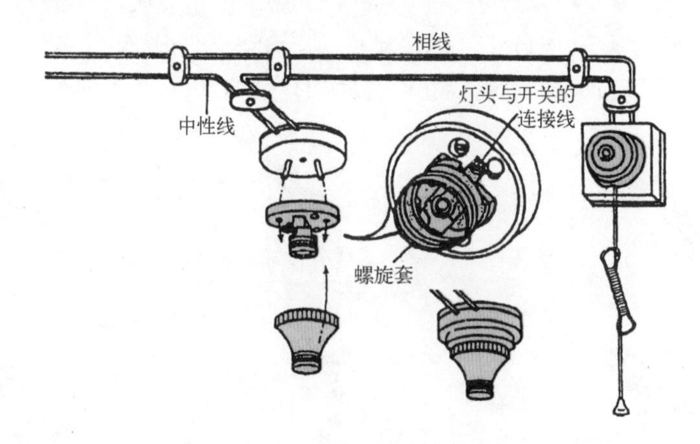

图 7-33　螺旋口矮脚式电灯的安装

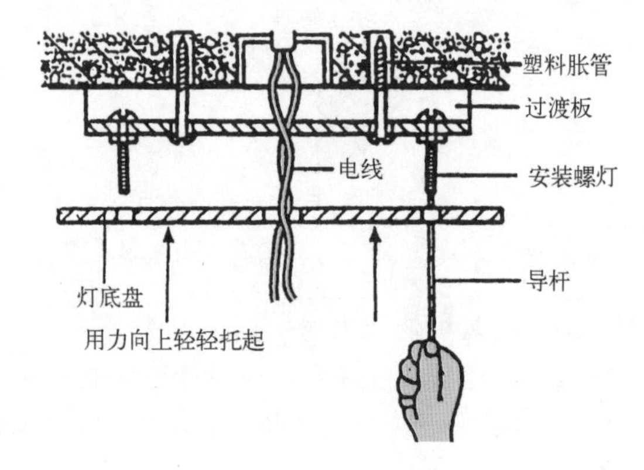

图 7-34　吸顶灯经过渡板安装

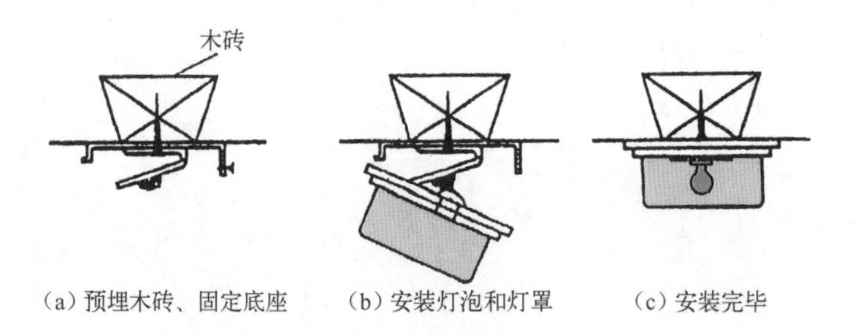

（a）预埋木砖、固定底座　（b）安装灯泡和灯罩　（c）安装完毕

图 7-35　吸顶灯直接用底座安装

（4）双联开关两地控制一盏灯的安装

安装时，使用的开关应为双联开关，此开关应具有 3 个接线桩。其中，两个分别与两个静触点接通，另一个与动触点连通（称为共用桩）。双联开关用于控制线路上的白炽灯，一个开关的共用桩（动触点）与电源的相线连接，另一个开关的共用桩与灯座的一个接线桩连接。采用螺口灯座时，应与灯座的中心触点接线桩相连接，灯座的另一个接线桩应与电源的中性线相连接。两个开关的静触点接线桩分别用两根导线连接，如图 7-36 所示。

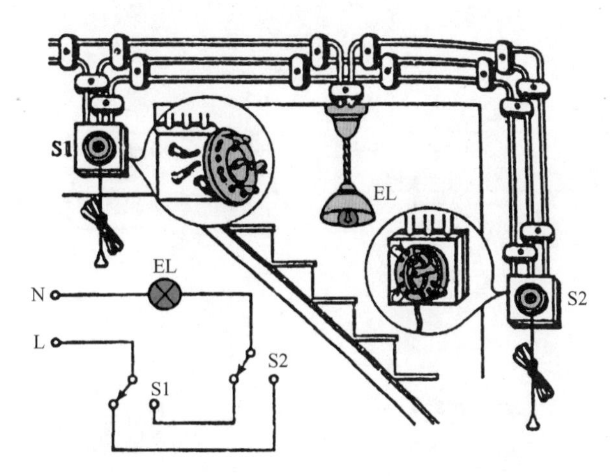

图 7-36　双联开关两地控制一盏灯的安装

7.4 日光灯的安装

1. 日光灯的基本控制电路

日光灯的基本控制电路如图 7-37 所示。

2. 日光灯的安装方法

（1）准备灯架。根据日光灯管的长度购置或制作与其配套的灯架。

（2）组装灯具。日光灯灯具的组装就是将镇流器、启辉器、灯座和灯管安装在铁制或木制灯架上。组装时必须注意，镇流器应与电源电压、灯管功率相配套，不可随意选用。由于镇流器比较重，又是发热体，应将其扣装在灯架中间或在镇流器上安装隔热装置。启辉器规格应根据灯管功率来确定。启辉器宜装在灯架上便于维修和更换的地点。两灯座之间的距离应准确，防止因灯脚松动而造成灯管掉落。

（3）固定灯架。固定灯架的方式有吸顶式和悬吊式两种。悬吊式又分金属链条悬吊和钢管悬吊两种。安装前，先在设计的固定点打孔预埋合适的固定件，然后将灯架固定在固定件上。

（4）组装接线。启辉器座上的两个接线端分别与两个灯座中的一个接线端连接，余下的接线端，其中一个与电源的中性线相连，另一个与镇流器的一个出线头连接。镇流器的另一个出线头与开关的一个接线端连接，而开关的另一个接线端则与电源中的一根相线相连。与镇流器连接的导线既可通过瓷接线柱连接，也可直接连接，但要恢复绝缘层。接线完毕，要对照电路图仔细检查，以免错接或漏接。

3. 照明日光灯的安装实例

照明日光灯安装的操作方法如图 7-38 所示。

（1）日光灯镇流器。

（2）日光灯灯架。

（3）日光灯灯管。

（4）日光灯启辉器。

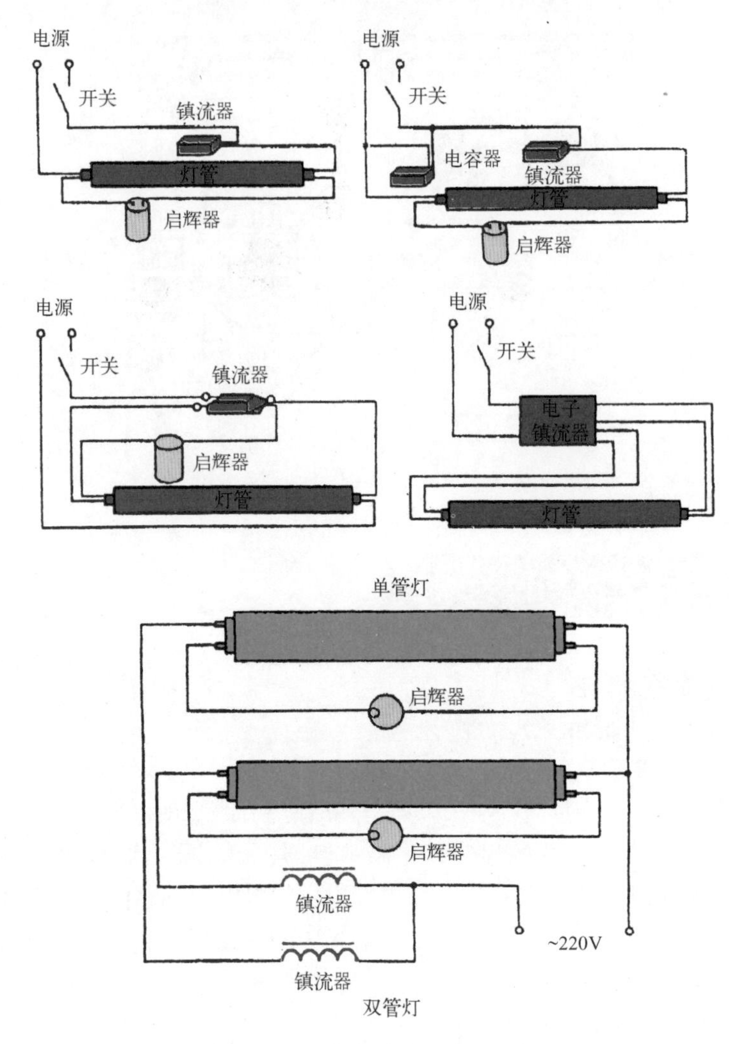

图 7-37　日光灯的基本控制电路

（5）日光灯灯脚。

（6）全套日光灯零件。

（7）将启辉器两端接上电线，准备分别接两日光灯灯脚。

（8）将镇流器的一端接上电源相线。

（9）将镇流器的另一端接上左侧的日光灯灯脚。

（10）左侧日光灯灯脚的另一端与启辉器相连。

（11）右侧日光灯灯脚的一端接电源零线，另一端接启辉器。

（12）接好后将灯脚配好。

（13）日光灯接线完成。

（14）将灯脚、镇流器、启辉器装配到日光灯架内。

（15）装上日光灯灯管。

（16）接上日光灯电源线。

（17）用塑料绝缘胶带对接头进行绝缘层恢复。

（18）检查接线正确后，方能通电点亮日光灯灯管。

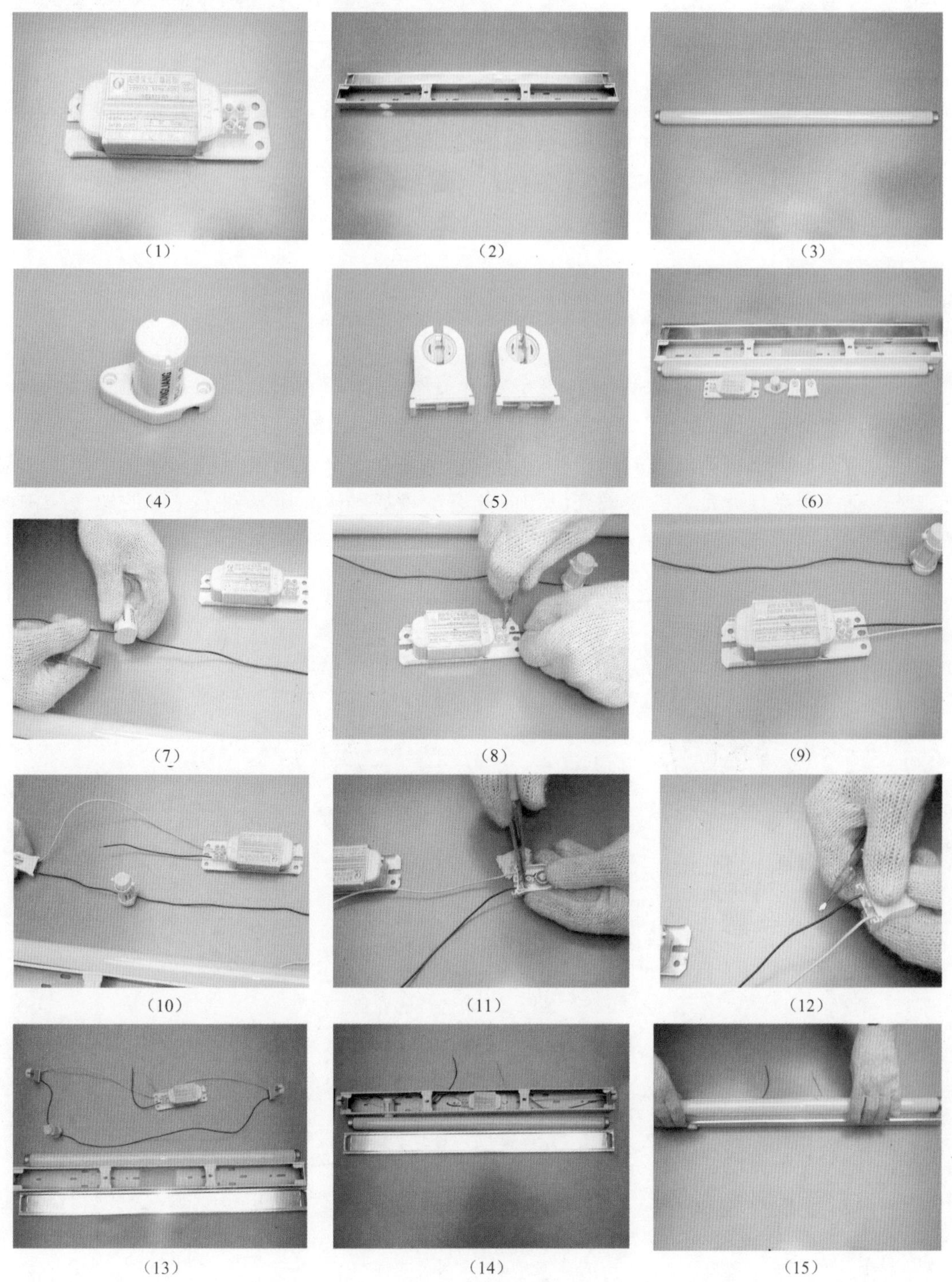

图 7-38　照明日光灯安装的操作方法

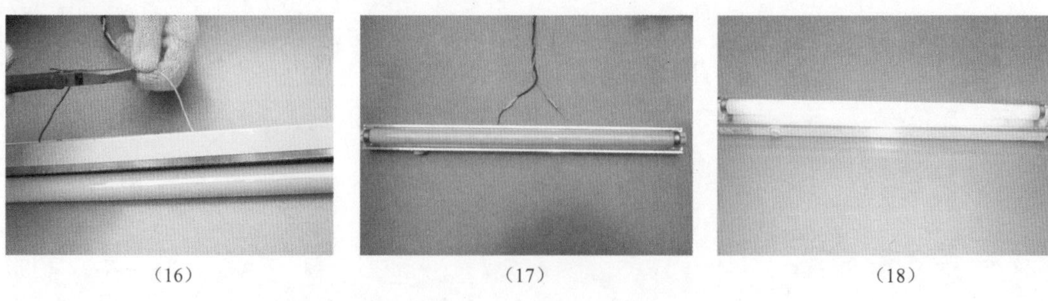

图 7-38　照明日光灯安装的操作方法（续）

7.5 高压水银荧光灯的安装

1. 高压水银荧光灯的安装电路

高压水银荧光灯是一种气体放电灯，主要由放电管、玻璃壳和灯头等组成。玻璃壳分内外两层。内层是一个石英玻璃放电管，管内有上电极、下电极和引燃极，并充有水银和氩气；外层是一个涂有荧光粉的玻璃壳，壳内充有少量氮气。高压水银荧光灯的外形结构如图 7-39所示。

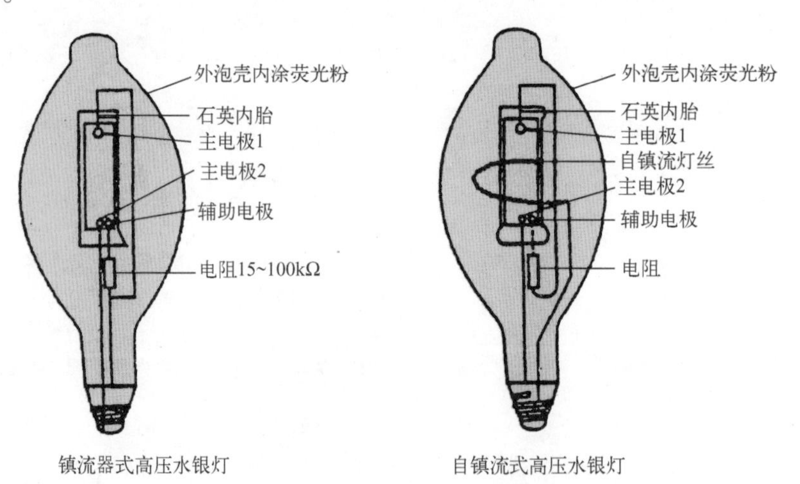

图 7-39　高压水银荧光灯的外到结构

高压水银荧光灯具有光色好、启动快、使用方便等优点，适用于工厂的车间、城乡的街道、农村的场院等场所的照明，在安装和使用高压水银荧光灯时要注意以下几点。

（1）高压水银荧光灯分为镇流式和自镇流式两种类型。自镇流式灯管内装有镇流灯丝，安装时不必另加镇流器。镇流式高压水银荧光灯应按如图 7-40 所示线路接线安装。

（2）镇流式高压水银荧光灯所配用镇流器的规格必须与灯泡功率一致。否则，接通电源后灯泡不是启动困难就是被烧坏。镇流器必须装在灯具附近、人体不能触及的位置。镇流器是发热元件，应注意通风散热，镇流器装在室外应有防雨措施。

（3）高压水银荧光灯功率在 125W 及以下时，应配用 E27 型瓷质灯座；功率在 175W 及以上的，应配用 E40 型瓷质灯座。

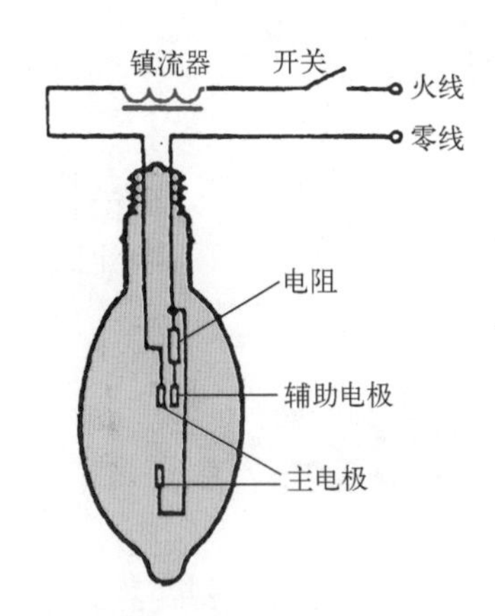

图 7-40　镇流式高压水银荧光灯的接线图

（4）灯泡应垂直安装。若水平安装，则亮度将减小且易自行熄灭。

（5）功率偏大的高压水银荧光灯由于温度高，因此应装置散热设备。

（6）灯泡启辉后 4 ~ 8min 才能达到正常亮度。灯泡在点燃中突然断电，如再通电点燃，需待 10 ~ 15min，这是正常现象。如果电源电压正常，又无线路接触不良，灯泡仍有熄灭和自行点燃现象反复出现，说明灯泡需要更换。

2. 高压水银荧光灯的安装操作方法

高压水银荧光灯的安装，首先要选用足够粗的铜导线作为灯头的电源线。安装时，将灯头帽拧下并穿过由吊线盒引出的两条导线，剥去导线的绝缘层，将导线分别接在灯头上的两个接线柱上。接线时，要注意线头上不能有毛刺，以防线与线之间连接短路。接线完毕后，盖好灯头盖，旋上灯头芯，最后旋上水银灯灯炮。进行灯头接线时应注意，对螺口灯头，电源相线必须与灯头的中心接点（俗称“舌头）相连，电源零线与灯头螺口接点相连。若接法与上述规定不符，则可能在手触及灯头或灯泡螺口时触电。

高压水银荧光灯安装的操作方法如图 7-41 所示。

图 7-41　高压水银荧光灯安装的操作方法

（1）功率不同的水银荧光灯灯泡。

（2）将电源零线接在灯口上，将电源相线接在灯口中心点的接线柱（俗称“舌头”）上。

（3）旋紧水银荧光灯灯口内的所有螺钉。

（4）装上水银荧光灯，安装完毕。

7.6 碘钨灯的安装

碘钨灯是卤素灯的一种，靠增高灯丝温度来提高发光效率，系热体发光光源，不仅具有白炽灯光色好、辨色率高的优点，而且还克服了白炽灯发光效率低、使用寿命短的缺点。其发光强度大、结构简单、装修方便，适用于照度大、悬挂高的车间、仓库及室外道路、桥梁和夜间施工工地。碘钨灯的接线，如图 7–42（a）所示。

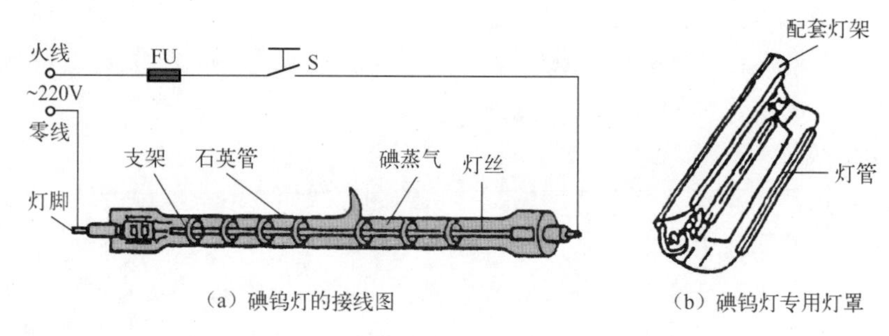

（a）碘钨灯的接线图　（b）碘钨灯专用灯罩

图 7–42　碘钨灯的接线图及专用灯罩

安装和使用碘钨灯时应注意以下事项。

（1）碘钨灯必须配用与灯管规格相适应的专用铝质灯罩，如图 7–42（b）所示。灯罩既可反射灯光，提高灯光利用率，又可散发灯管热量，使灯管保持最佳工作状态。由于灯罩温度较高，因此装在灯罩顶端的接线块必须是瓷质的，电源引线应采用耐热性能较好的橡胶绝缘软线，且不可贴在灯罩铝壳上，而应悬空布线。灯罩与可燃性建筑物的净距离不应小于 1m。

（2）碘钨灯安装时必须保持水平状态，水平线偏角应小于 4°，否则会破坏碘钨循环，缩短灯管寿命。

（3）碘钨灯不可贴在砖墙上安装，以免散热不畅而影响灯管的寿命，装在室外，应有防雨措施。碘钨灯灯管工作时温度高达 500 ~ 700℃，故其安装处近旁不可堆放易燃或其他怕热物品，以防发生火灾。

（4）功率在 1kW 以上的碘钨灯不可安装一般电灯开关，而应安装胶盖瓷底刀开关。

（5）碘钨灯安装地点要固定，不宜将其作为移动光源使用。装设灯管时要小心取放，尤其要注意避免受震损坏。

（6）碘钨灯的安装点离地高度不应小于 6m（指固定安装的），以免产生眩光。

7.7 其他灯具的安装

1. 节能灯

节能灯从结构上分为紧凑型自镇流式和紧凑型单端式（灯管内仅含启动器而无镇流器），从外形上分有双管型（单 U 形）、四管型（双 U 形）、六管型（三 U 形）及环管等几种类型。节能灯的寿命是普通白炽灯的 10 倍，功效是普通灯泡的 5 ~ 8 倍（一只 7W 的三基色节能灯亮度相当于一只 45W 的白炽灯），节能灯比普通白炽灯节电 80%，发热也只有普通灯泡的 1/5。节能灯比白炽灯节约能源并有利于环境保护。节能灯的外形如图 7–43 所示。

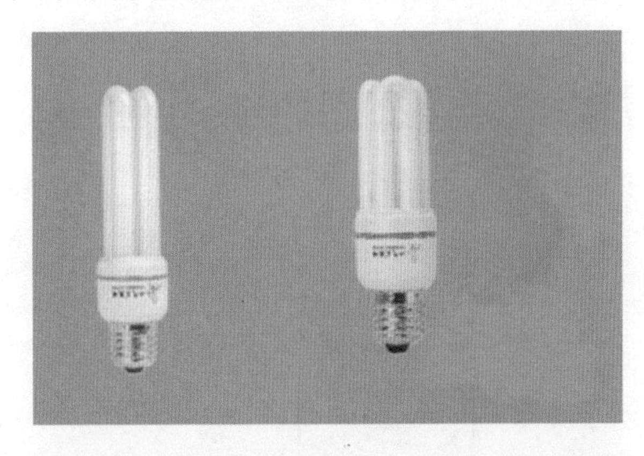

图 7–43　节能灯

节能灯不易在调灯光及电子开关线路中使用，电压过高或过低会影响其正常的使用寿命。

2. 冷阴极荧光灯

冷阴极荧光灯简称冷阴极灯或冷极管，属于辉光放电的低压气体灯。冷阴极荧光灯通常采用镍、钼、锆等金属作为电极，用高的启动电压形成辉光放电使灯管工作。直管形冷阴极荧光灯的外形结构与霓虹灯相似，工作时需配套专用的镇流器。

冷阴极荧光灯的特点为长寿命（1.5×10^4h）、低功耗，可频繁启动，可调光。其品种分为单色灯管和变色灯管多种。变色灯管用红、绿、蓝三种颜色的灯管套装在一个透光罩内，用开关或芯片控制切换变色。透光罩可做成乳白菱晶罩或彩色罩，截面为圆形或半圆形。其特殊的灯管结构可实现无暗区连接，适用于路桥、楼体及建筑物内、外的装饰照明。

另一品种为冷阴极背光照明灯，灯管较细，为2～30mm，长度为20～1500mm，单灯功率为2～50W，可根据尺寸制作加工，灯管能按照安装需要任意弯曲做成各种形状。冷阴极背光照明灯适用于计算机的液晶显示器、液晶电视、扫描仪等产品的背光照明光源，以及家用电器的装饰灯。

3. 高压钠灯

高压钠灯是一种发光效率高、透雾能力强的电光源，广泛应用在道路、码头、广场、小区照明。其结构如图7-44所示。高压钠灯使用寿命长，光通量维持性能好，可在任意位置点燃，耐震性能好，受环境温度变化影响小，适用于室外使用。

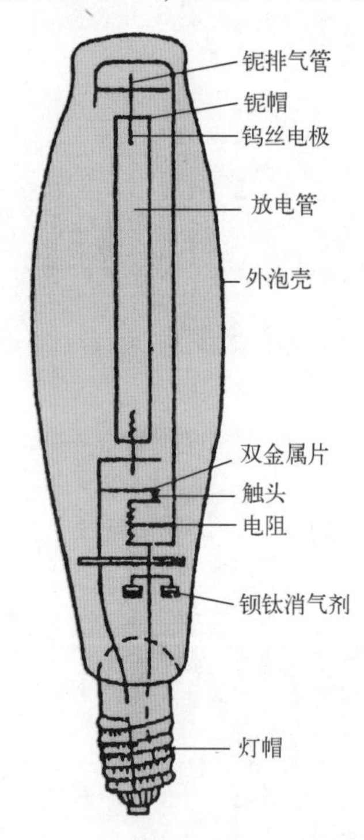

图7-44 高压钠灯的结构

高压钠灯的工作电路如图7-45所示。接通电源后，电流通过镇流器、热电阻和双金属片常闭触头形成通路，此时放电管内无电流。经过一段时间，热电阻发热，使双金属片常闭触头断开，在断开的瞬间，镇流器产生3kV的脉冲电压，使管内氙气电离放电，温度升高，继而使汞变为蒸气状态。当管内温度进一步升高时，钠也变为蒸气状态，开始放电而放射出较强的可见光。高压钠灯在工作时，双金属片热继电器处于断开状态，电流只通过放电管。高压钠灯须与镇流器配合使用。

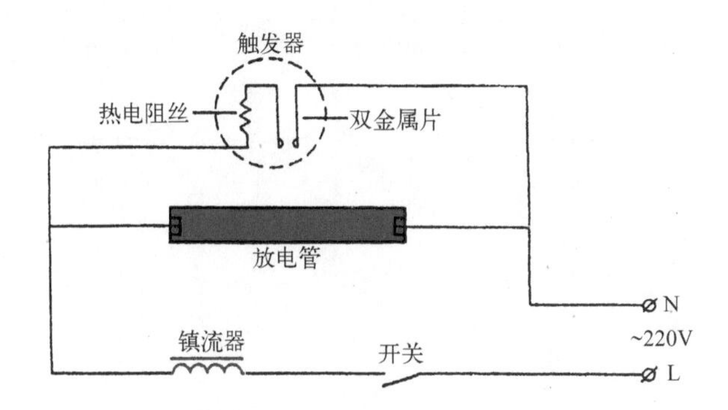

图 7-45　高压钠灯的工作电路

4. 氙灯

氙灯是采用高压氙气放电的光源，显色性好，光效高，功率大，有“小太阳”之称，适用于大面积照明。管型氙灯外形及电路如图 7-46 所示。

氙灯可分为长弧氙灯和短弧氙灯两种，其功率大，耐低温也耐高温，耐震，但平均使用寿命短（500～1000h），价格较高。

氙灯在工作时辐射的紫外线较多，人不宜靠得太近，也不宜直接用眼去看正在发光的氙灯。

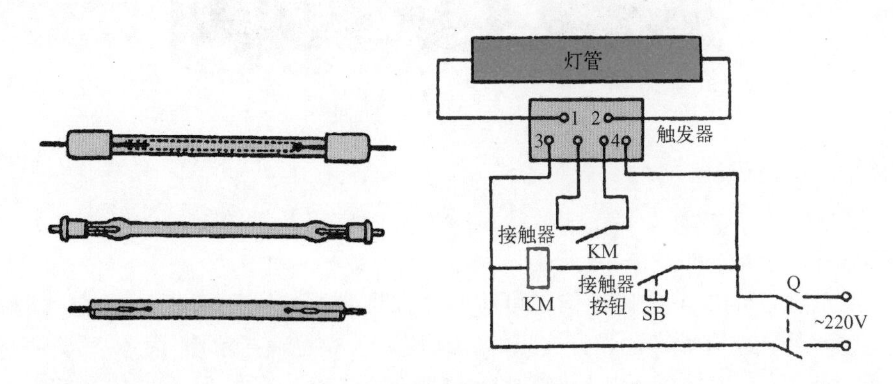

图 7-46　管型氙灯外型及电路

5. 应急照明灯

应急照明灯如图 7-47 所示。

图 7-47　应急照明灯

应急照明灯宜设在墙面或顶棚上。下列部位应设置火灾应急照明灯具：

（1）疏散楼梯（包括防烟楼梯间前室）、消防电梯及其前室。

（2）消防控制室、自备电源室、配电室、消防水泵房、防排烟机房等。

（3）观众厅、宴会厅、重要的多功能厅及每层建筑面积超过 $1500m^2$ 的展览厅、营业厅等。

（4）建筑面积超过 $200m^2$ 的演播室，人员密集建筑面积超过 $300m^2$ 的地下室。

（5）通信机房、大型电子计算机房、BAS 中央控制室等重要技术用房。

（6）人员密集的公共活动场所等。

（7）公共建筑内的疏散走道和居住建筑内长度超过 20m 的内走道。

6. 疏散照明灯

疏散照明灯也称安全出口标识灯，如图 7-48 所示。

图 7-48　疏散照明灯

疏散照明灯具的安装：

（1）安全出口标识灯宜安装在疏散门口的上方及首层疏散楼梯口的里侧上方。安全出口标识灯距地面高度应不低于 2m。

（2）疏散走道上的安全出口标识灯可明装，而厅室内应采用暗装。安全出口标识灯应有图形和文字符号，在有无障碍设计要求时，应同时设有音响指示信号。

（3）可调光型安全出口灯宜用于影剧院的观众厅，在正常情况下可减光使用，火灾事故时应自动接通至全亮状态。

（4）疏散照明标识灯应设在安全出口的顶部、疏散走道及其转角处距地 1m 以下的墙面上。

（5）疏散照明标识灯位置的确定，尚应满足可容易找寻在疏散路线上的所有手动报警器、呼叫通信装置和灭火设备等设施。

（6）疏散照明灯具的图形尺寸为

$$b = \sqrt{2L}/100$$

$$l = 2.5b$$

式中，L – 最大视距（mm）；

b – 图形短边（mm）；

l – 图形长边（mm）。

7. 道路照明灯

道路照明灯，一般采用高强度气体放电灯，街道、小区内的路灯多采用高压钠灯或高压汞灯。布置道路照明灯时，要充分考虑灯具的光强分布特性，以使路面能得到较高的亮度和均匀度，并应尽量限制眩光。道路照明灯的常用布置方式及适用场合如图 7–49 所示。

	单侧	交错	中心悬吊	丁字路口	十字路口	弯道
布置方式						
适用条件	宽度不大于9m或要求不高的道路	宽度大于9m或要求较高的道路	一般厂内或居民区小路	丁字路口	十字路口	弯道处灯间距为直线段的(0.5~0.75)

图 7–49　道路照明灯的常用布置方式及适用场合

（1）道路照明灯灯杆间距一般为 25 ~ 30m，进入弯道处的灯杆间距应当减小。

（2）道路照明灯的安装高度不宜低于 4. 5m。在主干道及交叉路口，当道路照明灯的光源采用 125 ~ 250W 高压汞灯时，安装高度不宜低于 5m；用 400W 高压汞灯或 250 ~ 400W 高压钠灯作为光源时，安装高度不宜低于 6m。在次要道路上，如采用 60 ~ 100W 白炽灯或 80 ~ 160W高压汞灯时，安装高度可为 4 ~ 6m。

（3）道路照明灯的安装方法主要有两种：一是直埋灯杆；一是预制混凝土基础，灯杆通过法兰进行连接。预制混凝土基础时应配钢筋，表面铺钢板，钢板按灯杆座法兰孔距钻孔，螺栓穿入后与钢板在底部焊接，并与钢筋绑扎固定。道路照明灯的安装方法如图 7–50 所示。

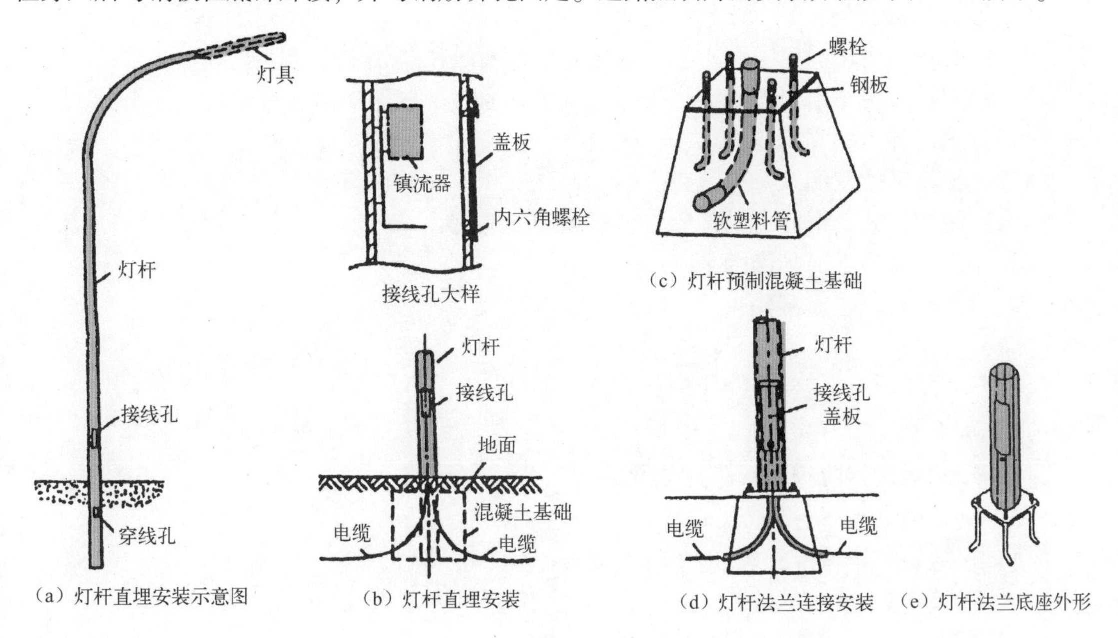

图 7–50　道路照明灯的安装方法

7.8 家庭吊扇的安装

1. 吊扇的常用线路

吊扇是夏天降温的电器设备之一，广泛用于工厂、农村、单位及日常家庭中。吊扇由固定吊杆、电动机和风叶组成，外电路元器件有接线架、电风扇电容器和调速器等。

吊扇的常用线路如图 7–51 所示。

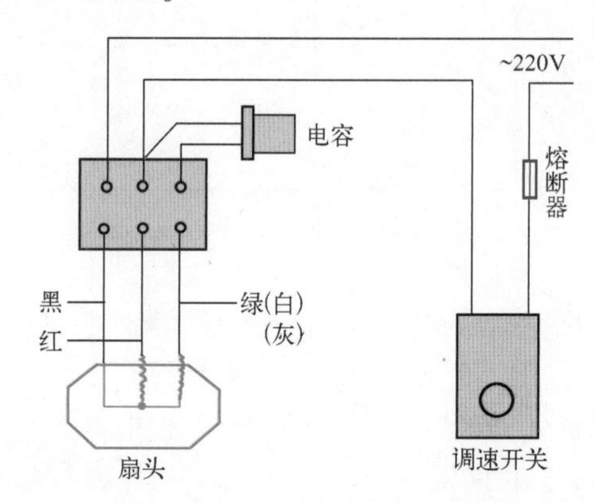

图 7–51 吊扇的常用线路

2. 吊扇的安装

吊扇安装的操作方法如图 7–52 所示。

（1）拆开吊扇包装，装上吊杆，并插上防护销钉。

（2）用螺丝刀将吊扇电源线中的一根旋紧，并通过接线架引出去。

（3）用螺丝刀将吊扇电源线的另一根旋紧，并通过接线架引出去。

（4）拧紧吊杆上的固定螺钉。

（5）剥掉吊扇橡皮圈及悬挂螺钉。

（6）用螺丝刀装上扇叶，并旋紧带弹簧垫圈的螺钉。

（7）用螺丝刀装上另外两片扇叶。

（8）将橡皮圈放置在吊钩上。

（9）挂上吊扇，穿上螺钉，拧紧螺钉。

（10）用扳手将吊扇悬挂横担螺钉拧紧。

（11）装上防护销钉。

（12）用钢丝钳将防护销钉两头分开。

（13）将吊扇引出线与预埋好的电源线相连接。

（14）用绝缘胶布将接头包好。

（15）对接线头进行整形。

（16）装上吊扇防护罩。

（17）吊扇安装完毕，检查合格后方能通电试运行。

（18）吊扇调速开关应串接在吊扇与电源之间。

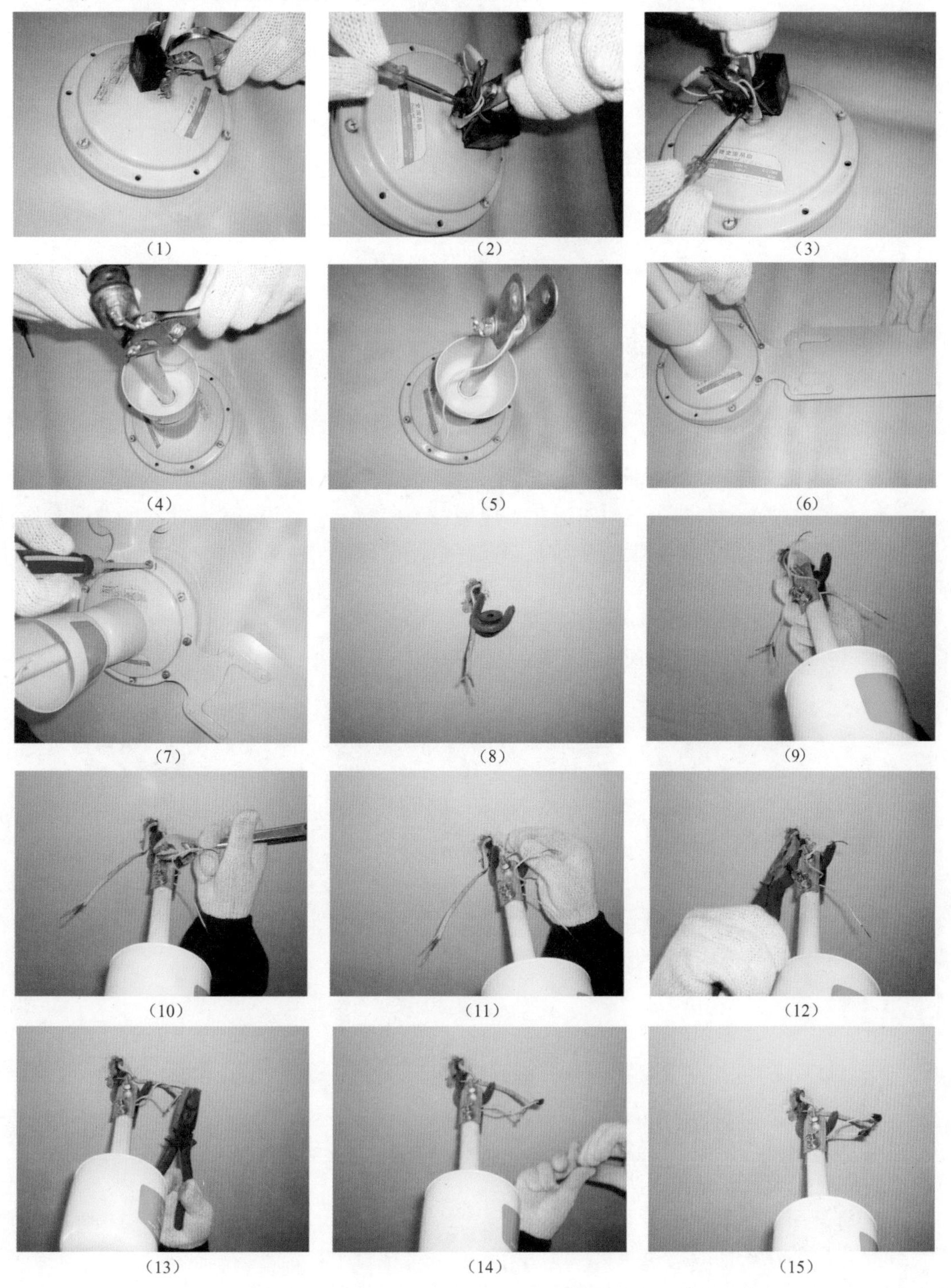

（1）（2）（3）（4）（5）（6）（7）（8）（9）（10）（11）（12）（13）（14）（15）

图7-52　吊扇安装的操作方法

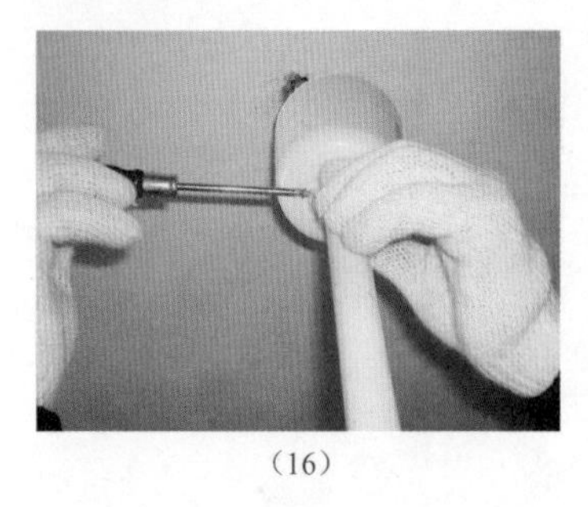

（16）

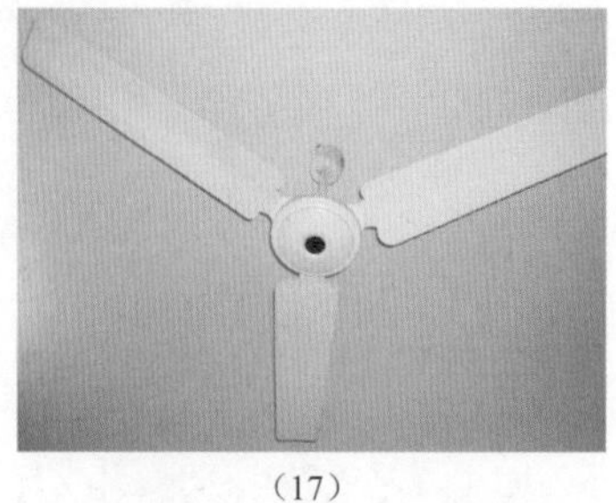

（17）

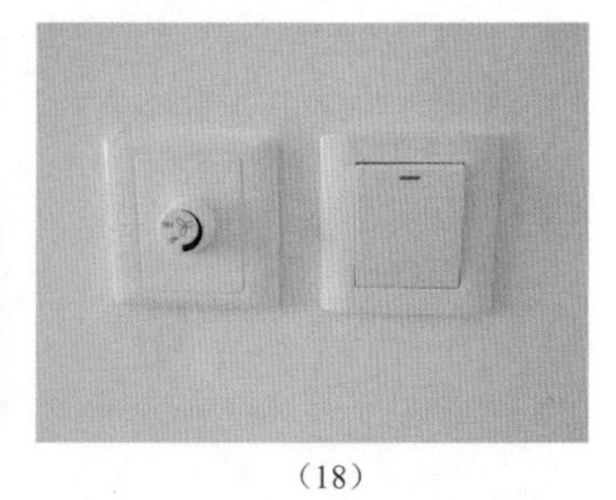

（18）

图 7-52　吊扇安装的操作方法（续）

7.9 家庭照明进户

1. 照明进户控制箱及应用

照明进户控制箱也称小型断路器配电箱，主要用于控制照明、插座、空调及用电量较小的电器设备。这种小型断路器配电箱近年来应用极为广泛，一般用于家庭住室的总配电设备上，装在进门门后的墙上，用来方便地控制家庭电器设备的每一路电源，并兼有过流保护跳闸功能，有的还兼有漏电跳闸保护功能。另外，这种小型断路器配电箱也广泛用于机关、学校、办公室的配电设备上，用于控制照明灯及小型用电设备。

照明进户控制箱及应用如图 7-53 所示。

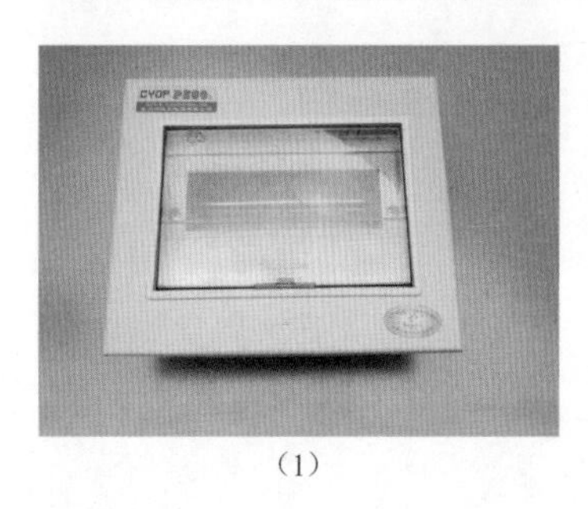

（1）

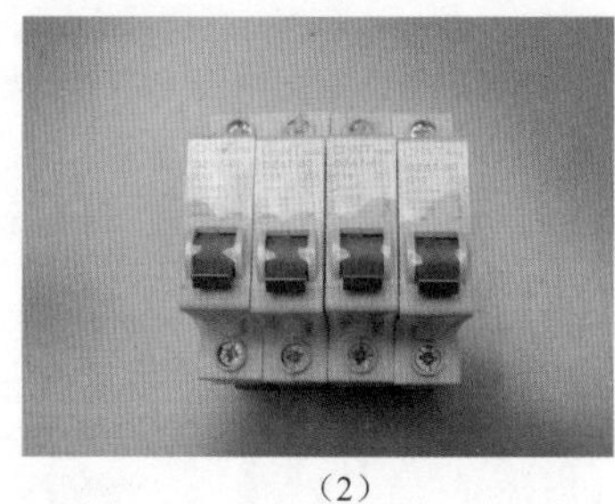

（2）

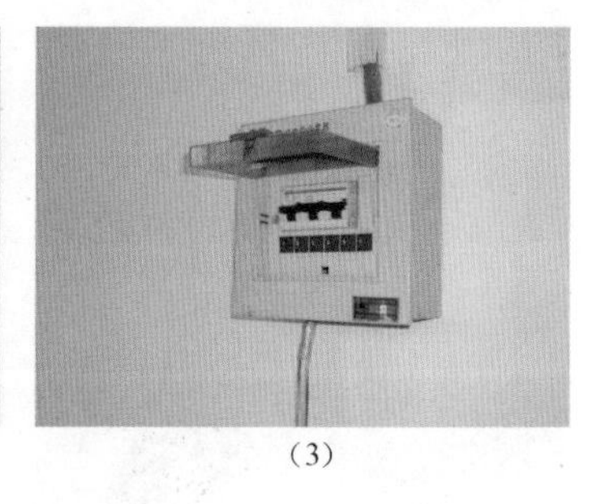

（3）

图 7-53　照明进户控制箱及应用

（1）照明进户控制箱。

（2）DZ47—60 小型组合断路器。

（3）照明进户控制箱实际应用接线。

2. 照明配电箱的安装

照明配电箱安装的操作方法如图 7-54 所示。

（1）打开照明配电箱。

（2）将照明保护地线接在照明配电箱外壳的接地螺钉上。

（3）将照明电源线相线接在照明配电箱断路器右上端口。

（4）将照明电源零线接在照明配电箱左上端口。

（5）将所有照明零线都接在零线的接线柱上。

（6）照明第一路相线接所有室内照明灯。

（7）照明第二路相线接连接室内所有插座，用于插座电源供电。

（8）照明第三路相线电源可作为室内空调专用电源。

（9）照明第四路相线电源可作为另一室内空调专用电源。

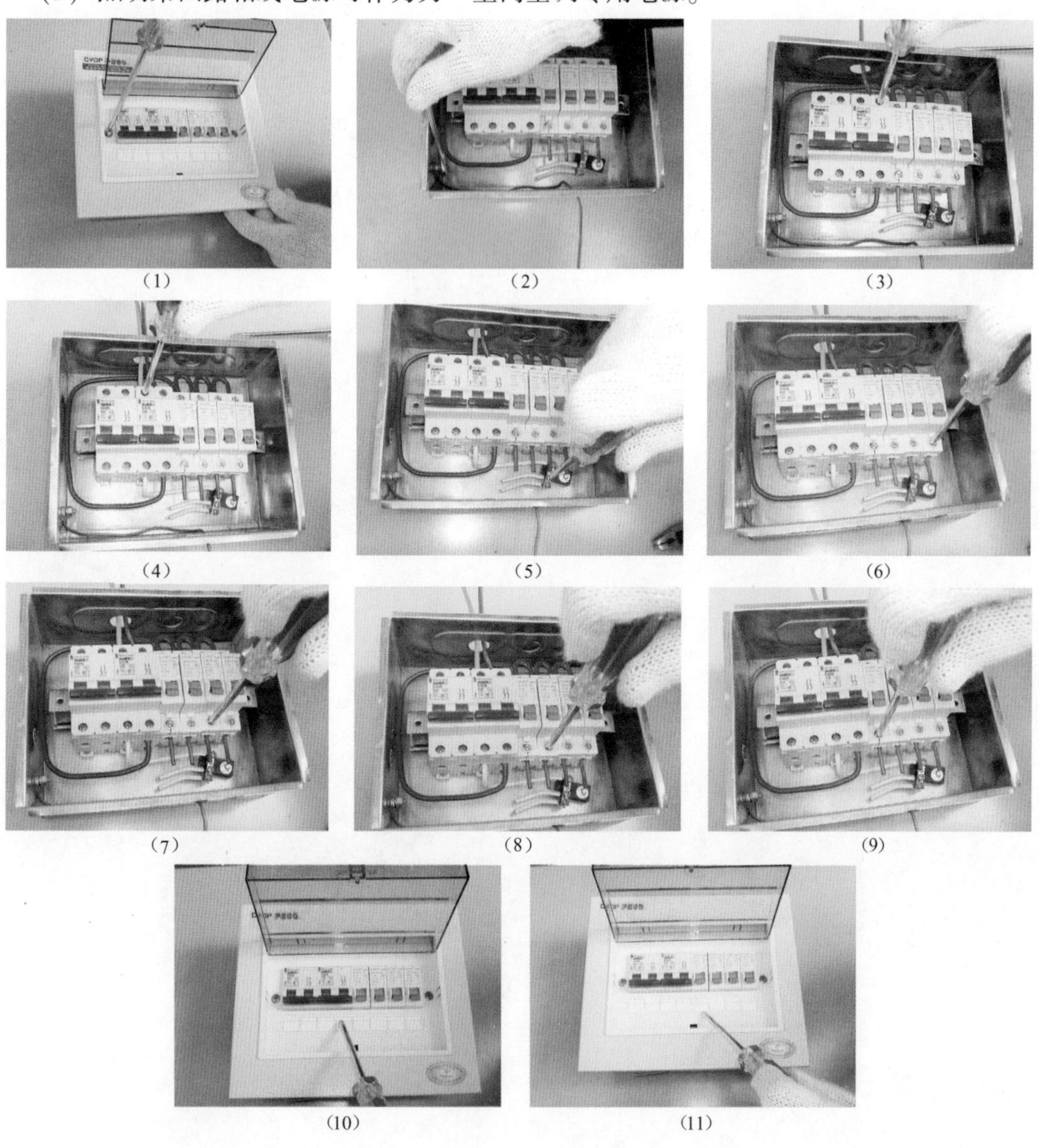

（1）（2）（3）（4）（5）（6）（7）（8）（9）（10）（11）

图 7–54　照明配电箱安装的操作方法

第 8 章 变频器与软启动器

8.1 变频器的安装和使用

变频器是应用变频技术制造的一种静止的频率变换器，是利用半导体器件的通断作用将频率固定的交流电变换成频率连续可调的交流电电能控制装置。变频器的外形如图 8-1 所示。

图 8-1　变频器的外形

8.1.1　变频器的安装

(1) 变频器应安装在无水滴、无蒸汽、无灰、无油性灰尘的场所。该场所还必须无酸碱腐蚀、无易燃易爆的气体和液体。

(2) 变频器在运行中会发热，为了保证散热良好，必须将变频器安装在垂直方向，因变频器内部装有冷却风扇可以强制风冷，所以其上下左右与相邻的物品和挡板必须保持足够的空间，平面安装如图 8-2 (a) 所示，垂直安装如图 8-2 (b) 所示。

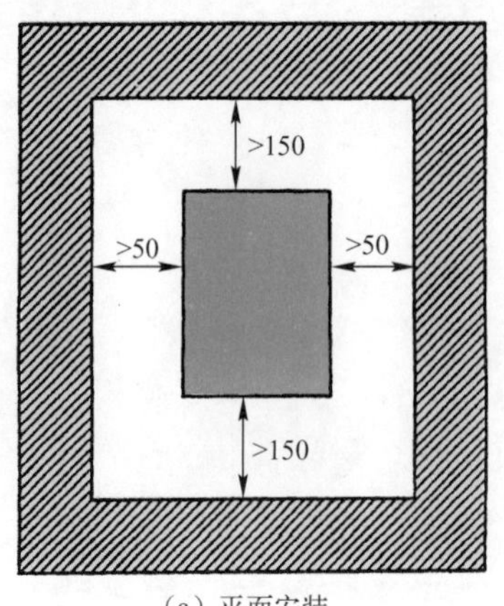

(a) 平面安装

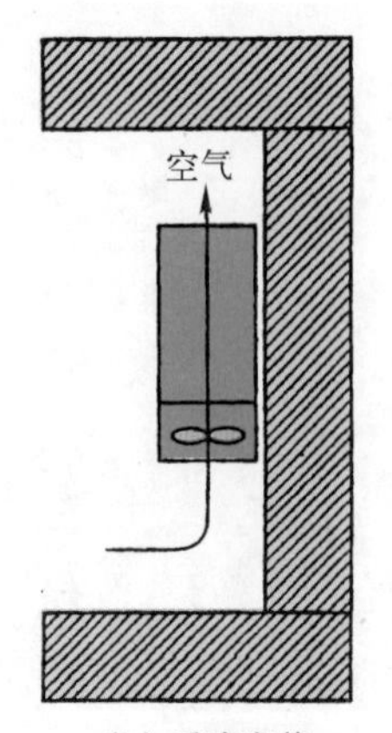

(b) 垂直安装

图 8-2　变频器的安装

（3）变频器在运行时，散热片的附近温度可上升到 90℃，变频器背面要使用耐温材料。

（4）将多台变频器安装在同一装置或控制箱里时，为减少相互的热影响，建议横向并列安装。必须上下安装时，为了使下部的热量不至于影响上部的变频器，应设置隔板等。箱（柜）体顶部装有引风机的，其引风机的风量必须大于箱（柜）内各变频器出风量的总和，没有安装引风机的，其箱（柜）体顶部应尽量开启，无法开启时，箱（柜）体底部和顶部保留的进、出风口面积必须大于箱（柜）体各变频器端面面积的总和，且进出风口的风阻应尽量小。多台变频器的安装如图 8-3 所示。

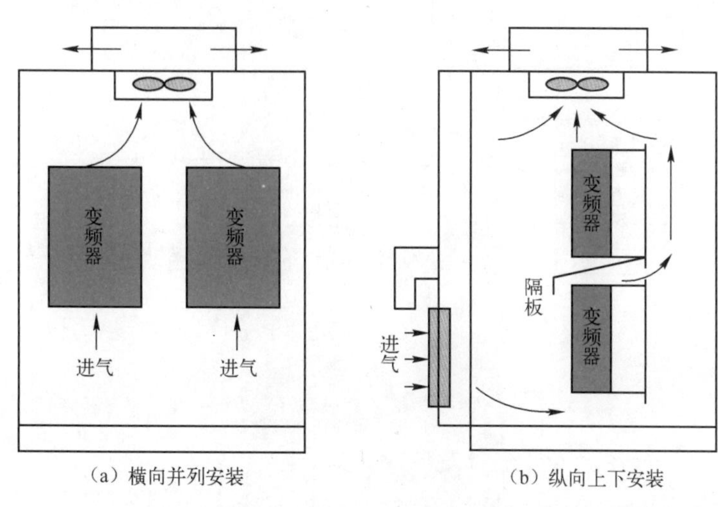

图 8-3　多台变频器的安装

8.1.2　变频器的使用

（1）严禁在变频器运行中切断或接通电动机。

（2）严禁在变频器 U、V、W 三相输出线中提取一路作为单相电用。

（3）严禁在变频器输出 U、V、W 端子上并接电容器。

（4）变频器输入电源容量应为变频器额定容量的 1.5 倍到 500kVA 之间，当使用大于 500kVA 电源时，输入电源会出现较大的尖峰电压，有时会损坏变频器，应在变频器的输入侧配置相应的交流电抗器。

（5）变频器内的电路板及其他装置有高电压，切勿以手触摸。

（6）切断电源后，因变频器内高电压需要一定时间的泄放，所以在进行维修检查时，需确认主控板上高压指示灯完全熄灭后方可进行。

（7）机械设备需在 1s 以内快速制动时，应采用变频器制动系统。

（8）变频器适用于交流异步电动机，严禁使用带电刷的直流电动机等。

8.2　变频器的电气控制线路

变频器的基本接线图如图 8-4 所示。

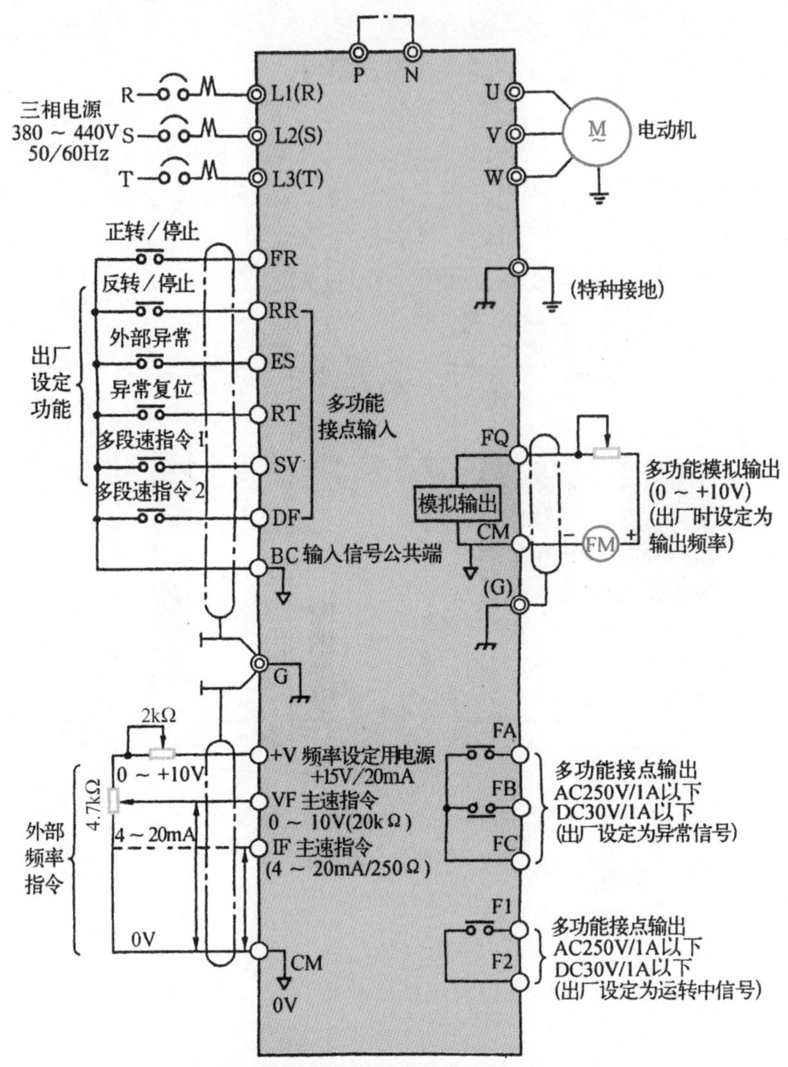

注：①主速指令由参数 no42 选择为电压（VF）或电流（IF）指令，出厂时设定为电压（VF）指令。
②+V 端子输出额定为 +15V、20mA。
③多功能模拟输出（FQ、CM）为外接频率/电流表用。

图 8-4　变频器的基本接线图

接线时应注意以下几点：

（1）输入电源必须接到端子 R、S、T 上，输出电源必须接到端子 U、V、W 上，若接错，则会损坏变频器。

（2）为了防止触电、火灾等灾害，并且降低噪声，必须连接接地端子。

（3）端子和导线的连接应牢靠，要使用接触性良好的压接端子。

（4）配完线后，要再次检查接线是否正确，有无漏接现象，端子和导线间是否短路或接地。

（5）通电后，需要改接线时，即使已经关断电源，主电路直流端子滤波电容器放电也需要时间，所以很危险。应等充电指示灯熄灭后，用万用表确认 P、N 端之间直流电压降到安全电压（DC36V 以下）后再操作。

8.2.1　主回路端子的接线

变频器主回路配线图如图 8-5 所示。

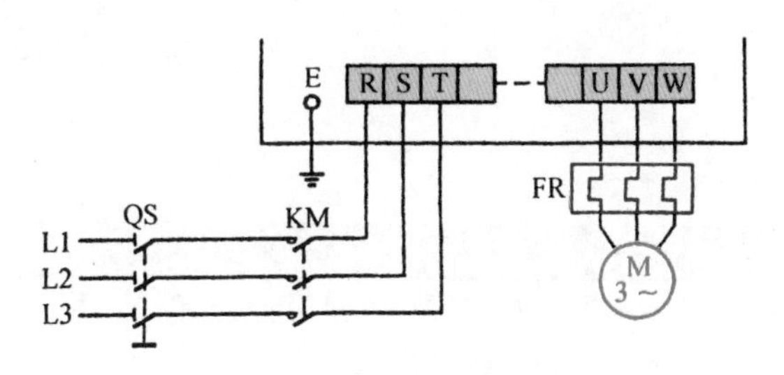

图 8-5　变频器主回路配线图

主回路端子的功能见表 8-1。

表 8-1　主回路端子的功能

种类	编号	名称
主回路端子	R（L1）	主回路电源输入
	S（L2）	
	T（L3）	
	U（T1）	变频器输出（接电动机）
	V（T2）	
	W（T3）	
	P	直流电源端子
	N	

进行主回路接线时应注意以下几点：

（1）主回路端子 R、S、T 经接触器和断路器与电源连接，不用考虑相序。

（2）不应以主回路的通断进行变频器的运行、停止操作，需要用控制面板上的运行键（RUN）和停止键（STOP）来操作。

（3）变频器输出端子最好经热继电器再接到三相电动机上，当旋转方向与设定不一致时，要调换 U、V、W 三相中的任意两相。

（4）星形接法电动机的中性点绝不可接地。

（5）从安全及降低噪声的需要出发，变频器必须接地，接地电阻应小于或等于国家标准规定值，且用较粗的短线接到变频器的专用接地端子上。当数台变频器共同接地时，勿形成接地回路，如图 8-6 所示。

8.2.2　控制电路端子的排列

变频器控制电路端子的排列如图 8-7 所示。

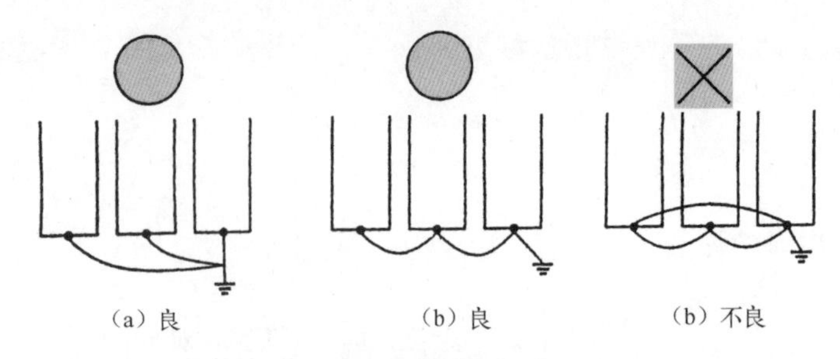

图 8-6　接地线不得形成回路

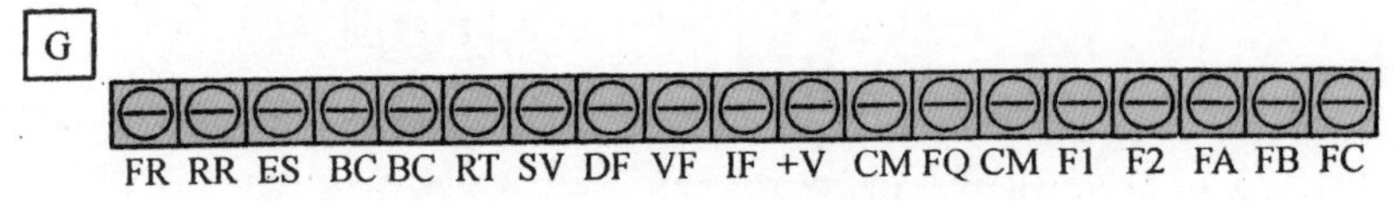

图 8-7　变频器控制电路端子的排列

变频器控制电路端子的符号、名称及功能说明见表 8-2。

表 8-2　变频器控制回路端子的符号、名称及功能说明

种类	编号	名称	端子功能		信号标准
运转输入信号	FR	正转/停止	闭→正转　开→停止	端子 RR、ESRT、SV、DF 为多功能端子（no35～no39）	DC24V，8mA 光耦合隔离
	RR	逆转/停止	闭→逆转　开→停止		
	ES	外部异常输入	闭→异常　开→正常		
	RT	异常复位	闭→复位		
	SV	主速/辅助切换	闭→多段速指令 1 有效		
	DF	多段速指令 2	闭→多段速指令 2 有效		
	BC	公共端	与端子 FR、RR、ES、RT、SV、DF 短路时信号输入		
模拟输入信号	+V	频率指令电源	频率指令设定用电源端子		+15（20mA）
	VF	频率指令电压输入	0～10V/100% 频率	no42 = 0　VF 有效	0～10V（20kΩ）
	IF	频率指令电流输入	4～20mA/100% 频率	no42 = 1　IF 有效	4～20mA（250Ω）
	CM	公共端	端子 VF、IF 速度指令公共端		——
	G	屏蔽线端子	接屏蔽线护套		——
运转输出信号	F1	运转中信号输出（a 接点）	运转中结点闭合	多功能信号输出（no，41）	接点容量 AC250V，1A 以下 DC30V，1A 以下
	F2				
	FA	异常输出信号 FA—FC a 接点 FB—FC b 接点	异常时 FA－FC 闭合 FB－FC 断开	多功能信号输出（no，40）	
	FB				
	FC				
模拟输出	FQ	频率计（电流计）输出	0～10V/100% 频率（可设定 0～10V/100% 电流）	多功能模拟输出（no，48）	0～+10V 20mA 以下
	CM	公共端			

进行控制电路接线时应注意以下几点：

（1）控制回路配线必须与主回路控制线或其他高压或大电流动力线分隔及远离，以避免干扰。

（2）控制回路配线端子 F1、F2、FA、FB、FC（接点输出）必须与其他端子分开配线。

（3）为防止干扰、避免误动作发生，控制回路配线务必使用屏蔽隔离绞线，如图 8-8 所示。使用时，将屏蔽线接至端子 G。配线距离不可超过 50m。

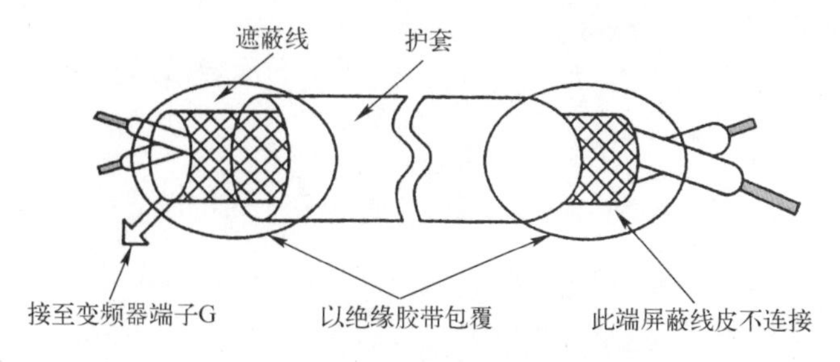

图 8-8　配线用屏蔽隔离绞线

8.3 变频器的实际应用线路

8.3.1 有正反转功能的变频器控制电动机正反转调速线路

有正反转功能的变频器可以采用继电器构成正转、反转、外接信号。有正反转功能的变频器控制电动机正反转调速线路如图 8-9 所示。

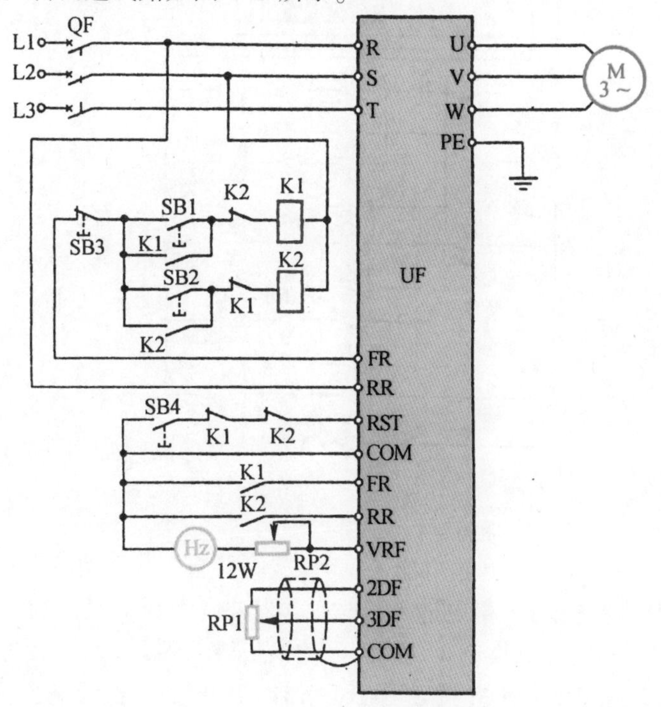

图 8-9　有正反转功能的变频器控制电动机正反转调速线路

正转时，按下按钮 SB1，继电器 K1 得电吸合并自锁，其常开触头闭合，FR－COM 连接，电动机正转运行；停止时，按下按钮 SB3，K1 失电释放，电动机停止。

反转时，按下按钮 SB2，继电器 K2 得电吸合并自锁，其常开触头闭合，RR－COM 连接，电动机反转运行；停止时，按下按钮 SB3，K2 失电释放，电动机停止。

事故停机或正常停机时，复位端子 RST－COM 断开，发出报警信号。按下复位按钮 SB4，使 RST－COM 连接，报警解除。

图 8-9 中，Hz 为频率表，RP1 为 2W、1kΩ 线绕式频率给定电位器，RP2 为 12W、10kΩ 校正电阻，构成频率调整回路。

8.3.2 无正反转功能的变频器控制电动机正反转调速线路

有些变频器无正反转功能，只能使电动机向一个方向旋转，这时采用本例线路可实现电动机正反转运行。无正反转功能的变频器控制电动机正反转调速线路如图 8-10 所示。

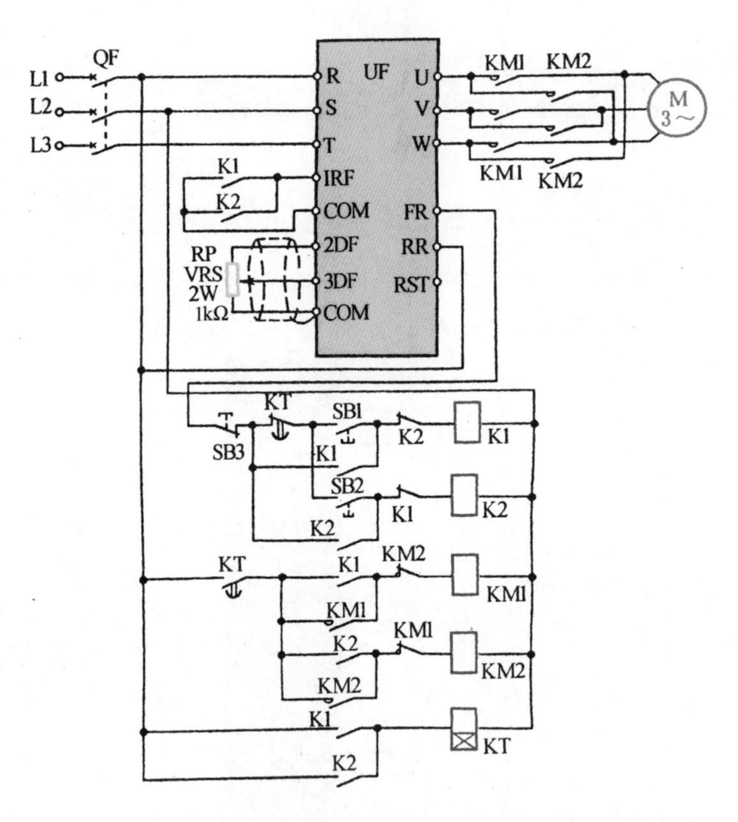

图 8-10 无正反转功能的变频器控制电动机正反转调速线路

正转时，按下按钮 SB1，中间继电器 K1 得电吸合并自锁，其两副常开触头闭合，IRF－COM 接通，同时时间继电器 KT 得电进入延时工作状态，待延时结束后，KT 延时闭合触点动作，使交流接触器 KM1 得电吸合并自锁，电动机正转运行。

欲要使 M 反转，在 IRF－COM 接通后，变频器 UF 开始运行，其输出频率按预置的升速时间上升至与给定相对应的数值。当按下停止按钮 SB3 后，K1 失电释放，IRF－COM 断开，变频器 UF 输出频率按预置频率下降至 0，M 停转。按下反转按钮 SB2，则反转继电器 K2 得电吸合，使接触器 KM2 吸合，电动机反转运行。

为了防止误操作，K1、K2 互锁。

RP 为频率给定电位器，须用屏蔽线连接。时间继电器 KT 的整定时间要超过电动机停止时间或变频器的减速时间。在正转或反转运行中，不可关断接触器 KM1 或 KM2。

8.3.3　电动机变频器的步进运行及点动运行线路

电动机变频器的步进运行及点动运行线路如图 8-11 所示。此线路电动机在未运行时点动有效。运行/停止由 REV、FWD 端的状态（即开关）来控制。其中，REV、FWD 表示运行/停止与运转方向，当它们同时闭合时无效。

转速上升/转速下降可通过并联开关来实现在不同的地点控制同一台电动机运行，由 X4、X5 端的状态（开关 SB1、SB2）确定，虚线即为设在不同地点的控制开关。

JOG 端为点动输入端子。当变频器处于停止状态时，短接 JOG 端与公共端（CM）（即按下 SB3），再闭合 FWD 端与 CM 端之间连接的开关，或闭合 REV 端与 CM 端之间连接的开关，则会使电动机 M 实现点动正转或反转。

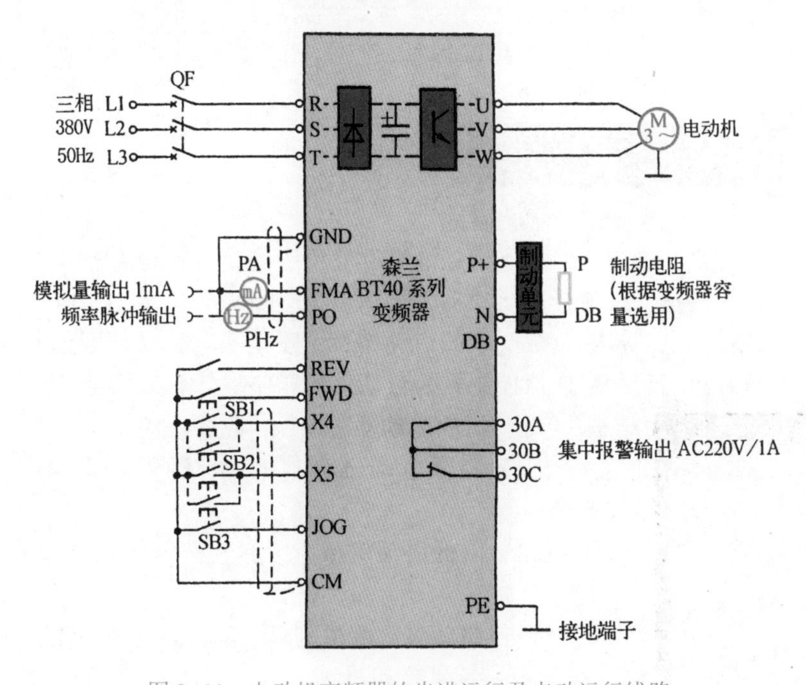

图 8-11　电动机变频器的步进运行及点动运行线路

8.3.4　用单相电源变频控制三相电动机线路

变频控制有很多好处，如三相变频器通入单相电源，可以方便地为三相电动机提供三相变频电源。其线路如图 8-12 所示。

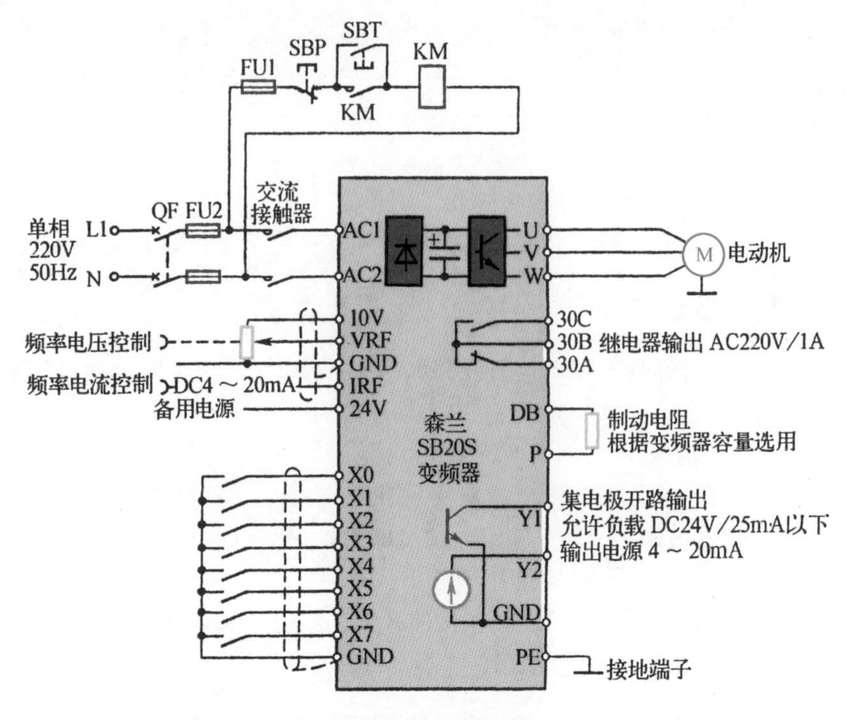

图 8-12　用单相电源变频控制三相电动机线路

8.4 软启动器的特点

电动机软启动器是一种减压启动器，是继星 - 三角启动器、自耦减压启动器、磁控式软启动器之后，目前最先进、最流行的启动器，如图 8-13 所示。它一般采用 16 位单片机进行智能化控制，既能保证电动机在负载要求的启动特性下平滑启动，又能降低对电网的冲击，同时还能直接与计算机实现网络通信控制，为自动化智能控制打下良好的基础。

图 8-13　电动机软启动器的外形

电动机软启动器有以下特点：

（1）降低电动机启动电流、降低配电容量，避免增容投资。

（2）降低启动机械应力，延长电动机及相关设备的使用寿命。

（3）启动参数可视负载调整，以达到最佳启动效果。

（4）多种启动模式及保护功能，易于改善工艺、保护设备。

（5）全数字开放式用户操作显示键盘，操作设置灵活简便。

（6）高度集成微处理器控制系统，性能可靠。

（7）相序自动识别及纠正，电路工作与相序无关。

8.5 软启动器的电气控制线路

8.5.1 软启动器的主电路连接图

电动机软启动器的主电路连接图如图 8-14 所示。

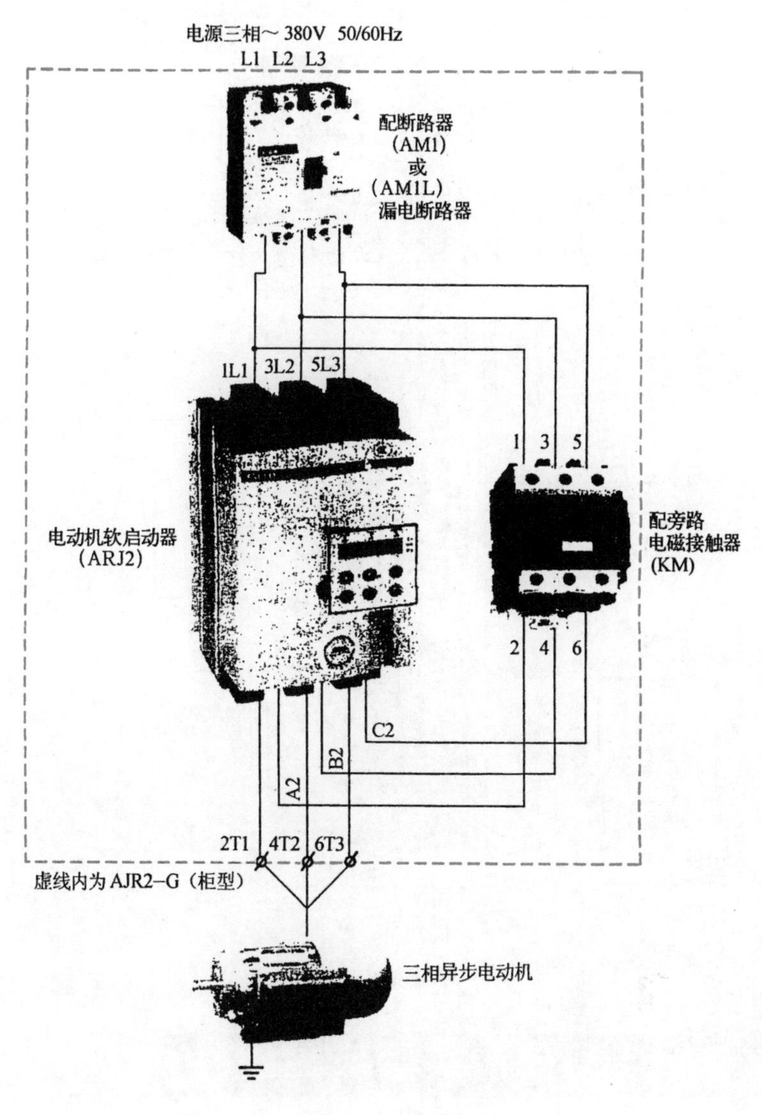

图 8-14　电动机软启动器的主电路连接图

8.5.2 软启动器的总电路连接图

电动机软启动器的总电路连接图如图 8-15 所示。

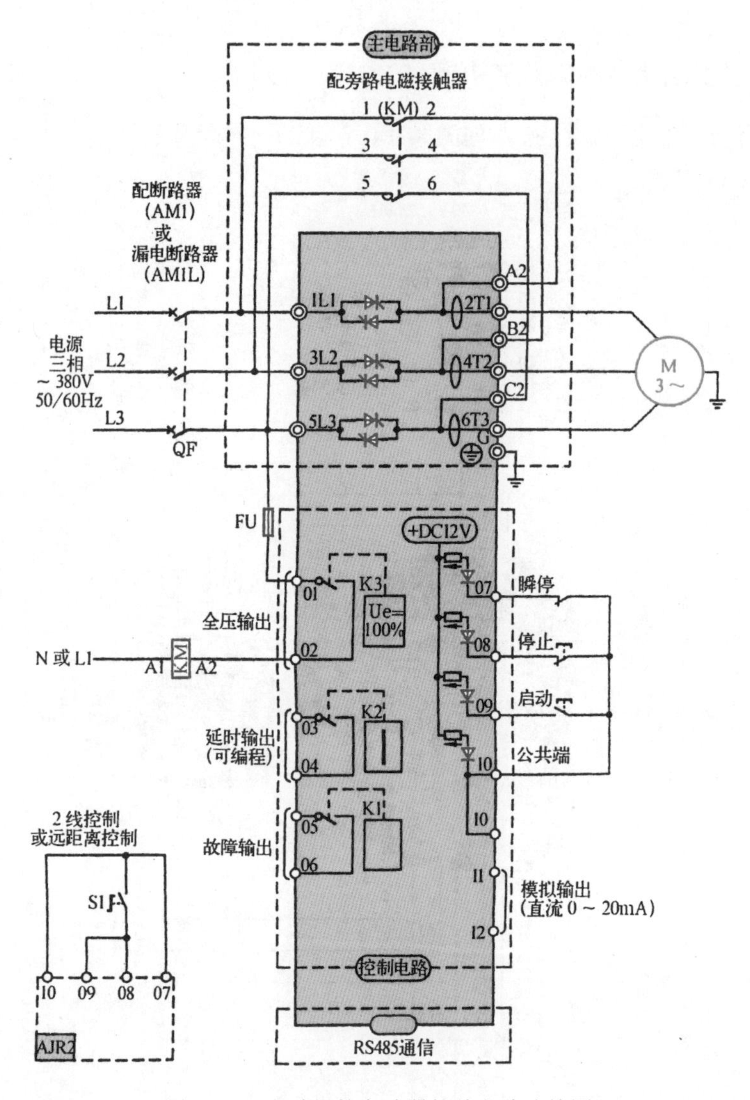

图 8-15 电动机软启动器的总电路连接图

8.6 软启动器的实际应用线路

8.6.1 西普 STR 软启动器一台控制两台电动机线路

西普 STR 软启动器一台控制两台电动机线路如图 8-16 所示。

用一台软启动器控制两台电动机，并不是指同时开机，而是开一台，另一台作为备用。

此例是电动机一开一备，这就需要在软启动器外另接一部控制电路，也叫二次电路。S 为切换开关，S 往上，则 KM1 动作，为启动电动机 M1 做好准备，指示灯 HL1 亮，HL2 灭；S 往下，则 KM1 不工作，KM2 工作，指示灯 HL2 亮，HL1 灭。

电动机工作之前，需根据需要切换开关 S，然后在 STR 的操作键盘上按动 RUN 键启动电动机；按动 STOP 键则停止。JOG 是点动按钮，可根据需要自行设置安装。

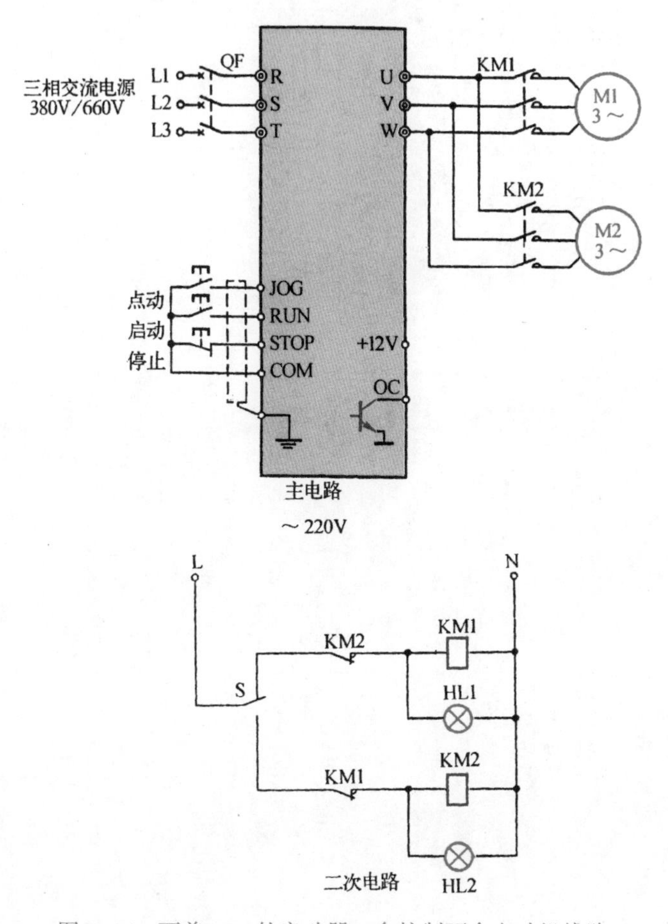

图 8-16　西普 STR 软启动器一台控制两台电动机线路

8.6.2　西普 STR 软启动器一台启动两台电动机线路

西普 STR 软启动器一台启动两台电动机线路如图 8-17 所示。

先操作二次电路，让 KM1 吸合，为启动 M1 做好准备，然后按下启动按钮 SB2。因为只有 KM1 吸合后，SB2 才有效，在 KM1 吸合后，旁路接触器 KM3 吸合。时间继电器 KT1 开始延时，延时结束后，KT1 常闭触头断开，切断 KM1。至此，由旁路接触器 KM3 为 M1 供电，而 STR 软启动器已退出运行状态。用上述同样的方法，启动 M2。

按下二次电路中的 SB1、SB3，则 M1、M2 停止运行。

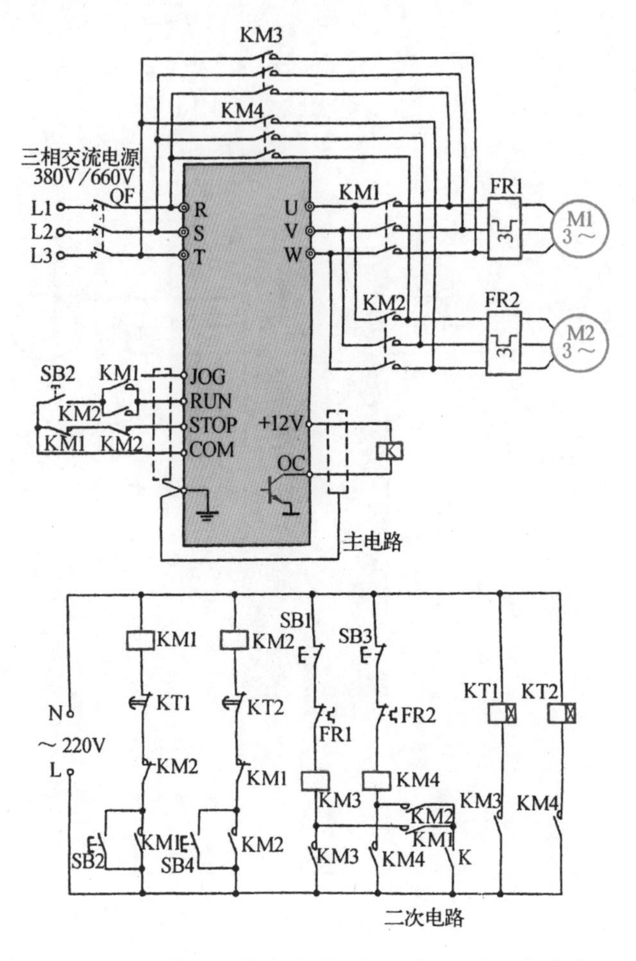

图 8-17　西普 STR 软启动器一台启动两台电动机线路

第9章

数控机床与可编程控制器

9.1 数控机床基础知识

数控机床是单机高精度自动电子控制机床的一种，是具有高性能、高精度和高自动化的新型机电一体化的机床，如数控车床、数控铣床等。

图 9-1 数控机床的外形

数控机床具有很大的机动性和灵活性，当加工对象改变时，除了重新装工件和更换刀具外，一般只要更换一下控制介质（如穿孔卡、穿孔带、磁带或操作拨码开关等），即可自动加工出所需要的新零件，不必对机床进行任何调整。数控机床在自动加工循环过程中，不仅能对机床动作的先后顺序及其他各种辅助机能（如主轴转速、进给速度、换刀和冷却液的开关等）进行自动控制，而且还能控制机床运动部件的位移量。数控机床的外形如图 9-1所示。

9.1.1 数控机床的控制原理

数控机床加工零件前，首先要编制零件的加工程序，即数控机床的工作指令，将加工程序输入数控装置，再由数控装置控制机床执行机构，按照设置的运动轨迹，使其按照给定的图样要求进行加工，从而加工出合格的零部件。

9.1.2 数控机床的特点

数控机床的特点之一是，程序指令的制作较一般自动机床上采用的凸轮或调整限位开关等要简便得多，因而生产准备时间可大大缩短。

数控机床的另一个特点是适应性强，可以随着加工零件的改变迅速改变机能，对于产量小、种类多、产品更新频繁、生产周期要求短的飞机、宇宙飞船及类似产品研制过程中的高精度、复杂零件的加工具有很大的优越性。另外，对于同系列中不同尺寸的零件加工，数控机床不需要更换刀具和夹具，只要更换一根穿孔带就可以达到目的，大大提高了数控机床的利用率。

由于数控机床技术较复杂、成本又高，所以在目前阶段较适用于单件、中小批量生产中精度要求高、尺寸变化大、结构形状比较复杂，或者在试制中需要多次修改设计的零件加工。

9.1.3 数控机床的组成

数控机床一般由控制介质、数控装置、伺服系统、测量反馈装置和机床主体组成。其组成框图如图 9-2 所示。

1. 控制介质

在人与数控机床之间建立某种联系的中间媒介被称为控制介质，又称为信息载体。控制介质用于记载各种加工零件的全部信息，如零件加工的工艺过程、工艺参数和位移数据等，以控制机床的运动。常用的控制介质有标准的纸带、磁带和磁盘等。

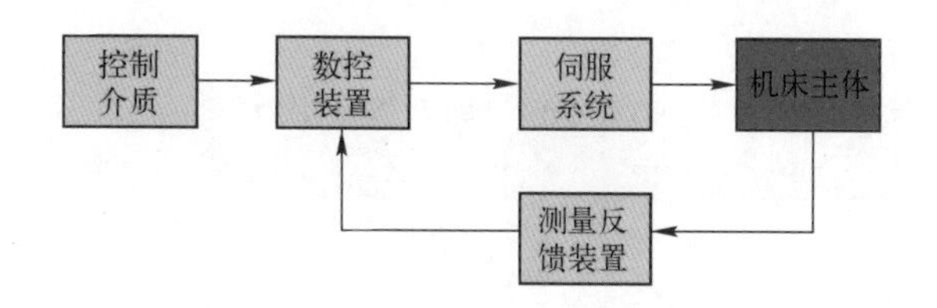

图 9-2　数控机床组成框图

信息按规定的格式以代码的形式存储在纸带上。所谓代码，就是由一些小孔按一定规律排列的二进制图案。每一行代码可以表示一个十进制数、一个字母或一个符号。目前，国际上使用的单位代码有 EIA 代码和 ISO 代码，把穿孔带输入到数控装置的读带机，由读带机把穿孔带上的代码转换成数控装置可以识别和处理的电信号，并传送到数控装置中去，即完成了指令信息的输入工作。

2. 数控装置

数控装置是数控机床的核心，由输入装置、控制器、运算器、输出装置等组成。其功能是接收输入装置输入的加工信息，经过数控装置的系统软件或逻辑电路进行译码、运算和逻辑处理后，发出相应的脉冲信号送给伺服系统。

3. 伺服系统

伺服系统的作用是把来自数控装置的脉冲信号转换为机床移动部件的运动，使机床工作台精确定位或按预定的轨迹做严格的相对运动，最后加工出合格的零件。

伺服系统包括主轴驱动单元、进给驱动单元、主轴电动机和进给电动机等。一般来讲，数控机床的伺服驱动系统要求有好的快速响应性能及能灵敏而准确地跟踪指令的功能。目前常用的是直流伺服系统和交流伺服系统，而交流伺服系统正在取代直流伺服系统。

4. 测量反馈装置

测量反馈装置由检测元件和相应的电路组成。其作用是检测速度和位移，并将信息反馈回来，构成闭环控制系统。没有反馈装置的系统称为开环系统。常用的检测元件有脉冲编码器、旋转变压器、感应同步器、光栅和磁尺等。

5. 机床主体

机床主体包括床身、主轴、进给机构等机械部件，此外还有一些配套部件（如冷却、排屑、防护、润滑等装置）和辅助设备（编程机和对刀仪等）。对于加工中心类数控机床，还有存放刀具的刀库、交换刀具的机械手等。数控机床上使用的刀具如图 9-3 所示。数控机床的主体结构与普通机床相比，在精度、刚度、抗振性等方面要求更高，尤其是要求相对运动表面的摩擦系数要小，传动部件之间的间隙要小，而且传动和变速系统要便于实现自动化控制。

图 9-3　数控机床上使用的刀具

9.2 数控机床电气故障检修

数控机床控制系统的常见故障及检修方法见表9–1。

表9–1 数控机床控制系统的常见故障及检修方法

故障现象	可能原因	检修方法
在执行换刀指令时系统不动作。CRT显示报警信号	换刀系统机械臂位置检测开关信号为"0"及"刀库换刀位置错误"。通过测试，可编程控制器的输入信号和输出动作都正常，确定是操作不当。经观察，两次换刀的时间间隔小于规定值	修改设定值
CRT无显示	（1）检查CRT接线和接插件后，有显示 （2）检查CRT接线和接插件后，如果仍无显示，则检查其输入。若有视频信号，再检查+24V电源，如电源有问题 （3）检查CRT接线和接插件后，如果仍无显示，则检查其输入。若有视频信号，再检查+24V电源，如电源正常 （4）检查CRT接线和接插件后，如果仍无显示，则检查其输入。若无视频信号，则更换CRT控制板。换板后，如果有显示 （5）检查CRT接线和接插件后，如果仍无显示，则检查其输入。若无视频信号，则更换CRT控制板。换板后，如果仍无显示	（1）接触不良 （2）检修+24V电源 （3）CRT单元故障 （4）CRT控制板坏 （5）主板故障
纸带机不能正常输入信息	（1）"纸带"方式设定有误 （2）纸带机供电异常 （3）纸带损坏或装反	（1）检查更正或重新设定 （2）检查并接好电源 （3）修复后重新安装
步进电动机失步	升降频曲线不合适或速度设置得过高	修改升降频曲线，降低速度
车螺纹乱牙	I_0脉冲无输入或I_0接反	检查I_0信号接法
显示时有时无或抖动、漂移	变频器干扰引起	检查系统接地是否良好，是否采用屏蔽线
加工零件的尺寸不对	（1）自动回零功能不正常 （2）自动回零功能正常，但直线插补功能不正常 （3）自动回零功能正常，直线插补功能正常，但圆弧插补功能不正常 （4）自动回零功能正常，直线插补功能正常，圆弧插补功能正常，但刀补功能不正常 （5）自动回零功能正常，直线插补功能正常，圆弧插补功能正常，刀补功能正常，但自动换刀功能不正常 （6）自动回零功能正常，直线插补功能正常，圆弧插补功能正常，刀补功能正常，自动换刀功能正常，但回零循环功能不正常	（1）自动回原点功能障碍 （2）直线插补功能障碍 （3）圆弧插补功能障碍 （4）刀补功能障碍 （5）自动换刀功能障碍 （6）回零循环功能障碍

续表

故障现象	可能原因	检修方法
数控铣床纵向拖板反向进给失常	（1）将插头XF与Xl、XH与XL同时交换后，如果纵向拖板进给正常 （2）将插头XF与Xl、XH与XL同时交换后，如果纵向拖板进给不正常，则将XH与XL复原，YM与XM交换接线后，如果纵向拖板进给不正常 （3）将插头XF与Xl、XH与XL同时交换后，如果纵向拖板进给不正常，则将XH与XL复原，YM与XM交换接线后，如果纵向拖板进给正常	（1）故障转移至横拖板，位置板等控制部分故障 （2）Y轴电动机组件或机械故障 （3）故障转移至横拖板、Y速度单元坏
电池报警	电池电压低于允许值	更换电池
CRT无扫描，不亮	（1）交流供电电源异常 （2）熔断器被烧毁 （3）显像管灯丝不亮 （4）±12V或±5V直流电源异常	（1）恢复供电 （2）更换熔断器 （3）确认无误后，更换CRT （4）更换开关电源
CRT无图像，但其他工作正常	显示部分损坏	更换CRT控制板
空气断路器跳闸	（1）关断电源，按复位开关，再合电源。如果空气断路器不再跳闸 （2）关断电源，按复位开关，再合电源。如果空气断路器还跳闸，则检查速度控制板二极管模块。如果损坏短路 （3）关断电源，按复位开关，再合电源。如果空气断路器还跳闸，则检查速度控制板二极管模块。如果正常，则检查与其相关的电解电容器。如果损坏短路 （4）关断电源，按复位开关，再合电源。如果空气断路器还跳闸，则检查速度控制板二极管模块。如果正常，则检查与其相关的电解电容器。如果没有漏电或短路，则跳过空气断路器接通电源，如果系统工作正常 （5）关断电源，按复位开关，再合电源。如果空气断路器还跳闸，则检查速度控制板二极管模块。如果正常，则检查与其相关的电解电容器。如果没有漏电或短路，则跳过空气断路器接通电源，如果系统工作仍不正常	（1）无故障，继续工作 （2）更换二极管模块 （3）更换电解电容器 （4）更换空气断路器 （5）伺服单元故障
显示NOT READY	（1）有报警信号 （2）存储器工作不正常	（1）按报警信号处理 （2）将存储器初始化，再输入系统参数
CRT有显示，但不能执行JOG操作	（1）主机板报警 （2）系统参数设定有误	（1）按报警信号处理 （2）检查更正或重新设定
CRT只能显示位置画面	MDI控制板故障	更换MDI控制板

9.3 可编程控制器的特点

可编程控制器（简称 PLC）是一种数字运算的电子系统，专为工业环境下应用而设计，采用可编程序的存储器，用来在内部存储执行逻辑运算、顺序控制、定时、计数和算术运算等操作的指令，并通过数字式、模拟式的输入和输出控制各种类型的机械或生产过程。可编程控制器及其有关外围设备都应按易于与工业控制系统联成一个整体、易于扩充的原则设计。可编程控制器的外形如图 9–4 所示。

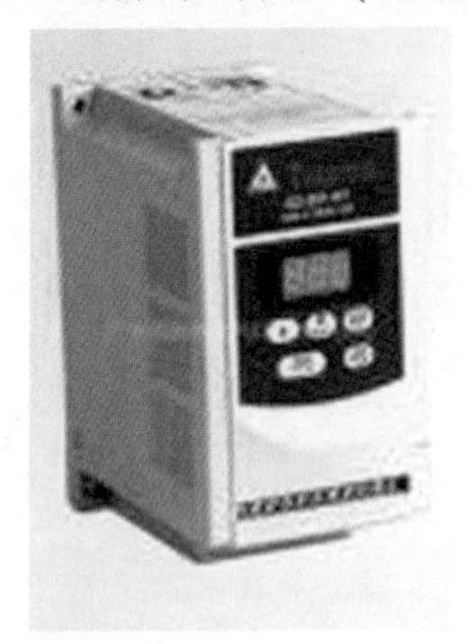

图 9–4　可编程控制器的外形

早期的可编程控制器是为取代继电器控制线路，采用存储程序指令完成顺序控制而设计的，仅有逻辑运算、定时、计数等顺序控制功能，用于开关量控制。现在的可编程控制器不仅能进行逻辑控制，还可以进行数值运算、数据处理，具有分支、中断、通信及故障自诊等功能。

可编程控制器把计算机技术与继电器控制技术很好地融合在一起，最新发展的可编程控制器还直接把数字控制技术加进去，并可以与监控计算机联网，因此应用几乎涉及所有的工业企业。

可编程控制器有以下特点：

（1）可靠性高，抗干扰性强。

（2）编程简单，使用方便。

（3）通用性好，扩展方便，功能完善。

（4）体积小，能耗低。

（5）维修方便，工作量小。

9.4 可编程序控制器的组成

可编程序控制器有许多品种和类型，但其基本组成相同，主要由中央处理器（CPU）、存储器、输入输出接口、电源及编程器等组成，如图 9–5 所示。

1. 中央处理器（CPU）

中央处理器（CPU）是可编程控制器的核心，在生产厂家预先编制的系统程序控制下，通过输入装置读入现场输入信号并按照用户程序进行执行处理，根据处理结果通过输出装置实现输出控制。CPU 的性能直接影响可编程控制器的性能。

2. 存储器

可编程控制器内的存储器按用途可分为系统程序存储器和用户程序存储器。系统程序存储器存放系统程序。该程序已由生产厂家固化，用户不能访问和修改。用户程序存储器存放用户程序和数据。用户程序是用户根据控制要求进行编写的。

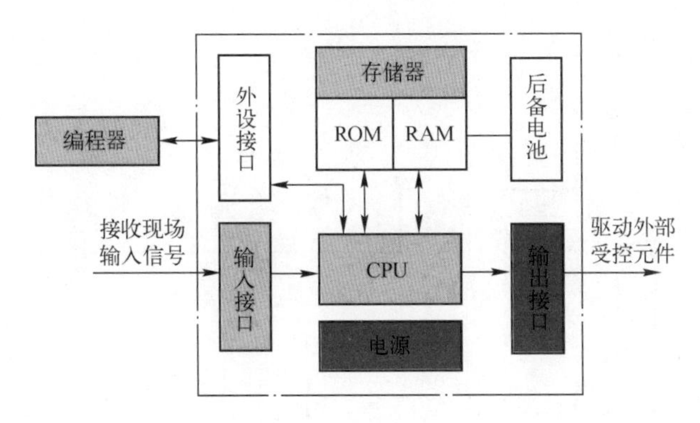

图 9-5　可编程序控制器的组成

3. 输入输出（I/O）接口

输入输出接口是可编程控制器和现场输入输出设备连接的部分。输入输出接口有数字量（开关量）输入输出单元、模拟量输入输出单元。根据输入输出点数可将可编程控制器分为小型、中型、大型 3 种。小型可编程控制器的 I/O 点数在 256 点以下；中型可编程控制器的 I/O 点数在 256 点 ~2048 点之间；大型可编程控制器的 I/O 点数在 2048 点以上。

4. 电源

电源部件将交流电源转换成 CPU、存储器、输入输出接口工作所需要的直流电源。

5. 编程器

编程器是可编程控制器的重要外围设备，利用编程器可进行编程、调试检查和监控，还可以通过编程器来调用和显示可编程控制器的一些内部状态和系统参数。编程器通过通信端口与 CPU 联系，完成人机对话连接。编程器上有编程用的各种功能键和显示器及编程、监控转换开关。编程器有简易编程器和智能编程器两类。

9.5 可编程控制器的控制系统组成及其等效电路

图 9-6 是交流电动机正、反转继电器控制电气线路。

图 9-6 中，SB0、SB1、SB2 分别是停止按钮、正转按钮、反转按钮，KM1、KM2 分别是正转接触器、反转接触器。

图 9-7 是交流电动机正、反转可编程控制器控制电气线路图。图 9-7 主电路与图 9-6 相同，在此未画出。

图 9-7 中，SB0、SB1、SB2 与图 9-6 继电器控制电气线路中一样，分别是停止按钮、正转按钮、反转按钮，KM1、KM2 是正转接触器、反转接触器。

可编程控制器控制系统组成及其等效电路如图 9-8 所示。

由图 9-8 可知，可编程控制器控制系统等效电路由输入部分、内部控制部分、输出部分三部分组成。输入部分是系统的输入信号，常用的输入设备如按钮开关、限位开关等，输出部分是系统的执行部件，常用的输出设备如继电器、接触器、电磁阀等。可编程控制器内部控制部分是将输入信号采入后，根据编程语言（如梯形图）组合控制逻辑进行处理，然

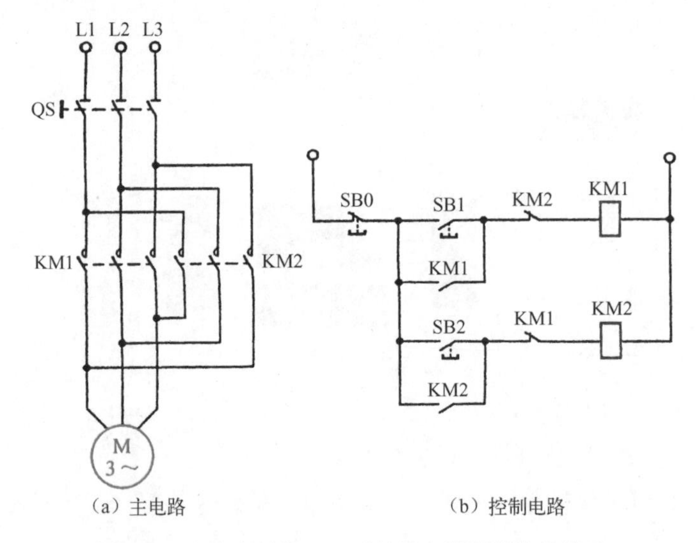

图 9-6 交流电动机正、反转继电器控制电气线路

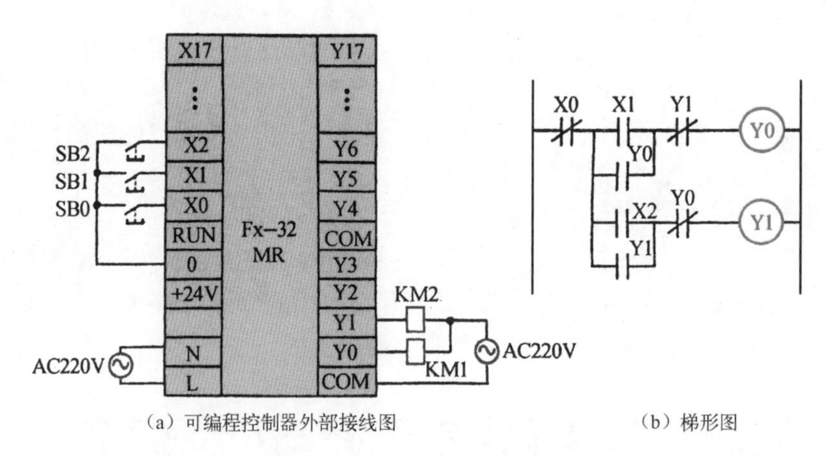

图 9-7 交流电动机正、反转可编程控制器控制电气线路

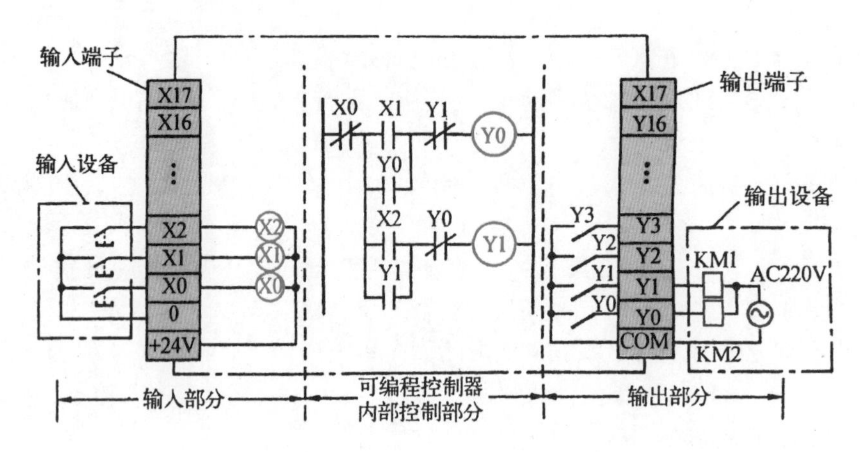

图 9-8 可编程控制器控制系统组成及其等效电路

后产生控制信号输出驱动输出设备工作。梯形图类似于继电器控制原理图，如图 9–7（b）所示，但两者元件符号（如常开触点、常闭触点、线圈等）的画法不同，如图 9–9 所示。

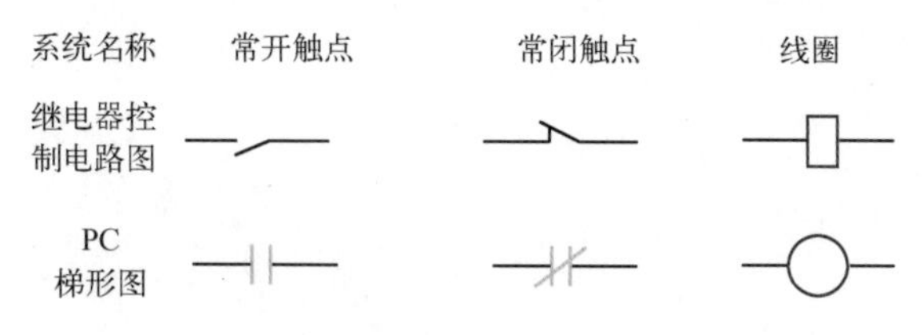

图 9–9　梯形图和继电器控制原理图元件符号

9.6 可编程控制器的常见故障

1. CPU 故障

CPU 出现故障，可编程控制器将不能正常工作。其主要故障点是 CPU 没有插好或松动，系统监控或支持程序损坏，或者系统监控程序存储器损坏。

2. 电源故障

可编程控制器的电源有几种，如 5V、12V、24V 等。它们都是由可编程控制器内部产生的，有时某一电源不正常工作或电源部分电气元器件损坏，将直接影响可编程控制器的正常工作，应及时将电源修好。

3. 输出板上的继电器触头黏连

某些原因可能会使输出板上的继电器触头黏连，有的可编程控制器由于输出显示发光二极管和输出继电器不是选用同一回路，因此这样的问题不容易被发现，必须借助电工仪表的测量来发现。

4. 输出板上的继电器损坏

对于某些可编程控制器，输出点为无过电流保护装置，有时由于设备的某些故障，造成输出板继电器被烧坏，观察输出点发光二极管也不能被发现，此时必须借助电工仪表的测量。

5. 输入点损坏

主要是输入板应用的集成电路损坏，不能正常接收外部的输入信号。有的可编程控制器虽然显示的输入发光二极管正常，但实际内部的输入点已经损坏，直观上不容易发现问题，只有用编程器监视运行才能发现这一故障。

举报电话：（010）88254396；（010）88258888
传　　真：（010）88254397
E-mail：dbqq@phei.com.cn
通信地址：北京市海淀区万寿路173信箱
电子工业出版社总编办公室
邮　　编：100036